뇌는 어떻게
결정하는가

뇌는 어떻게 결정하는가

조나 레러 지음 | 박내선 옮김

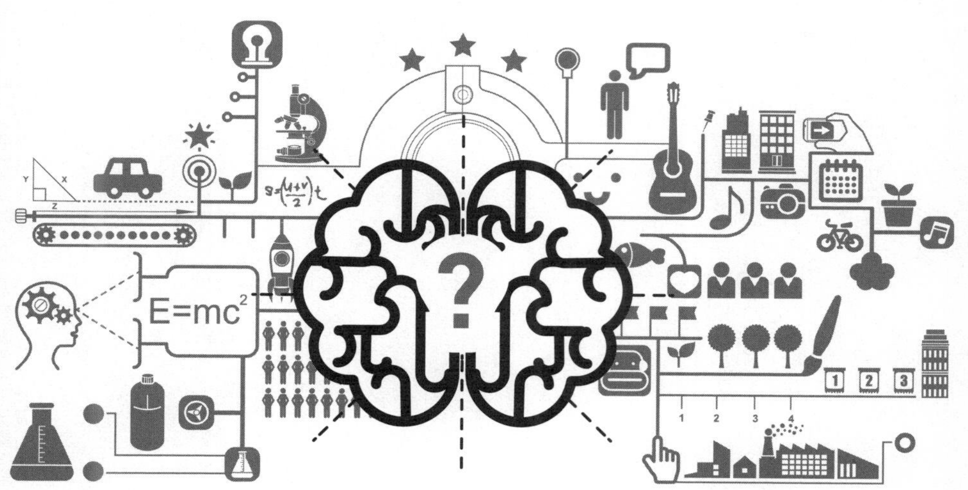

21세기북스

나의 형제 엘리, 레이첼, 리어에게

차 례

내가 뭘 하고 싶은지 어떻게 알겠어요? 누구라도 자기가 뭘 하고 싶은지
어떻게 알 수 있나요? 그런 걸 아빠는 어떻게 확신할 수 있으세요?
그건 전적으로 두뇌의 화학작용이나 대뇌피질 속에서 주고받는 신호 혹은
전기에너지의 문제 아닌가요? 그 일이 정말로 하고 싶은 것인지,
아니면 두뇌 속 모종의 신경적 충동에 불과한 결과인지
어떻게 알아요? 내 두뇌 한쪽의 보잘것없는 곳 어딘가에서 아주 작고
사소한 어떤 활동이 일어나면 내가 갑자기 몬태나에 가고 싶어진다거나
몬태나에 가고 싶지 않게 되는 거죠.

– 돈 드릴로(Don DeLillo)의 《화이트 노이즈(White Noise)》 중에서

머리말

나는 왼쪽 엔진에 불이 붙은 보잉 737기를 조종하며 도쿄의 나리타 국제공항을 향하고 있었다. 비행기는 지상에서 2,000m 상공에 있었고, 활주로가 코앞이었다. 멀리 번쩍이는 고층 건물들도 보였다. 몇 초 뒤 조종실에 경보음이 울렸다. 비행기 운항체계가 망가졌음을 알리는 경고였다. 여기저기서 빨간 불이 깜빡였다. 나는 자동으로 작동하는 엔진화재 점검표에 집중하며 당황하지 않으려 노력했다. 점검표는 화재가 발생한 부위에 연료 및 전력 공급을 중단하라고 지시했다. 그 순간 비행기가 기울기 시작했다. 내 눈앞의 저녁 하늘도 기울어졌고, 나는 비행기를 똑바로 유지하기 위해 안간힘을 썼다.

헛수고였다. 비행기는 나는 것조차 불가능했다. 동체가 한쪽으로 쏠려서 중심을 잡으려고 하면 이내 다른 쪽으로 기울어져서 마치 공기와 레슬링을 하는 것 같았다. 갑자기 심한 떨림이 느껴졌다. 공기가 날개 위로 아주 느리게 지나갈 때 나타나는 현상이었다. 비행기가 물리학에 굴복하며 내는 끔찍한 쇳소리가 비명처럼 들렸다. 내가 즉시 속도를 올리는 방법을 찾지 못하면 비행기는 곧 중력을 이기지 못하고 저 도시 아래로 곤두박질칠 것이다.

어떻게 해야 할지 도무지 감이 안 왔다. 엔진의 회전수를 높이면 속도가 붙고 고도가 올라갈 테니 활주로 위를 선회하면서 비행기를 안정시켜볼 수 있을 것 같았다. 하지만 얼마 남지 않은 연료로 과연 비행기를 위로 올릴 수 있을까? 무리하다가 그대로 추락해버린다면?

또 다른 선택지가 있긴 했다. 비행기를 더 빨리 떨어지게 함으로써 오히려 속도를 얻는 방법이었다. 급강하를 시도하다가 비행기에 속도가 붙으면 다시 비상(飛上)해 추락을 피하자는 계산이었는데, 물론 대참사를 가져올 수도 있는 선택이었다. 비행기를 제대로 통제하지 못하면 그대로 고꾸라질 것이 당연했기 때문이다. 이것은 조종사들 사이에서 '무덤으로 가는 공중회전'이라 불릴 정도로 위험한 시도다. 가속할 때의 관성으로 발생하는 지-포스(g-force)가 강해지면서 비행기가 땅에 닿기도 전에 공중분해될 가능성도 있었다.

이러지도 저러지도 못하는 상황이었다. 식은땀이 눈에 들어와 따끔거렸고, 손은 공포로 덜덜 떨렸다. 관자놀이에서 쿵쾅거리는 맥박이 느껴질 정도였다. 냉정히 생각해보려 했지만 시간이 없었다. 비행기 속도는 점점 느려졌다. 지금 손을 쓰지 않으면 곧 추락할 터였다.

나는 비행기를 하강시킴으로써 속도를 얻는 방법을 선택하기로 했다. 가속되기를 기도하며 조종간을 앞으로 기울이자 즉시 속도가 높아졌다. 문제는 비행기가 교외의 주택가를 향해 돌진하고 있다는 점이었지만, 다행히 고도계가 제로를 가리키는 순간 속도가 붙은 덕분에 비행기를 통제할 여력이 생겼다. 엔진에 불이 붙은 이후 처음으로 비행기가 안정된 모습을 보였다. 물론 여전히 돌멩이처럼 아래로 떨어지고 있었지만 최소한 더 이상 기울지는 않았다. 나는 고도가 600m 이하로 떨어질 때까지 기다렸다가 다시 조종간을 잡아당겨 엔진의 회전수를 올렸다. 비행기는 멀미가 날 정도로 심하게 흔들렸으나 목적지를 향해 제대로 내려가고 있었다. 나는 착륙 기어를 내림과 동시에 활주로의 불빛을 전면 유리창의 중심에 맞춰가며 비행기를 조종하는 데 집중했다. 동료 조종사가 고도를 불러주었다. "30m! 15m! 6m!" 착륙 직전, 나는 마지막으로 비행기의 중심을 잡기 위해 안간힘을 썼다. 브레이크를 힘껏 밟아 비행기를 급회전시켰고, 매끄럽지는 않았지만 무사히 착륙하는 데 성공했다.

비행기가 공항 게이트에 도착하고 나서야 비로소 컴퓨터 픽셀이 눈에 들어왔다. 내가 실제로 본 것은 조종실 창문이 아니라 TV 화면이었다. 아래의 전경은 마치 위성 이미지를 조각조각 이어 붙인 듯했다. 내 손은 여전히 떨리고 있었지만 더 이상 위험한 상황은 아니었다. 객실에 앉아 있는 승객은 아무도 없었다. 이 보잉 737기의 정체는 1,600만 달러짜리 비행 시뮬레이터가 만들어낸 가상현실이었고, 내가 있었던 곳은 일본의 나리타 공항이 아니라 몬트리올 교외에 위치한 거대한 격납고였다. 비행 교관이 버튼을 눌러 엔진 화재와 사나운 바람을 일으켜 나를 궁지에 빠뜨렸던 것이다. 하지만 비행은 실제처럼 느껴졌다. 비행이 끝날 때쯤엔 아드레날린이 잔뜩 분비됐다. 내 뇌의 한 부분은 여전히 내가 도쿄 한복판에 추락할 뻔했다고 믿고 있었다.

비행 시뮬레이터의 장점은 자신이 내린 판단을 검증할 수 있다는 것이다. 내가 하강 비행을 계속한 것이 옳았을까? 아니면 다시 고도를 회복하려고 노력하는 게 나았을까? 그랬다면 좀 더 부드럽고 안전하게 착륙하지 않았을까? 나는 답을 알고 싶었다. 교관에게 가상 시나리오를 고쳐 한쪽 엔진 없이 다시 착륙을 시도해볼 수 있는지 물었다. 그가 스위치 몇 개를 조작하자, 눈 깜짝할 사이에 보잉 737기가 활주로에 다시 모습을 나타냈다. 라디오에서 이륙 준비를 하라는 항공교통 관제방송이 나왔다. 나는 엔진 회전수를 높이면서 활주로를 향해 움직였고, 점점 속도가 빨라진 비행기는 마침내 고요한 저녁 하늘 속으로 날아올랐다.

나는 고도 3,000m까지 그대로 올라갔다. 눈 아래 도쿄만(灣)의 평온한 풍경을 즐기려는 찰나 항공교통 관제방송에서 착륙 준비를 하라는 지시가 떨어졌다. 뻔한 공포영화처럼 시나리오가 반복되었다. 멀리서는 이전과 똑같은 고층빌딩이 보였고, 비행기는 똑같이 낮은 구름 사이를 날고 있었다. 나도 조금 전과 똑같이 도쿄 외곽을 가로지르는 항로를 따라 비행했다. 고도는 2,700m, 2,400m, 2,100m까지 낮아졌고, 이어 아까와 똑같이 왼쪽 엔진에 불이 붙는 상황이 발생했다. 나는 다시 한 번 비행기를 안정시키려고 노력했다. 또다시 동체가 심하게 흔들리면서 속도가 줄어들었다. 이번에는 비행기를 위로 끌어올리기로 결정한 뒤, 엔진의 회전수를 높이며 비행기를 위로 향하게 한 채 남아 있는 엔진에서 전해지는 정보를 주의 깊게 지켜보았다. 비행기를 상승시킬 수 없다는 것은 이내 분명해졌다. 엔진의 힘이 충분하지 않았던 것이다. 비행기는 심하게 요동쳤다. 날개는 힘을 잃으면서 괴상한 소리를 냈고, 낮게 윙윙 울리는 소리가 조종실을 장악했다. 비행기는 왼쪽으로 기울었다. 한 여성의 음성이 침착하게 재난을 알렸다. 곧 추락할 것이라는, 내가 이미 알고 있는 사실이었다. 내가 마지막으로 본 것은 지평선 위로 비치는 도시의 불빛이었고, 땅에 부딪치는 순간 화면은 멈췄다.

결국 비행기를 무사히 착륙시키느냐, 아니면 추락해 화염 속에서 죽느냐의 차이는 엔진에 불이 붙은 후 일어난 극한 상황에서 어떤 결정을 내리느냐에 달려 있었다. 이 모든 일은 순식간에 일어났다. 만약 실제 상황이었다면 이는 많은 사람의 생명이 걸린 문제였을 것이다. 한쪽의 결정은 안전한 착륙을 이끌어냈고, 다른 한쪽의 결정은 목숨을 앗아가는 추락으로 이어졌다.

이 책은 우리가 어떻게 결정을 내리는가에 대해 다룬다. 책을 통해 비행기 엔진에 불이 붙은 이후 나의 뇌 속에서 어떤 일이 일어났는지도 확인할 수 있다. 이 책은 전 우주를 통틀어 가장 복잡한 유기 조직인 인간의 뇌가 어떤 선택을 하느냐에 관한 것이기도 하다. 비행기 조종사는 물론 미식축구의 쿼터백, TV 드라마 연출자, 전문 도박사, 투자가, 연쇄살인범 등이 매일매일 내리는 결정에 대해서도 설명이 가능하다. 뇌의 관점에서 보자면 불타고 있는 비행기에서 하강을 하느냐 고도를 높이느냐와 같은 올바른 결정과 그릇된 결정 사이에는 가느다란 선이 있을 뿐이고, 이 책은 바로 그 선에 관한 것이다.

그동안 사람들은 여러 결정을 내리면서, 어떻게 그것이 이루어지는가에 대해 늘 고민해왔다. 지난 수세기 동안 학자들은 밖으로 드러나는 인간의 행동을 관찰함으로써 의사결정에 관한 이론을 만들어왔다. 하지만 뇌를 열어보는 것이 불가능했기 때문에 머릿속에서 실제로 일어나는 것에 대해서는 검증 불가능한 가설에 의존하곤 했다.

고대 그리스의 사상가들 이후로 이러한 가설은 인간이 이성적이라는 한 가지 원칙에만 매달렸다. 결정을 내릴 때 인간은 의식적으로 대안을 분석하고 주의 깊게 장단점을 살펴본다고 믿었다. 즉, 인간은 신중하고 논리적인 창조물이라는 것이다. 이러한 단순한 믿음이 플라톤과 데카르트 철학의 근간을 이루었고, 현대 경제학의 기초를 형성했다. 인지과학 분야에서 행해진 수십 년의 연구도 이를 바탕으로 이루어졌다. 그동안 이성은 인간을 다른 존재와 구분해 규정하는 잣대가 되었다.

그런데 이성에 대한 인간의 이러한 가정에는 한 가지 큰 문제가 있다. 가정 자체가 틀렸다는 점이다. 인간의 두뇌는 이성적으로 작동하지 않는다. 비행기 조종실에서의 내 결정 과정만 해도 그렇다. 그것은 극한 상황이 닥쳤을 때 본능적으로 내린 순간의 결정이었다. 나는 최선의 행동 방식에 대해 주의 깊게 분석하지도 않았고, 엔진 화재가 발생했을 때 공기역학을 계산하지도 않았다. 안전한 착륙 방법에 대해 이성적으로 생각할 겨를이 없었던 것이다.

그렇다면 나는 어떻게 결정을 내렸던 것일까? 비행기 엔진에 화재가 발생한 후 무엇이 내 선택에 영향을 미쳤을까? 인류 역사상 최초로 이런 질문에 답을 하는 게 가능해졌다. 우리는 이제 뇌 속을 들여다 볼 수 있을 뿐 아니라 인간의 사고가 이루어지는 과정도 관찰하는 것이 가능해졌다. 블랙박스가 공개된 셈이다. 그 결과 인간은 이성적인 창조물이 아니라는 사실이 밝혀졌다. 인간의 두뇌는 다양한 영역과 무질서한 관계 속에서 이루어져 있으며, 그 가운데 많은 부분이 감정의 발생과 깊은 관련이 있다. 결정을 내릴 때마다 우리의 뇌는 설명할 수 없는 열정에 이끌려 감정의 홍수에 휩싸인다. 이성적이고 냉철해지려고 노력할 때조차 감정의 충동은 판단에 은밀한 영향을 미친다. 내가 조종석에서 나 자신뿐 아니라 도쿄 외곽에 거주하는 수많은 일본인들의 목숨을 구하고자 필사적으로 생각할 때도 감정은 정신활동에 큰 영향을 미쳤다.

그렇다고 우리의 뇌가 올바른 의사결정을 위해 미리 프로그램화되었다는 뜻은 아니다. 수많은 자기계발서의 주장과 달리 본능이나 직감은 기적을 만들어내는 만병통치약이 아니다. 때로 감정은 우리를 잘못된 길로 인도하며, 온갖 종류의 예측 가능한 실수를 하도록 유도하기도 한다.

요약하자면 올바른 결정을 내리려면 감정과 이성을 모두 사용해야 한다. 우리는 너무 오랫동안 인간의 본성을 양자택일의 문제로만 생각해왔다. 우리는 합리적인 한편 불합리하고 통계에 의존하면서도 직감을 믿는다. 아폴로적인 논리와 디오니소스적인 감정, 에고(ego)와 이드(id)는 서로 대립한다. 이성을 관장하는 뇌의 한 부분인 전두엽(frontal lobes)과 본능을 관장하는 뇌의 한 부분인 파충류뇌(reptilian brain)가 서로 싸운다.

이러한 이분법은 잘못되었을 뿐 아니라 파괴적이기까지 하다. 결정의 문제에 대한 보편적인 해결책은 없다. 현실 세계는 그렇게 단순하지 않다. 그 결과 우리의 뇌는 진화 과정을 통해 다원주의를 지향하게 되었다. 때때로 우리는 여러 대안을 살피면서 가능성을 조심스럽게 분석하는 이성이 필요하기도 하고, 우리의 감정에 귀를 기울일 필요도 있다. 중요한 것은 서로 다른 형태의 사고를 언제 사용해야 할지 아는 것이다. 우리는 항상 우리가 생각하는 방법에 대해 의식하고 있어야 한다.

이것이 바로 조종사들이 비행 시뮬레이터를 통해 배우는 것이다. 도쿄 상공에서 엔진에 화재가 발생한다거나 캔자스 주 토피카에서 눈보라와 마주친다거나 하는 다양한 시나리오를 경험함으로써 조종사들은 특정 상황에서 어떤 종류의 사고 형태를 취해야 하는지 파악하는 감각을 기른다. 세계 최대 비행 시뮬레이터 제조업체 CAE의 민간인 훈련 담당 임원인 제프 로버츠는 "조종사들은 행동하기 전에 반드시 생각을 해야 한다."고 강조한다. "그들이 로봇이 아니라는 게 다행이지요. 우리는 조종사들이 오랜 경험을 통해 쌓아온 판단 능력에 의거해 결정을 내리길 바랍니다. 항상 생각을 해야 합니다. 때로는 감정이 생각을 돕기도 하지요. 훌륭한 조종사는 자신의 머리를 어떻게 사용해야 할지 잘 알고 있습니다."

처음에는 두뇌의 내부 작용이라는 관점에서 의사결정을 바라보는 것이 다소 어색하게 느껴질 수 있다. 우리는 서로 경쟁 관계에 놓여 있는 뇌 영역이나 신경세포의 관점에서 선택 행위를 이해하는 것에 익숙하지 않다. 그러나 인간의 행동을 내부에서부터 이해하려는 새로운 시도는 놀라운 사실들을 많이 밝혀냈다. 이 책은 1.4kg의 유기체에 불과한 두개골 속의 뇌가 어떻게 슈퍼마켓에서 물건을 고르는 사소한 선택부터 도덕적 갈등처럼 진중한 문제까지 모든 의사결정 과정에 영향을 미치는지 알려줄 것이다. 인간의 정신은 순수이성이라는 허구를 비롯해 수많은 신화에 영향을 미쳤다. 여러 한계와 결함이 있긴 하지만 인간의 뇌는 매우 강력한 생체 기관임에 틀림없다. 뇌에 대해 알면 알수록 최대한 활용할 수 있기 때문에 뇌의 작동 방식을 알아두면 여러모로 유익하다.

인간의 뇌는 진공 상태로 존재하지 않는다. 모든 결정은 현실 세계에서 이루어진다. 노벨상을 수상한 사회과학자 허버트 사이먼(Herbert Simon)은 인간의 정신을 가위 날에 비유한 것으로 유명하다. 그는 가위의 한쪽 날이 뇌라면, 다른 쪽 날은 뇌가 작동하는 구체적인 환경이라고 예를 들어 설명했다.

가위의 기능을 제대로 이해하려면 양쪽 날을 동시에 관찰해야 하고, 그러기 위해서는 연구실을 박차고 나와 가위가 실제로 사용되는 현장을 살펴봐야 한다. 나는 이 책에서 도파민을 발생시키는 신경세포가 어떻게 걸프전에서 전함을 구할 수 있었는지, 뇌의 한 부위가 흥분함으로써 그것이 어떻게 서브프라임 부동산 거품에 영향을 미쳤는지 소개할 것이다. 또한 소방관들이 위험한 불길을 진화하는 방법을 살펴보고 세계 포커 대회도 참관할 것이며, 사람들이 어떻게 투자 결정을 내리고 대통령 후보를 선택하는지 알아내기 위해 뇌 영상 기술을 이용하는 과학자도 만나볼 것이다. 이런 새로운 지식을 이용해 더 나은 TV 프로그램을 제작하고, 풋볼 경기에서 더 많이 이기고, 의료 서비스를 개선하고, 군사 정보의 질을 향상시킨 사람들도 소개할 것이다. 이 책의 목적은 기업 CEO부터 철학자, 경제학자, 비행기 조종사에 이르기까지 모든 사람들이 흥미로워할 두 가지 질문에 대한 답을 제시하는 데 있다. 하나는 '인간의 뇌는 어떻게 결정을 내리는가?'에 대한 문제고, 또 다른 하나는 '어떻게 하면 더 나은 결정을 내릴 수 있는가?'의 문제다.

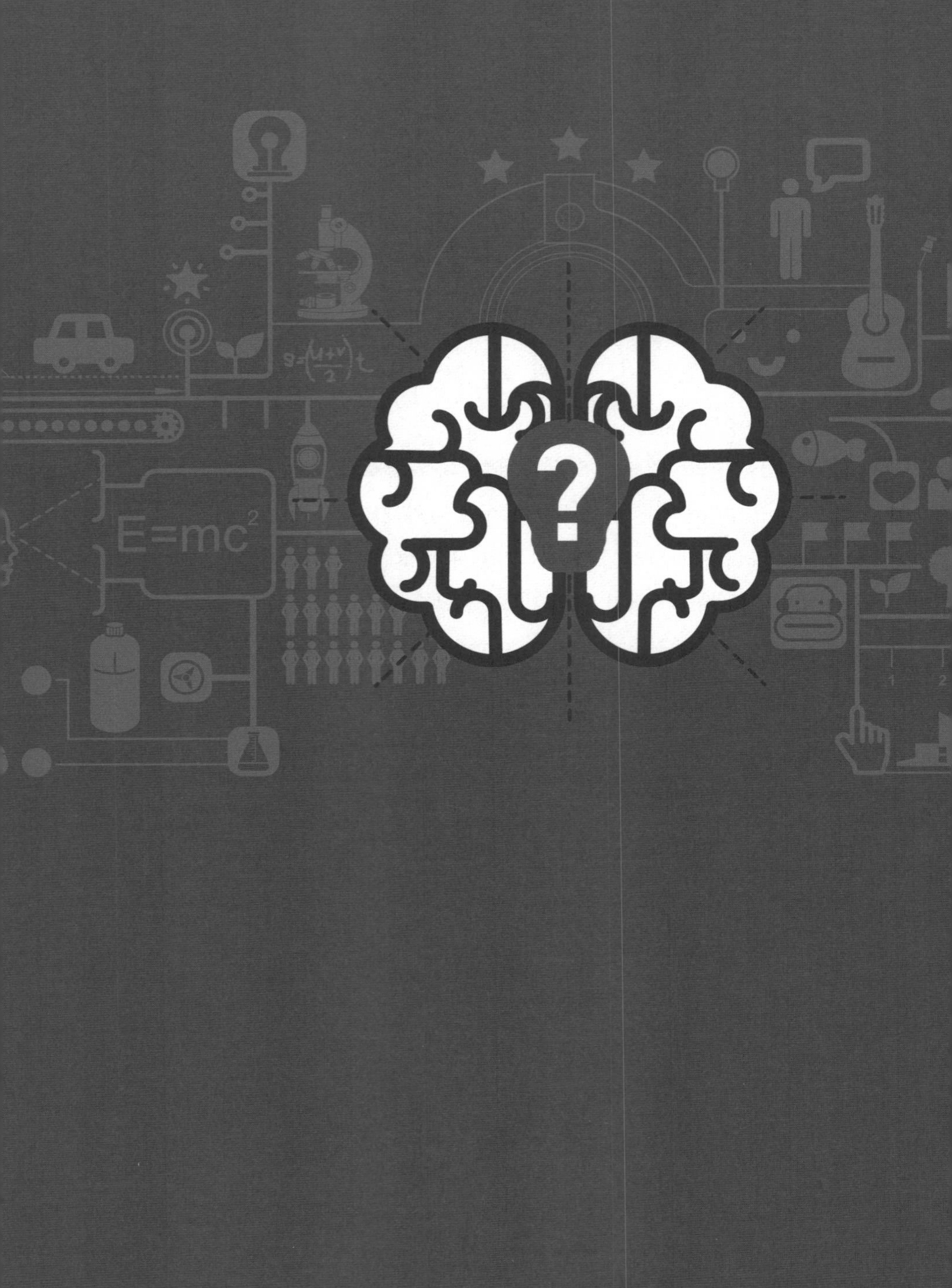
$E=mc^2$

1

쿼터백은 누구에게 공을 패스해야 할까

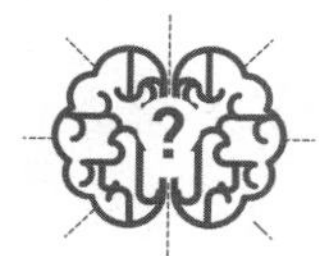

2002년 뉴잉글랜드 패트리어츠와 세인트루이스 램스의 슈퍼볼 경기 종료 21초 전. 두 팀이 동점을 이룬 가운데 공격권은 패트리어츠에 있었다. 패트리어츠에게는 작전을 짤 수 있는 타임아웃 기회가 더 이상 남아 있지 않았기 때문에 사람들은 패트리어츠가 공격을 포기하고 연장전을 유도할 것이라고 예상했다. 그렇게 하는 게 유리한 상황이었다. TV 경기를 중계하던 진행자 존 매던은 "막판 뒤집기는 없을 것이다. 패트리어츠는 시간이 종료되기를 기다릴 뿐"이라고 호언했다.

두 팀의 경기가 이렇게 접전이 될 거라 예상한 사람은 아무도 없었다. 램스는 경기 전 승률이 패트리어츠보다 14점이나 앞서 있었고, 이는 슈퍼볼 역사상 가장 일방적인 승률 차였다. 램스의 막강한 공격수들은 '잔디밭 위에서 펼쳐지는 가장 위대한 쇼'를 보여준다는 찬사를 받으며 정규 시즌 동안 기록적인 경기를 선보였다. 쿼터백 커드 워너는 NFL(National Football League)의 MVP로 선정되었고, 러닝백 마셜 포크는 '올해의 NFL 공격수상'을 받았다. 반면 패트리어츠는 스타 쿼터백인 드루 블레드소와 뛰어난 와이드리시버(wide receiver)인 테리 글랜이 부상을 당하는 등 전력이 크게 약화된 상태였기에 모두 패트리어츠의 대패를 예상했다.

경기 시간이 불과 1분 남은 상황에서 패트리어츠의 명운은 2군 쿼터백인 톰 브래디의 손에 달려 있었다. 그는 패트리어츠 진영 사이드라인 쪽에서 수석 코치 빌 벨리칙, 공격 담당 코치 찰리 와이즈와 짧은 이야기를 나누었다. "우리 대화는 단 10초 만에 끝났어요." 와이즈 코치는 당시 상황을 설명했다. '무조건 공격 드라이브를 걸자', '잘 안 되면 시간을 끌자'는 게 요점이었죠. 그러나 코치들은 이 젊은 쿼터백이 실수하지 않을 것임을 확신했다.

브래디는 필드에서 뛰고 있는 동료들과 합류했다. 얼굴 보호대 너머로 그의 미소가 보였다. 신경이 곤두선 미소가 아닌, 자신에 찬 미소였다. 관중석에는 7만여 명의 관람객이 경기를 지켜보고 있었고 대다수는 램스를 응원하는 사람들이었지만 톰 브래디는 개의치 않는 듯했다. 패트리어츠 선수들은 짧은 작전회의 후 다 함께 손뼉을 치며 각자의 위치로 움직였다.

원래 톰 브래디는 슈퍼볼 무대에 설 선수가 아니었다. 2000년 선수 드래프트에서 브래디의 지명순위는 199위였다. 미시간 대학 시절 뛰어난 패스 기록을 세우긴 했지만, NFL의 스카우트 담당자들은 그가 프로에서 뛸 체격이 되지 못한다고 판단했다. 〈프로 풋볼 위클리(Pro

Football Weekly)〉 지는 드래프트 특집에서 브래디에 대해 다음과 같이 평가했다.

"빈약한 체격. 매우 마르고 골격이 왜소함. 99년 시즌 종료 시 체중은 88.5kg. 현재 96kg 전후로 늘긴 했지만 여전히 빈약해 보임. 강인한 체력을 갖추지 못함. 상대 선수에게 쉽게 밀려날 수 있음." 브래디에 대한 긍정적 평가는 고작 한 줄뿐이었다. "우수한 결정력(decision-making)."

벨리칙 코치는 브래디의 가능성을 알아본 몇 안 되는 코치 중 한 명이었다. "톰 브래디를 선발 쿼터백 후보로 뽑은 건 아니었어요. 우리에게 매력적이었던 것은 톰의 우수한 상황 판단력이었죠. 실제 플레이를 하건, 경기 운영을 하건, 강한 상대와 어려운 경기를 하건, 톰은 모든 상황에서 정확한 판단을 내렸습니다."

한마디로 브래디는 냉정하고 침착했다. 그는 압박감을 느끼지 않았고, 아무리 긴박한 상황에서도 공을 제대로 받아낼 수 있는 리시버(receiver)를 찾아냈다.

이제 브래디는 공격대형에 홀로 서서 사람들의 집중을 받고 있다. 그의 의사결정 능력이 시험대에 오른 것이다. 브래디는 공격 라인 끝쪽에 서 있는 타이트엔드(tight end)와 와이드리시버를 번갈아 바라보며 소리를 질렀다. 공을 잡은 그는 선수들이 뛰고 있는 쪽을 바라보며 뒤로 물러섰고, 램스의 수비진들이 타이트존 방어에 들어갔다는 것을 즉시 파악했다. 패트리어츠 선수들이 공을 패스하려 한다는 사실을 알아챈 그들은 공을 가로챌 기회를 엿보고 있었다. 브래디가 첫 번째로 공을 패스하려 했던 선수는 포위되어 있었다. 그는 공을 패스할 두 번째 인물을 찾았지만 그 역시 수비수들에게 꽉 막힌 상태였다. 브래디는 램스 수비진을 피해 앞으로 몇 발짝 나아간 후, 러닝백인 J. R. 레드몬드에게 공을 패스했다. 5점을 얻었다.

다음 두 번의 플레이도 똑같은 방식으로 전개되었다. 브래디는 램스 수비진이 암호로 된 지시사항을 주고받는 것을 들었다. "화이트 21! 96은 마이크야! 오마하는 가!" 이러한 지시는 공격진들이 어떤 수비수에게 신경 써야 할지를 알려줌과 동시에, 수비 형태에 따라 패스 경로를 결정해야 하는 와이드리시버들에게는 어디로 움직여야 할지 알려주는 가이드가 되었다. 경기가 속개되자 브래디는 공을 패스할 목표물들을 체크한 후, 가장 안전한 방법인 짧은 패스를 선택했다. 무리하게 공을 빡빡한 수비수들 사이에 밀어 넣기보다는 상대편 방어 전략의 허점을 노리기로 한 것이다. 이런 방식으로 패트리어츠는 전진했지만 남은 시간은 거의 없었다.

뉴잉글랜드 패트리어츠는 다시 새로운 공격권을 얻었다. 남은 시간은 29초뿐이었다. 브래디는 앞으로 두세 번의 공격 기회가 더 있다는 것을 알았다. 자신이 필드 골 범위 안에 들어가려면 앞으로 30야드 이상 더 나아가야 했다. TV 해설자들은 연장전을 전제로 이야기하고 있었지만 패트리어츠 선수들은 아직 추가 득점의 가능성이 있다고 생각했다. 공격대형 안에 서서 수비진을 훑어보던 브래디는 라인배커(linebacker) 포지션의 수비수들이 대치 라인 쪽으로 좀 더 가까이 다가오고 있는 것을 보았다. 그는 공격 개시를 알리는 카운트다운을 시작하며, 상대편의 수비 형태를 파악하기 위해(대인방어 전략을 쓸 것인지, 지역방어 전략을 쓸 것인지) 선수 한 명을 이동시켰다. 그가 뒤로 물러서는 순간 세 명의 수비수들이 그를 향해 달려왔고, 또 다른 수비수 한 명은 짧은 패스를 차단하려 하고 있었다. 브래디는 오른쪽과 왼쪽 모두 수비수들에게 잔뜩 둘러싸여 딱히 공을 패스할 사람을 찾을 수 없었다. 그는 필드 중앙을 바라보았다. 와이드리시버 트로이 브라운이 수비수들 사이에 비어 있는 공간을 향해 몸을 움직이고 있었다. 브래디는 브라운이 수비수들을 제치고 총알처럼 뛰어가는 모습을 보았다. 브라운은 수비수를 뚫고 공을 받은 후 다시 9야드를 더 내달렸다. 이제 공은 필드 골을 날릴 수 있는 지점 직전까지 이르렀고, 램스의 팬들은 찬물을 끼얹은 듯 조용해졌다.

12초가 남은 상황에서 패트리어츠의 스페셜팀이 투입되었다. 애덤 비나티에리가 찬 볼은 골대 사이를 똑바로 가로질렀고, 그때 경기장 타이머가 멈추었다. 패트리어츠가 슈퍼볼에서 우승한 것이다. NFL 역사상 최대의 이변이었다.

01

미식축구에서 쿼터백이 내린 신속한 결정 과정은 우리 뇌의 내부에서 일어나는 활동을 엿볼 수 있는 기회다. 수비수들이 압박해 들어오기 전, 쿼터백은 불과 몇 초 안에 일련의 어려운 결정을 내려야 한다. 자신을 둘러싼 방어벽이 무너지는 순간에도 톰 브래디는 전혀 겁을 먹거나 주춤하지 않았다. 그는 공격 방향에만 초점을 맞추고 선수들의 움직임에서 의미 있는 신호를 읽어내려 했다. 그는 양팀 선수들이 치밀하게 대치하고 있는 상황에서 공을 패스할 선수를 찾는 데 여념이 없었다. 공을 던지는 일은 그에 비해 오히려 쉬웠다.

이러한 패스 결정은 '결정'이라 할 수도 없을 만큼 매우 신속히 일어났다. 우리는 필드에서 멀리 떨어져서 카메라가 잡아낸 화면을 보는 데 익숙하다. 이렇게 멀리서 바라보면 선수들은 격렬하게 춤을 추는 것처럼 보인다. 스포츠가 아니라 잘 짜인 안무 같다. 시청자들은 TV 화면을 통해 공격수들이 늘어서고 쿼터백을 둘러싼 방어벽이 천천히 무너지는 것도 한눈에 볼 수 있다. 수비의 허점을 찾아내고, 수비가 일대일로 마크하는 중에 비어 있는 선수를 발견하는 것도 쉽다. 우리는 어떤 수비수가 속이는 몸짓으로 상대를 제치고, 어떤 수비수가 어디로 달려가는지도 알 수 있다. 코치들이 '하늘의 눈'이라고 부르는 이러한 시각에서 경기를 보면, 쿼터백은 그저 명령에 따르는 것처럼 보인다. 마치 경기 시작 전에 이미 어디로 공을 던져야 할지 알고 있는 것처럼 말이다.

하지만 이런 식으로는 경기를 제대로 이해하기 어렵다. 쿼터백이 공을 잡은 다음부터 실제 경기는 길거리 싸움판처럼 뒤죽박죽 얽히기 시작한다. 경기장 안에서는 덩치 큰 선수들이 바닥에 나뒹굴 때의 육중한 울림과 으르렁거림, 신음소리가 하모니를 이룬다. 리시버들이 공을 받기 위해 달려가는 경로는 물론 공을 받을 각도들도 모두 차단되고, 치밀한 계획 역시 상대편의 급습으로 단번에 좌절된다. 공격 라인 또한 예측 불가능한 레슬링 경기와 같다. 쿼터백이 효과적인 결정을 내리려면 이 모든 새로운 정보는 물론 선수들 각각의 위치도 완전히 파악하고 있어야 한다.

신중한 계획과 위험천만의 즉흥적 판단이 교차하는 이런 대혼란 속에서 쿼터백의 역할은 매우 어려울 수밖에 없다. 심지어 쿼터백은 수비수와 격렬한 몸싸움을 벌여야 하는 상황에서도 침착함과 집중력을 잃으면 안 된다. 그는 이 아수라장을 뚫고 모든 선수들의 움직임을 파악해야 한다. 공을 패스할 선수는 어디로 가고 있는 것일까?

공을 날릴 안전한 곳이 있을까? 수비수는 방어벽을 만들고 있을까? 타이트엔드 포지션의 선수는 급습에 나섰을까? 패스 전, 즉 공을 받을 선수를 찾기 전 쿼터백은 이 모든 질문에 답을 해야 한다. 각각의 패스가 어림짐작으로 이루어지지만 유능한 쿼터백의 어림짐작은 이보다 더 나아야 한다. 톰 브래디, 조 몬테나, 페이튼 매닝, 존 얼웨이 같은 뛰어난 쿼터백과 그렇지 않은 쿼터백의 차이는 정확한 때에 정확한 리시버를 찾아내는 능력에 있다(패트리어츠는 리시버가 다섯 명인 공격 대형을 종종 활용하는데, 이 말은 톰 브래디가 공을 던질 타깃을 결정하기 전에 다섯 명을 일일이 점검해야 한다는 뜻이다). 팀 스포츠 중 이처럼 한 사람의 판단에 많은 것을 의존하는 것은 없다.

NFL 스카우터들은 쿼터백의 상황판단 능력을 매우 중시한다. 연맹은 드래프트에 오른 모든 선수들에게 IQ테스트의 간략 버전이라 할 수 있는 원더릭 지능 테스트(Wonderlic intelligence test)를 거치게 한다. 12분 동안 치러지는 테스트는 뒤로 갈수록 어려워지는 50개의 문항들로 구성되어 있다. 예를 들면 다음과 같다.

"종이가 한 묶음에 21센트씩 팔린다. 네 묶음의 가격은?"

다음은 좀 더 난이도가 높은 문제다.

"세 명의 동업자가 이익금을 똑같이 배분하기로 합의했다. X는 9,000달러, Y는 7,000달러, Z는 4,000달러를 투자했다. 총 이익금이 4,800달러라면 X는 투자비율에 따라 나눌 때보다 얼마를 덜 받게 되는 셈인가?"

원더릭 테스트는 '수학과 논리적 사고가 우수한 선수가 필드에서도 적절한 판단을 내릴 것'이라는 전제에서 출발한다. 얼핏 보기에는 설득력 있는 이야기다. 그 어떤 스포츠도 미식축구만큼 뛰어난 지능을 요구하지는 않는다. 쿼터백으로 성공하려면 수백 개의 공격 플레이와 수십 개의 다른 수비 대형을 암기하고 있어야 하고, 상대팀의 경기 방식을 연구하는 데 많은 시간을 투자하며 그 지식을 실전에도 적용할 수 있어야 한다. 쿼터백은 상대편의 대열을 봐가면서 그때그때 플레이에 변화를 주는 역할도 수행한다. 한마디로 그들은 어깨 패드를 단 코치나 다름없다.

따라서 쿼터백의 원더릭 테스트 점수가 평균에 훨씬 못 미치면 NFL 팀들은 신경이 쓰이기 시작한다. 쿼터백들의 평균은 25점이다(컴퓨터 프로그래머의 평균은 28점, 건물 경비원의 평균은 15점으로 '러닝백' 포지션의 풋볼 선수와 같다). 그러나 텍사스 대학 출신의 스타 쿼터백인 빈스 영은 원더릭 테스트에서 6점을 받았다고 알려져 있다. 그가 NFL에서 성공할 수 있을지 의문을 제기한 팀들은 당연히 많았다.

하지만 빈스 영은 프로 팀에서 뛰어난 기량을 보여줬다. 원더릭 점수가 형편없었음에도 성공한 쿼터백은 빈스뿐만이 아니었다. 댄 마리노는 14점, 브렛 파브는 22점, 랜달 커닝햄과 테리 브래드쇼는 15점을 받았다. 이들은 모두 '명예의 전당(Hall of Fame)'에 이름을 올렸거나 올릴 쿼터백들이다. 반면 알렉스 스미스와 매트 라인아트는 원더릭 테스트 결과가 35점 이상 나온 덕에 2005년 NFL 드래프트에서 지명순위 10위 안에 들었지만, 경기 중 상황을 잘못 판단함으로써 고전을 면치 못하고 있다.

쿼터백으로 성공하는 것과 원더릭 테스트에서 높은 점수를 얻는 것 사이의 상관관계가 약한 이유는 무엇일까? 쿼터백이 패스 상대를 결정하는 것은 수학 문제를 푸는 것과 완전히 다른 형태의 의사결정이기 때문이다. 쿼터백이 시합 중 직면하는 복잡한 상황을 해결하는 데 있어 사지선다형 객관식 문제를 푸는 방식이 도움이 될 리 없다. 원더릭 테스트는 특정 종류의 사고 과정만 확인할 수 있는 도구다. 그러나 뛰어난 쿼터백은 긴박한 상황에서 이런저런 생각을 할 겨를이 없다. 시간이 없기 때문이다.

톰 브래디가 트로이 브라운에게 건넨 패스를 보자. 브래디의 결정은 다양한 변수와 맞닿아 있었다. 먼저 상대팀 라인배커가 수비를 하지 말아야 했고, 공을 가로채려 기다리는 코너백도 없어야 했다. 그 후에는 브라운이 공을 받아 뛰어갈 것까지 계산한 적절한 패스 공간을 고려해야 했고, 상대 수비에게 막히지 않고 공을 목표 지점까지 던질 수 있는 방법을 생각해야 했다. 만일 브래디가 원더릭 시험 문제를 푸는 것처럼 의식적으로 이 결정 과정을 분석했다면 모든 패스의 각도를 계산하기 위해 복잡한 삼각함수까지 건드려야 했을 것이다. 하지만 다섯 명의 무지막지한 수비수가 쿼터백인 당신을 향해 달려오고 있는 상황에서 수학을 생각할 겨를이 있겠는가? 절대 불가능하다. 만약 잠시라도 머뭇거린다면 상대팀으로부터 역습을 당하는 것은 시간문제다.

그렇다면 쿼터백은 어떻게 의사결정을 내릴까? 이 질문은 마치 야구선수에게 방망이를 휘두를지 말지를 어떻게 결정하는지 묻는 것과 같다. 경기는 매우 빠른 속도로 진행되기 때문에 생각하는 것 자체가 불가능하다. 브래디가 리시버의 상황을 확인하는 데 허용된 시간은 한 사람당 1초가 채 되지 않았다. 그는 리시버들의 움직임을 슬쩍 살펴보는 몇 초 안에 누가 공을 자유롭게 받을 수 있을지 즉시 판단해야 했다. 쿼터백은 공을 패스할 여러 대상을 꼼꼼히 따져보지 않은 상태에서 결정을 내려야 한다. 다시 말해 브래디는 자신이 왜 그 대상을 정했는지 본인도 이해하지 못한 채 패스할 대상을 고른 것이다. 브래디가 경기 종료를 불과 29초 남겨둔 상황에서 트로이 브라운에게 공을 던진 이유는 무엇일까? 중간에 위치한 수비수가 너무 많은 공간을 내주어서? 수비수들이 다른 공격수들을 쫓느라 필드 중앙에 공간이 좀 남아 있어서? 아니면 다른 패스 경로는 꽉 막혀 있으니 긴 패스가 필요하다는 생각에서? 그는 이러한 질문에 어떤 대답도 할 수 없다. 마치 그가 아니라 그의 마음이 혼자 결정을 내린 것과 같기 때문이다. 심지어 쿼터백들은 자신의 재주에 스스로 놀라기까지 한다. "내가 어떻게 패스 대상을 정했는지 나도 모르겠어요. 정해진 규칙은 없어요. 단지 저곳이 맞는 것 같다는 생각이 들면 그냥 거기로 던질 뿐이죠."

02

톰 브래디가 어떻게 해서 공을 패스할 곳을 찾았는지와 같은 의사결정 과정은 우리 정신에 관한 오래된 미스터리 중 하나다. 우리가 내린 결정에 의해 우리 자신이 규정되기도 하지만, 우리는 종종 의사결정 과정 중 머릿속에서 어떤 일이 일어나는지를 의식하지 못한다. 우리가 왜 특정 브랜드의 시리얼을 구입하고, 노란 신호에 멈추고, 트로이 브라운에게 공을 던졌는지 설명하기는 어렵다. NFL 선수 선발 평가에서 '결정 능력'은 쿼터백에게 있어 가장 중요한 자질임에도 막연한 범주에 속하고, 아무도 그게 무엇인지를 모른다.

이러한 정신적 과정의 애매한 특성 때문에 수많은 이론이 등장했다. 그중 가장 큰 지지를 받은 가설은 '결정 행위는 이성과 감정이 싸워 이성이 승리하는 것'이었다. 이러한 고전적 해설에 따르면 사람이 짐승과 구별되는 것은 신이 내린 선물과도 같은 이성 때문이다. 이 가설에서는 인간이 무언가를 결정할 때면 감정을 무시한 채 주어진 문제에 대해 곰곰이 생각할 수 있다고 본다. 예를 들어 쿼터백은 시합 중 주어진 모든 정보를 차분하게 분석함으로써 리시버를 고르게 되어 있다는 식의 주장이다. 이는 다시 말해 복잡한 패스 플레이를 일련의 수학 문제로 바꿔 생각한다는 것으로 쿼터백이 이성적일수록, 또 원더릭 테스트 점수가 높을수록 기량이 뛰어나다는 논리와 같다.

감정과 본능과 충동을 초월해 사실을 분석하는 능력은 종종 인간의 본질적인 특성으로 간주된다. 이러한 이론을 최초로 체계화시킨 사람은 플라톤(Platon)이었다. 그는 인간의 정신을 두 마리의 말이 끄는 마차에 비유하곤 했다. 이성적인 두뇌는 마부에 해당하는데, 이 마부는 고삐를 쥐고 말들이 어디로 달려야 할지 결정한다. 말들이 제멋대로 행동하려 하면 마부는 채찍을 휘둘러 권위를 다시 세운다. 두 마리의 말 중 한 마리는 혈통도 좋고 말도 잘 듣지만, 다른 한 마리는 아무리 뛰어난 마부라도 다루기 쉽지 않다. 플라톤은 "이 말은 혈통이 미천하다. 소처럼 짧은 목에 들창코, 검은 피부, 벌겋게 충혈된 눈을 가지고 있다. 거칠고 무례하며 귀 주변은 털로 뒤덮여 잘 듣지도 못한다. 마부가 채찍과 막대기를 휘두르는 소리만 겨우 들을 뿐이다."라고 했다. 플라톤에 따르면 이 고집 센 말은 부정적이고 파괴적인 감정을 상징한다. 마부의 역할은 이 검은색 말이 제멋대로 굴지 않도록 통제하며 두 마리가 함께 앞으로 나아가게 하는 것이다.

이러한 비유처럼 플라톤은 인간의 마음을 두 개의 영역으로 나누었다. 그는 영혼이 이성과 감정 사이에서 갈등한다고 보았다. 플라톤에 따르면 마부와 말이 다른 것을 원할 때는 당연히 마부의 말을 들어야 한다. "질서와 철학을 이끄는 정신의 상위 요소가 주도권을 잡을 때 우리는 스스로 주인이 되어 행복하고 조화로운 삶을 살 수 있다." 플라톤은 그렇지 않으면 충동적인 감정에 지배되는 삶이 있을 뿐이라고 경고했다. 마부가 아닌 말을 따른다면 "지하 세계로 가는 바보"와도 같다는 게 그의 생각이다.

인간의 정신을 이성과 감정으로 나누는 것은 플라톤의 사상 가운데 가장 오랫동안 이어져온 주제다. 이러한 사상은 서양 문명 속에 뿌리 깊이 남아 있다. 다른 한편에서 보면 인간은 원초적 본능으로 가득한 미개한 동물에 지나지 않지만, 이성이라는 신성한 선물을 부여받은 덕에 합리성과 선견지명을 갖고 있다. 플라톤보다 몇 세기 후에 나타난 로마의 시인 오비디우스(Ovidius)는 《변신 이야기(Metamorphoses)》에서 몇 줄의 짧은 문장을 통해 이러한 심리구조를 잡아냈다. 에로스의 화살을 맞은 메데이아는 이아손과 사랑에 빠졌지만, 그녀의 사랑은 아버지에 대한 의무와 배치되어 갈등을 일으켰다. 그녀는 "낯설고 새로운 힘이 나를 끌고 있다. 욕망과 이성이 서로 다른 방향으로 나를 잡아당기고 있다. 나는 올바른 길을 알고 있지만 잘못된 길을 따르고 있다."라고 한탄했다.

계몽주의 시대의 가장 영향력 있는 철학자로 꼽히는 르네 데카르트(Rene Descartes) 역시 감정을 비판한 고대의 사상을 이어받았다. 그는 인간이라는 존재를 두 개의 실체로 구분했는데 하나는 이성을 추구하는 신성한 영혼이고, 다른 하나는 본능에 따라 움직이는 육체다. 데카르트는 인간의 지성으로부터 거짓을 제거해 과거의 비논리적인 믿음을 극복하고자 했다. 데카르트는 《방법서설(Discourse on Method)》에서 순수한 형태의 이성을 보여주는 사례를 제시하려 했다. 그의 목표는 인간성을 동굴에서 끌고 나와 감정과 직감 때문에 모호해진 원칙들을 '분명하고 명료하게' 드러내는 것이었다.

이성을 중시하는 데카르트의 사상은 근대 서양 철학의 근간이 되었다. 이성은 정확하게 필요한 부위만 도려내는 수술용 칼과 같은 역할을 했던 반면 감정은 조잡하고 미개한 것으로 여겨졌다. 시간이 흐르면서 영향력 있는 사상가들이 이러한 이원론적 심리학의 실용화에 나섰다. 프랜시스 베이컨(Francis Bacon)과 오귀스트 콩트(Auguste Comte)는 사회를 '합리적인 과학'으로 재편하고자 했다. 토머스 제퍼슨(Thomas Jefferson)은 "미국의 실험이 인간은 오직 이성에 의해서만 지배될 수 있다는 점을 증명해주기"를 희망했다. 임마누엘 칸트(Immanuel Kant)는 정언명령(定言命令, categorical imperative)이라는 개념을 통해 도덕도 이성에 근거한다는 점을 증명하려 했고, 프랑스 혁명이 최고조에 달했을 때 일부 급진주의자들은 '이성의 제단(Cult of Reason)'을 세우고 파리의 성당 몇 곳을 '이성의 사원'으로 바꾸었다. 물론 감정을 중시하는 사원은 없었다.

지그문트 프로이트(Sigmund Freud)는 플라톤의 비유를 20세기 버전으로 내놓았다. 프로이트는 자신이 환상을 없애는 데 일생을 바쳤다고 말하곤 했지만, 정신에 관한 그의 기본 관점은 플라톤의 그것과 다르지 않았다. 프로이트에 따르면 인간의 정신은 갈등하는 두 부분으로 나뉘어 있다(갈등은 신경증을 설명하는 데 도움이 되었기 때문에 프로이트에게 있어 매우 중요한 개념이었다). 정신의 중심에는 무의식적인 욕망의 생산 공장에 해당하는 이드가 존재하고, 이드의 위에는 의식적 자아와 이성적 두뇌를 상징하는 에고가 놓여 있다. 이드를 통제해 동물적 감정을 사회적으로 용납되는 방향으로 전환하는 것이 에고의 역할이다. 프로이트는 "에고와 이드의 관계는 곧 마부와 말의 관계"라고 플라톤의 주장을 반복하며, "말은 동력을 공급하고, 마부는 목적지를 정하고 나아갈 방향을 제시할 권한을 갖고 있다"며 에고와 이드의 역할을 설명했다.

프로이트 정신분석학의 목적은 에고의 강화, 즉 이드의 충동 억제에 필요한 힘을 기르는 데 있다. 프로이트는 자신의 환자들에게 각자의 말(이드)을 다루는 방법을 가르치고자 했다. 그는 히스테리부터 나르시시즘에 이르는 대부분의 정신질환이 감정을 다스리지 못하는 데서 비롯된다고 믿었다. 후에 프로이트는 이러한 플라톤적 시각을 모든 이론에 적용하였다. 문명을 개인 정신 개념의 확대판으로 본 그는 "역사 속에 등장하는 다양한 사건들은 이드와 에고 사이의 갈등을 반영한 것일 뿐"이라며 "개인을 대상으로 하는 정신분석학 연구가 좀 더 넓은 무대에서 이루어지는 것"이라고 말했다. 프로이트에 따르면 근대 사회의 존속은 보다 큰 정의를 위해 이드의 감정적 욕망, 즉 고통은 피하고 쾌락을 추구하려는 본능을 희생하는 데 달려 있다. 인간의 이성 덕분에 문명사회가 야만사회로 전락하지 않았다는 게 그의 주장이다. 근대 미술의 창시자로 불리는 스페인의 화가 프란시스코 고야(Francisco Goya) 역시 '이성이 잠들면 악마가 나타난다(The sleep of reason produces monsters)'라는 제목의 그림을 통해 이성의 중요성을 강조했다.

시간이 흘러 프로이트의 정신분석학이 과학적인 신뢰를 잃자 이드, 에고, 오이디푸스 콤플렉스에 대한 논의 또한 뇌의 특정 영역에 대한 언급으로 대체되었다. 프로이트를 필두로 하는 비엔나 학파는 대뇌피질을 정확히 묘사한 해부도에 무릎을 꿇어버렸고, 마차로 대표되는 플라톤의 비유도 비참하게 버림받은 것처럼 보였다.

그러나 근대 과학은 곧 새로운 은유(metaphor)를 찾아냈다. 바로 인간의 정신을 컴퓨터에 비유한 것이다. 인지심리학에 따르면 각각의 인간은 1.4kg짜리 신경망 하드웨어에서 작동하는 소프트웨어 프로그램에 해당한다. 컴퓨터를 대상으로 한 이러한 비유는 인공지능의 개발 등 과학 발달에 중요한 역할을 했지만, 동시에 치명적 실수도 저질렀다. 컴퓨터는 감정이 없다는 점을 간과한 것이다. 감정은 정보 단위로 쪼개지지도 않고 프로그래밍 언어의 논리적인 구조로 표현되지도 않기 때문에 과학자들은 감정을 애써 무시하려고 했다. 인공지능 분야의 선구자인 MIT 대학의 마빈 민스키(Marvin Minsky) 교수는 "인지심리학은 이성적이고 논리적인 생각이라는 그릇된 이상에 빠져 그 밖의 중요한 것들을 축소해버렸다."라고 비판했다. 인지심리학자들은 정서적인 부분을 고려하지 않았고, 오히려 감정은 사고를 방해한다는 플라톤의 이원론을 강화할 뿐이었다. 감정은 이성의 적이며 이성이라는 기계의 작동을 방해한다는 것, 이것이 바로 정신을 바라보는 근대 과학의 입장이었다.

플라톤의 철학을 인지심리학과 연계시키려는 생각은 이성을 감정의 우위에 두는 데서 비롯된다. 이러한 시각이 그렇게 오랫동안 지속된 이유를 이해하기는 어렵지 않다. 호모 사피엔스(Homo sapiens)가 다른 모든 동물보다 우위에 있다는 것, 인간의 정신은 뛰어난 정보처리 기능을 갖춘 합리적 컴퓨터임을 주장하기 위해서다. 그러나 이러한 주장은 또한 인간의 결함을 설명하는 데도 도움이 된다. 인간 역시 어쩔 수 없는 동물이기 때문에 이성은 원시적인 감정과 경쟁을 벌일 수밖에 없다. 마부는 야생마를 통제해야만 한다.

인간 본성에 대한 이러한 이론은 우리의 감정이 이성적 판단을 방해한다면 감정 없이 사는 게 더 낫다는 말로 귀결된다. 플라톤은 이성이 모든 것을 결정하는 유토피아를 상상했고, 그 후로도 철학자들은 '순수 이성 공화국' 같은 상상 속의 사회를 꿈꿔왔다.

그러나 이러한 고전적인 이론은 결정적 문제를 안고 있다. 사람들은 감정을 주관하는 뇌를 매우 오랫동안 구박했고 우리가 저지르는 실수 또한 감정 탓으로 돌렸다. 하지만 진실은 훨씬 더 흥미롭다. 우리의 뇌를 들여다보면 말과 마부는 서로 의존하고 있다. 즉, 감정이 없다면 이성도 존재할 수 없는 것이다.

03

1982년 신경과 전문의 안토니오 다마지오(Antonio Damasio)의 진료실에 엘리엇(Elliot)이라는 환자가 찾아왔다. 엘리엇은 그보다 몇 달 전 전두엽 근처 대뇌피질에서 작은 종양을 제거했다. 수술 전 모범적인 가장이었던 그는 큰 회사에서 중요한 결정을 내리는 위치에 있었고, 교회에서도 열심히 활동했다. 그러나 수술은 모든 것을 바꿔놓았다. 엘리엇의 아이큐는 수술 전과 동일하게 97이었지만 정신적 결함이 발생하고 말았다. 의사결정 능력을 상실한 것이다.

이러한 장애는 정상적인 생활을 불가능하게 만들었다. 10분이면 끝냈을 단순작업에 이제는 7시간이 걸렸다. 엘리엇은 파란색 펜을 쓸지 검은색 펜을 쓸지, 어떤 라디오 방송을 들을지, 차를 어디에 주차해야 할지 등의 사소한 문제에 끊임없이 매달렸다. 어디서 점심을 먹을지 고를 때면 엘리엇은 레스토랑의 메뉴, 앉을 자리, 조명 등을 꼼꼼히 따져본 후 직접 차를 몰고 가서 그곳이 얼마나 붐비는지까지 확인했다. 그러나 이 모든 분석은 무의미한 일이었다. 엘리엇은 여전히 어디에서 먹을지 결정할 수 없었고, 이는 거의 병적인 수준이었다.

얼마 지나지 않아 직장에서도 해고되자 엘리엇의 인생은 붕괴되기 시작했다. 그는 새로운 사업을 계속 시작했지만 번번이 실패했고, 사기꾼에 속아 전 재산을 날렸으며, 아내는 이혼을 요구해오고 국세청의 세무조사도 받아야 했다. 결국 그는 부모님 집으로 들어가 살게 되었는데, 다마지오는 엘리엇에 대해 다음과 같이 말했다.

"엘리엇은 정상적인 지능을 가졌지만 결정을 제대로 내릴 수 없는 사람으로 판명되었습니다. 특히 개인적이거나 사회적인 문제를 결정할 때 심각했죠."

왜 갑자기 엘리엇의 결정 능력에 문제가 생긴 것일까? 그의 뇌에 무슨 일이 생긴 걸까? 다마지오는 엘리엇의 삶이 나락으로 떨어진 것에 대해 이야기를 나누다 첫 번째 단서를 발견했다. "그는 늘 뭔가에 억눌린 듯했습니다. 상황을 묘사할 때면 항상 감정이 전혀 없는 무관심한 구경꾼 같았어요. 심지어 자기 얘기를 할 때도 고통을 느끼지 못했죠. 그와 오랜 시간 이야기를 했지만 그에게선 조금의 감정도 찾아볼 수 없었습니다. 슬픔도, 초조함도, 좌절감도요." 엘리엇의 친구와 가족들도 다마지오의 의견에 동의했다. 수술 이후 그는 이상하게도 감정이 사라졌고, 인생을 송두리째 앗아간 비극에 대해서도 아무 느낌이 없었다.

다마지오는 이러한 진단결과를 실험으로 확인하기 위해 엘리엇 손바닥의 땀샘을 측정하기로 했다(강한 감정을 경험할 때 인간의 피부는 부풀어 오르고 손에는 땀이 나기 시작하는데, 이는 거짓말 탐지기의 원리기도 하다). 다마지오는 엘리엇에게 보통의 사람이라면 즉시 감정적 반응이 일어날 여러 장의 사진을 보여주었다. 발목이 절단된 발, 벌거벗은 여인, 불이 난 집, 총 등의 사진이었다. 결과는 확실했다. 엘리엇은 아무것도 느끼지 못했고, 아무리 기괴하고 공격적인 사진을 봐도 손바닥에 전혀 땀이 나지 않았다. 감정 없는 마네킹과 다름없었다.

전혀 예상치 못한 발견이었다. 당시 뇌신경과학은 인간의 감정을 '비합리적(irrational)'이라고 여겼다. 그러므로 엘리엇처럼 감정이 없는 사람은 당연히 더 나은 결정을 내려야 했다. 그의 인지 능력은 파괴되지 않았으니, 마치 마부가 말을 완벽하게 컨트롤하는 것과 같은 결과가 나왔어야 옳았다.

도대체 엘리엇에게 무슨 일이 생긴 걸까? 왜 그는 정상적인 삶을 살 수 없었던 걸까? 다마지오는 엘리엇의 이상행동 덕에 의사결정 과정에서 감정이 매주 중요한 부분을 차지한다는 점을 깨닫게 되었다. 감정이 사라지면 아무리 사소한 결정도 내릴 수 없게 된다. 다시 말해, 감정을 느끼지 못하는 뇌는 아무것도 결정할 수 없다.

엘리엇과의 인터뷰 후 다마지오는 뇌 손상으로 비슷한 증상을 보이는 환자들을 연구하기 시작했다. 그들의 지능은 모두 정상으로 보였고, 일반 지능 테스트에서 어떤 결함도 드러나지 않았다. 그러나 그들은 모두 엘리엇처럼 감정을 느끼지 못하는 탓에 의사결정에 큰 어려움을 겪고 있었다. 《데카르트의 오류(Descartes' Error)》라는 책에서 다마지오는 이러한 '무감정 환자'들과 약속을 잡는 상황을 다음과 같이 묘사했다.

> 나는 두 개의 날짜를 제시했다. 둘 다 다음 달이었고, 며칠 간격이었다. 환자는 수첩을 꺼내더니 달력을 유심히 보기 시작했다. 이어진 그의 행동은 놀라웠다. 당시 다른 연구자들도 이를 지켜봤는데, 그는 약 30분에 걸쳐 두 날짜가 가능한 이유와 안 되는 이유를 열거했다. 선약이 있다, 다른 약속과 너무 근접하다, 날씨가 어떨지 모르겠다는 등 단순히 날짜 하나 잡는 데 생각할 수 있는 모든 핑계는 다 갖다댔다. (중략) 그는 곧 비용 대비 효능을 분석하고, 끝없이 두 날짜를 생각하며 무의미한 비교와 예상되는 결과를 쏟아냈다. 중간에 끊지 않고 그의 말을 다 들어주려니 엄청난 인내가 필요했다.

이런 환자들의 진료결과를 토대로 다마지오는 감정을 유발하는 뇌의 특정 영역을 표시한 신경지도를 만들기 시작했다. 감정 유발에 영향을 미치는 것은 대뇌피질의 서로 다른 여러 영역이지만, 그중 특히 중요해 보이는 곳이 있었다. 안구 바로 뒤에 위치해 '안와전두피질(orbitofrontal cortex)'이라 불리는 전두엽 기저 표면의 작은 부위였다. 'orbit'는 라틴어로 안와(眼窩), 즉 '눈구멍'을 뜻한다. 이 연약한 세포가 악성 종양이나 뇌동맥 출혈로 손상을 입으면 어김없이 비극적인 결과가 뒤따른다. 종양을 제거하거나 출혈이 멈추고 나면 언뜻 모든 것이 정상으로 보이기 때문에 환자는 퇴원을 한다. 완벽히 회복했다고 여겨지기 때문이다. 그러나 이때부터 모든 것은 엉망진창이 되기 시작한다. 환자는 무관심하고, 차갑고, 딴사람처럼 변한다. 과거에는 책임감이 있었던 사람이 갑자기 무책임해지고 매일 매일의 일상적인 선택이 고통스러우리만큼 어려워진다. 이는 하나의 인격체로서 무언가를 원하고 욕망했던 그의 본성이 통째로 사라져버린 것과 같다. 그를 아끼던 주변 사람들은 낯선 사람과 사는 것 같다고 말하지만, 정작 그는 아무런 느낌도 없다.

감정이 매우 중요하고, 감정이 없으면 어떠한 결정도 내릴 수 없다는 사실은 인간 본성에 대해 고대 철학으로부터 내려온 전통적인 믿음을 뒤집는다. 20세기 전반에 걸쳐 해부학은 인간의 이성을 중시했던 이론들을 지지했다. 인간의 두뇌는 네 개의 층으로 이루어졌고, 상층부로 갈수록 복잡해진다고 여겨졌다. 대뇌피질은 깊이 파고들수록 더욱 먼 과거로 거슬러 올라가는 고고학 발굴 현장과 같았다. 과학자들은 인간의 두뇌 구조를 다음과 같이 설명했다.

> 맨 밑바닥에는 대부분의 신체 기능을 관장하는 '뇌간(brain stem)'이 자리 잡고 있다. 뇌간은 심장박동, 호흡, 체온을 제어한다. 뇌간의 위에는 배고픔과 수면 사이클을 관리하는 '간뇌(diencephalon)'가 있고, 간뇌의 위에는 동물적 감정을 유발하는 '변연계(limbic region)'가 위치한다. 변연계는 욕망과 폭력과 충동적 행위의 근원지다(다른 포유동물도 인간과 마찬가지로 세 겹의 두뇌층을 가지고 있다). 두뇌의 마지막 층에는 진화의 걸작이라 할 수 있는 전전두피질(pre-frontal cortex)이 있다. 울퉁불퉁한 회색 물체인 전전두피질은 이성과 지능과 도덕을 관장하는, 즉 충동과 감정을 억제하는 기능을 담당한다. 다시 말해 두뇌의 네 번째 층이 아래 세 개의 층을 지배하는 것이다. 그래서 인간은 원시적 감정을 억제하고, 감정에 휘둘리

지 않으면서 신중한 결정을 내릴 수 있는 유일한 생명체라 할 수 있다.

하지만 이러한 해부학적 설명은 대단히 잘못되었다. 인류가 진화하면서 나타난 전전두피질의 팽창은 인간이 충동을 억제할 수 있는 이성적인 생명체가 되도록 바꾸지 않았다. 최근의 뇌과학은 오히려 그 반대의 의견을 기정사실화했다. 즉, 전전두피질의 상당 부분이 감정과 관련되어 있다는 것이다. 사상계의 이단아를 자처했던 18세기 스코틀랜드의 철학자 데이비드 흄(David Hume)이 "이성은 감정의 노예"라고 선언했던 것은 틀린 말이 아니었다.

그렇다면 이러한 감정의 뇌 시스템은 어떻게 작동할까? 엘리엇이 상실했던 뇌의 일부, 즉 안와전두피질은 본능적인 감정을 결정 과정에 참여시키는 역할을 한다. 안와전두피질은 원시적인 두뇌[뇌간이나 변연계 안의 편도체(amygdala) 같은 부위]에서 생성된 감정을 의식적인 사고의 흐름에 연결시킨다. 미식축구 선수가 특정 리시버에게 눈길이 가거나, 우리가 레스토랑에서 어떠한 메뉴에 꽂히거나 혹은 연애 상대에게 끌릴 때, 뇌는 우리에게 그 옵션을 선택하라고 명령한다. 그 순간 대안에 대한 평가는 이미 끝난 상태다. 대안을 둘러싼 분석은 의식의 바깥에서 이루어졌고, 분석 결과는 긍정적인 감정으로 전환된다. 공을 던질 곳이 없이 꽉 막힌 리시버를 봤거나, 좋아하지 않는 음식 냄새를 맡았거나, 헤어진 여자친구와 우연히 마주치면 안와전두피질은 그만두라고 명령한다[감정(emotion)과 동기(motivation)의 어원은 모두 '움직이다'를 뜻하는 라틴어 'movere'다]. 세상에는 선택할 것들이 넘쳐나고 그중 하나를 선택하도록 만드는 게 바로 우리의 감정인 것이다.

안와전두피질이 감정을 이해하지 못하면, 그래서 신경회로에 심각한 문제가 발생하면 통상적인 판단력을 잃게 된다. 미식축구에서 리시버의 움직임을 보고도 무슨 의미인지 이해를 못하고, 점심식사로 치즈버거를 먹는 게 괜찮은지 아닌지 알 수가 없다. 그 결과 제대로 된 결정을 내리는 것이 불가능해진다. 다른 영장류에 비해 인간의 안와전두피질이 현저히 큰 이유가 바로 여기에 있다. 플라톤과 프로이트는 안와전두피질의 역할이 우리를 감정으로부터 보호하고 이성을 강화하는 것이라 했지만, 실은 그 반대였다. 인간 두뇌의 관점에서 보자면 '호모 사피엔스'는 가장 감정적인 동물이다.

04

일일드라마 제작은 거의 매일 한 회분을 찍는 과정의 연속이기 때문에 결코 쉬운 일이 아니다. 방송 프로그램 중 그렇게 짧은 시간 동안 여러 가지를 해내느라 고생하는 제작 형태도 드물다. 늘 새로운 아이디어를 짜내고, 새롭게 대본을 쓰고, 배우들은 이를 바탕으로 리허설을 하고, 촬영 전 각각의 장면을 꼼꼼히 살펴봐야 한다. 이 모든 준비가 완벽히 끝나면 카메라가 돌아간다. 22분짜리 프로그램을 제작하는 데는 꼬박 12시간이 걸리는데, 이런 일은 1주일에 5일간 반복된다.

허브 스타인(Herb Stein)은 NBC 드라마 '우리 생애 나날들(Days of Our Lives)'을 25년 동안 연출했다. 그는 5만 신(scene) 이상을 촬영했고, 수백 명의 배우들을 캐스팅한 공로로 에미상 일일드라마 부문에 8회나 노미네이트되었다. 스타인만큼 결혼, 탄생, 강간, 살인, 고백 등

멜로드라마 속 다양한 장면을 지켜본 이도 없을 것이다. 그는 한마디로 멜로드라마 전문가라 할 수 있다. 대본을 쓰는 방법부터 연출, 촬영, 편집, 제작 방법까지 모두 꿰뚫고 있으니 말이다.

스타인은 UCLA 재학 시절 고대 그리스의 시인 아이스킬로스(Aeschylus)가 쓴 비극 3부작《오레스테이아(Oresteia)》를 읽은 후 드라마 감독의 길로 들어섰다. 인간을 주제로 하여 시간을 초월해서도 공감을 얻는 이 작품을 보면서 스타인은 연극을 공부하기로 결심했다. 그가 드라마에 대해 이야기할 때면, 그것이 아이스킬로스의 비극이든 ABC 방송의 '제너럴 호스피털(General Hospital)'이든 그는 문학을 전공한 교수 같다(구겨진 셔츠와 며칠 동안 면도하지 않아 까칠까칠한 수염은 그를 더욱 문학가처럼 보이게 한다). 스타인은 고전극의 장황하고 주제를 벗어난 독백과 말도 안 되는 내용에서 멋진 아이디어를 발견한다. "고전극의 상당 부분이 황당한 요소로 채워져 있지요. 줄거리는 믿기 어려운 내용이고요. 오이디푸스가 대표적인 예죠. 정말 말도 안 돼요. 그러나 이러한 이야기를 잘 가공하면, 사람들은 그것이 말이 안 된다는 걸 눈치채지 못해요. 극의 전개를 따라가는 데 바빠 내용을 꼼꼼히 따져볼 여유가 없거든요."

드라마도 같은 원리로 만든다. 스타인처럼 드라마 감독으로 성공하려면 시청자들이 드라마를 보면서 그것이 꾸며낸 이야기임을 모르게끔 해야 한다. 드라마 속에서 전개되는 상황이 완전히 이상할지라도 모든 것은 진실해 보여야 한다. 이는 생각보다 어려운 일이다. 예를 들어 두 명의 남자와 잠자리를 한 여성이 이란성 쌍둥이를 낳는 장면을 찍는다고 가정해보자. 남자 중 한 명은 드라마에서 악당으로 나온다.

그는 여자를 강간해 임신시켰다. 또 다른 남자는 착한 사람이다. 여자는 착한 남자를 매우 사랑한다. 그러나 여자가 강간범과 결혼하지 않으면 그녀의 가족들은 살해될 위기에 처한다(이는 미국 드라마 '우리 생애 나날들'에서 방송했던 실제 줄거리다). 이 장면은 긴박한 대화가 오가고, 눈물을 흘리고, 수많은 암시가 깔린 여러 장의 대본으로 이루어져 있다. 1시간여의 촬영 중에 스타인은 그때그때 몇 가지 중요한 사항, 가령 배우들이 어느 위치에 서서 어떻게 움직이고, 어떻게 감정을 전달하며 네 대의 카메라는 각기 어떤 장면을 찍어야 할지와 같은 것들을 결정해야 한다. 카메라를 배우에게 좀 더 가까이 들이댈까, 아니면 멀리서 찍어 상대방의 리액션을 함께 보여줄까? 악역은 어떻게 대사를 처리해야 할까? 감독의 결정에 따라 그 장면을 살릴지 말지도 결정된다. "드라마에서 핵심을 뽑아내는 방법을 잘 알고 있어야 합니다. 그렇지 않으면 몇 사람이 방 안에서 쓸데없는 소리를 지껄이는 것밖에 안 되니까요." 성공적인 드라마 감독 스타인의 말이다.

어떻게 장면을 찍을지 아무리 미리 계획해놓는다 해도, 스타인에게는 한창 촬영이 진행되는 중간에 결정해야 할 일도 많다. 드라마 세트장을 보면 방과 방 사이에는 두 개의 얇은 벽으로 칸막이가 쳐져 있고, 방마다 양 옆에 카메라가 한 대씩 놓여 있으며, 또 다른 카메라는 무대의 정중앙을 찍게 되어 있다. 조감독이 "액션!"이라고 소리치면 스타인은 바삐 돌아가는 카메라들 사이에서 어떤 카메라가 어느 장면을 잡아야 할지 쉴 새 없이 가리킨다(이는 후에 편집자의 작업이 좀 더 수월해지는 데 도움이 된다). 두 명의 아버지가 등장하는 출산 장면 같은 복잡한 내용을 촬영하는 동안 스타인이 쉬지 않고 팔을 움직이는 모습은 마치 오케스트라 지휘자 같다. 그는 계속 다른 카메라를 가리키며 실시간으로 장면을 녹화하느라 여념이 없다.

스타인은 촬영 중 어떻게 결정을 내릴까? 드라마 감독은 하나의 장면을 20개의 서로 다른 각도에서 20번 촬영할 수 있는 호사를 누릴 형편이 못 된다. "일일드라마의 촬영 스케줄을 보면 감독이 시행착오를 할 시간이 없어요. 한 번에 올바른 결정을 내려야 하지요." 감독이 촬영 중 잘못된 판단을 한다 해도 다른 날 재촬영을 할 수는 없다. 일일드라마 제작 시스템에서는 오직 하루의 시간만 있을 뿐이다.

이런 가혹한 시간적 압박 때문에 스타인은 이것저것 따져가며 카메라를 선택할 여유가 없다. 즉, 이성적으로 생각할 시간이 없으므로 그때그때 판단해야만 하는 것이다. 그런 면에서 그는 긴박한 상황에서 패스 상대를 결정해야 하는 쿼터백과 비슷하다. "할 수 있는 한 최대의 장면을 찍으려면 상황을 제대로 알고 있어야 합니다. 나는 배우의 대사 한 마디만 듣고도 즉시 그 장면을 다시 찍어야 할지의 여부를 판단할 수 있습니다. 촬영 중에는 모든 것이 본능에 따라 움직이지요. 계획해놓은 것도 순간의 느낌에 따라 종종 바뀌곤 합니다."

직감과 감정에 의존하는 것은 배우 캐스팅 시에도 중요하게 작용한다. 일일드라마는 계속해서 새로운 배우를 발탁해야 한다. 부분적으로는 배우들이 드라마에 오래 출연할수록 출연료가 오르는 이유도 있다('우리 생애 나날들'에 나오는 배우들이 드라마 속에서 계속 죽는 이유도 이 때문인데, 이에 대해 스타인은 "일일드라마는 비즈니스일 뿐, 쇼 아트가 아니다."라고 말한다). 일일드라마에서 캐스팅만큼 중요한 결정은 없다. 출연진의 매력도와 시청률은 직결된다. 절대적 인기를 얻고 있는 배우가 나오면 시청률이 급상승한다. "우리는 늘 시청자들이 보고 싶어하는 인물을 찾고 있어요. 매력이라는 단어로는 부족한, 말로 설명할 수 없지만 '무언가'가 있는 그런 배우 말입니다."

관건은 그 '무언가'를 어떻게 찾느냐다. 스타인이 처음 연출을 맡았을 때, 그는 캐스팅과 관련된 너무 많은 변수 때문에 무엇을 어찌해야 할지 몰랐다. 우선은 배역에 잘 어울리고 일일드라마에 적합한 연기를 할 수 있는 배우를 찾은 뒤, 그다음에는 그 사람이 다른 배우들과 조화를 이루는지도 고려해야 한다(스타인은 "배우들 간의 '케미(chemistry)'가 안 맞아 망한 드라마도 많다."라고 했다). 그런 요소들을 모두 검토한 후에야 스타인은 그 배우에게 재능이 있는지 여부를 판단할 수 있다. 이 배우가 진지하게 대사를 전달할 수 있을까? 필요하면 즉시 눈물 연기를 할 수 있을까? 감독의 OK 사인이 나올 때까지 이 배우는 몇 번의 촬영이 필요한 사람일까? 스타인은 "이 모든 요소를 다 고려하다 보면 스스로에게 속아 넘어가 잘못된 배우를 선택할 수 있다."라고 충고했다.

스타인은 수십 년간 일일드라마 연출을 하면서 딱히 설명할 수는 없지만 자신의 직감을 믿는 방법을 터득했다. "해당 배역에 적합한 배우인지 아닌지는 3~5초면 알 수 있어요. 몇 마디만 들어보고, 한 동작만 봐도 알 수 있죠. 그게 전부예요. 직감은 항상 맞아요." 최근 '우리 생애 나날들'은 새로운 악당 역할을 맡을 남자 배우 한 명을 캐스팅해야 했다. 스타인은 사무실에서 대본을 분석하며 곁눈질로 오디션을 지켜봤다. 몇 시간 동안 수십 명의 배우들이 똑같은 대사를 읊조리는 걸 보자 그는 점점 지루하고 실망감마저 들었다. "그때 한 남자가 일어섰어요. 그는 대본을 늦게 받아 대사를 외우지도 못했습니다. 하지만 그가 몇 마디 하는 걸 보자 바로 알 수 있었어요. 그는 믿을 수 없을 정도로 훌륭했죠. 이유를 설명할 순 없지만 그는 내가 찾던 바로 그 사람이었습니다. 느낌이 가장 중요하다는 말은 틀리지 않았어요."

스타인이 묘사한 캐스팅 과정은 감정을 관장하는 뇌의 한 부위에서 일어난다. 감정은 그가 여러 대의 카메라 중 하나를 선택하고, 여러 명의 배우 중 적임자를 찾아내는 일을 도와준다. 감정은 의식적으로 인지할 수 없는 세세한 부분까지 잡아낸다. 뉴욕대 신경과학센터의 조지프 르두(Joseph LeDoux) 교수는 "사람들은 의식을 관장하는 두뇌 부위에 집중하지만, 실상 의식은 뇌가 하는 일 가운데 작은 부분에 불과하다. 의식은 그 아래에 있는 것들의 노예일 뿐이다."라고 말했다. 르두 교수에 따르면 우리가 '생각한다'고 하는 것의 대부분이 실제로는 감정 때문에 발생한다. 이런 점에서 감정은 자료의 종합, 직접적으로 평가할 수 없는 모든 정보에 대한 본능적 반응이라 할 수 있다. 스타인의 의식 뇌가 대본을 보는 동안, 무의식 뇌는 슈퍼컴퓨터처럼 모든 종류의 데이터를 처리하고 있었다. 무의식이 데이터를 안와전두피질이 감지할 수 있는 생생한 감정 신호로 바꾸었기 때문에 스타인은 잠재의식에 따라 행동을 취했던 것이다. 만일 스타인이 다마지오의 환자 중 한 명처럼 감정을 상실한 상태였다면 그는 하염없이 모든 대안을 꼼꼼히 분석하기만 했을 것이고, 그가 연출하는 드라마는 계속 미뤄지는 데다 그는 잘못된 배우를 캐스팅했을 것이다. 스타인의 감정은 수십 년의 경험이 압축되어 생긴 것으로, 그가 결정을 내릴 때 정확한 지름길이 되었다. 그의 감정들은 이미 어떻게 촬영을 해야 할지 알고 있었다.

왜 감정이 그토록 중요한 걸까? 어떻게 감정이 미식축구에서 공을 패스할 선수를 찾아내고, 드라마를 연출하는 데 훌륭한 역할을 하는 걸까? 이는 뇌의 진화와 관계가 깊다. 인간의 뇌가 지금의 형태가 되기까지는 오랜 시간이 걸렸다. 서로 연결된 신경세포가 최초로 나타난 것은 약 5억 년 전이다. 비록 자동반사 신경에 불과했지만 그것은 최초의 신경 체계였다. 시간이 흐르며 원시 두뇌는 매우 복잡하게 발전했다. 신경세포의 수가 몇 천 개밖에 안 되는 지렁이의 뇌는 1,000억 개 이상 연결된 뇌세포를 가진 구대륙 영장류의 뇌로 진화했다. 약 20만 년 전 호모 사피엔스가 처음 등장했을 때, 이미 지구상에는 고도로 전문화된 뇌를 가진 생물이 넘쳐났다. 자기장을 이용해 큰 바다를 가로질러 이동하는 물고기들, 별빛을 보고 위치를 파악하는 새들, 1km 이상 떨어진 곳에서도 먹이 냄새를 맡는 곤충들이 있었다. 이들 생명체의 인지 능력은 특정한 작업을 수행하기 위해 자연도태를 거치면서 생긴 본능의 부산물이었다. 하지만 자기가 내린 결정의 옳고 그름을 파악할 수 있는 능력은 없었다. 그들은 일정을 계획하거나, 언어를 이용해 내면의 상태를 표현하거나, 복잡한 현상을 분석하거나 새로운 도구를 발명하는 일을 할 수 없었다. 그들이 할 수 있는 것은 오직 반사적으로 이루어지는 것들이었다. 플라톤이 말한 마부는 아직 등장하지 않았다.

인간 두뇌의 진화는 모든 것을 바꾸어놓았다. 인간은 역사상 최초로 자신의 생각을 반추할 수 있는 동물이었다. 인간은 자신의 감정에 대해 생각하고, 언어를 사용해 세계를 분석하며, 현실을 분해해 원인과 결과의 구조로 정리할 수 있었다. 지식을 축적하고 문제를 논리적으로 분석하며, 거짓말을 지어내고 미래에 대한 계획을 수립하는 것도 가능했고, 스스로 세운 계획에 따라 행동하기도 했다.

이러한 재능은 유용했지만 한편 낯설기도 했다. 결국 그런 인지적 기능을 관장하는 두뇌 부위(플라톤의 이론에서 마부가 관장하는 부위)는 신기술로 인한 부작용을 겪었다. 인간의 두뇌는 성급하게 출시된 컴퓨터 운영 시스템(OS)처럼 설계상의 결함과 소프트웨어 장애를 보였다. 값싼 계산기가 전문 수학자보다 산수를 잘하는 이유, 메인프레임 컴퓨터가 체스 챔피언을 이기는 이유, 우리가 종종 인과관계와 상관관계를 헷갈리는 이유가 이러한 장애 때문이다. 뇌의 새로운 부위에서 모든 결함이 사라지려면 진화에 더 많은 시간이 필요하다.

이에 반해 감정적 기능을 관장하는 두뇌 부위는 수억 년의 시간을 거치면서 고도로 정교하게 진화했다. 감정 두뇌의 소프트웨어 코드는 수없이 많은 테스트를 거친 덕에 매우 적은 양의 정보만으로도 신속한 결정을 내릴 수 있다. 예를 들어 타자가 야구공을 칠 때의 사고 과정을 살펴보자. 이는 공이 날아오는 속도, 배트를 휘두르는 시간 등 숫자 계산만으로는 도저히 불가능한 의사결정 과정이다. 메이저리그 투수가 던진 공이 타자에게 도달하는 데 드는 시간은 불과 0.35초(이는 사람의 심장 박동 간격과 같다), 타자가 근육을 움직여 배트를 휘두르는 데 걸리는 시간은 0.25초다. 즉, 타자의 뇌가 날아오는 공을 칠까 말까 결정하는 데 주어진 시간은 0.1초뿐이라는 계산이 나온다. 물론 이러한 추정치도 매우 관대하게 잡은 것이다. 망막을 통해 들어온 시각 정보가 뇌의 시각피질에 도착하는 데 걸리는 시간은 몇

ms(millisecond), 즉 1,000분의 1초에 불과하기 때문에 타자가 날아오는 공을 의식해 배트를 휘두를지의 여부를 결정하는 데 걸리는 시간은 0.005초 이하여야 한다. 조건이 완벽한 상황에서도 인간의 두뇌가 감각 자극에 반응하는 데 0.02초가 걸린다고 하니, 이토록 긴박한 상황에서 빠른 결정을 내리기는 쉽지 않다.

그렇다면 메이저리그 선수들은 어떻게 그리도 빠른 공을 칠 수 있을까? 타자의 뇌가 공이 투수의 손을 떠나기 전에 이미 투구에 대한 정보를 수집하기 때문이다. 투수가 공을 던지려 준비하는 동작을 보는 순간, 타자는 자동적으로 여러 변화구 중 어떤 공이 날아올지 예상할 수 있는 단서를 포착한다. 투수가 손목을 비튼다면 커브볼, 팔꿈치를 직각으로 고정한다면 강속구, 두 손가락을 야구공의 솔기에 갖다 댄다면 슬라이더, 손가락 관절로 공을 잡으면 너클볼을 던지겠다는 신호다. 물론 타석에 선 타자가 의식적으로 이러한 신호들을 연구하지는 않는다. 비록 타자 자신은 왜 특정 투구에 자신이 방망이를 휘둘렀는지 그 이유를 설명할 수는 없지만 그의 행동은 이러한 정보에 입각해 이루어진다.

또 다른 예를 보자. 한 연구결과에 따르면, 프로 크리켓 타자들은 투수가 공을 던지기 직전의 몸동작을 1초짜리 영상으로만 보고서도 공의 속도와 위치를 정확히 예상해냈다. 잘 훈련된 뇌는 어떤 디테일을 놓치지 않고 봐야 하는지 정확히 알고 있었고, 투수의 동작에서 세밀한 부분을 인지한 후에는 그것을 즉시 정확한 감정으로 변환시켰다. 메이저리그의 타자에게는 바깥으로 빠지는 낮은 슬라이더보다 홈플레이트의 중앙 위쪽을 지나는 커브볼이 더 치기 좋은 투구처럼 '느껴진' 것이다.

우리는 이러한 자동반사 능력을 당연하게 생각한다. 우리 뇌가 이런 재능을 갖고 있다는 사실을 인식할 수도 없을 만큼 매우 잘 작동되어왔기 때문이다. 그러나 야구공을 치거나 축구공을 차거나 자전거를 탈 수 있는 로봇은 없다. 어떤 배우가 악역에 어울릴지 판단하거나 낯익은 얼굴을 즉시 인식할 수 있는 컴퓨터 프로그램도 없다. 다시 말해 이것은 인간만이 갖고 있는 재능이다.

이는 인간의 뇌가 진화하면서도 감정의 프로세스는 없어지지 않고 그대로 존재해왔기 때문이다. 고장이 나지 않는 한 자연적인 도태로 이런 감정 프로세스가 바뀌지는 않을 것이다. 인간의 뇌는 '눈먼 시계공(Blind Watchmaker)'(18세기의 신학자 윌리엄 페일리는 시계의 복잡한 내부 구조와 정밀함을 보며 누군가가 시계를 설계했다는 것을 확신하듯이, 시계보다 훨씬 복잡하고 정밀한 자연을 보면 자연의 설계자, 즉 창조주인 신이 존재한다는 것을 확신할 수 있다고 주장했다. 이에 대해 진화론을 옹호하는 영국의 생물학자 리처드 도킨스는 1986년 출간한《눈먼 시계공》을 통해 생물체의 불완전성을 지적하며, 자연의 설계자가 정말로 신이라면 그는 '눈먼 시계공'일 것이라고 반박했다. - 옮긴이 주)이 중고 부품으로 만든 시계와도 같다. 인간만의 독특한 사고 영역은 의식의 저변에 존재하는 원시적 마음에 달려 있다. 사고 과정은 감정을 필요로 하고, 감정 덕분에 우리는 직접 이해할 수 없는 모든 정보를 이해할 수 있다. 감정이 없는 이성은 쓸모가 없다.

미국의 위대한 심리학자인 윌리엄 제임스(William James)는 의사결정에 감정이 개입한다는 견해를 지지한 첫 번째 과학자였다. 자신의 역작인《심리학의 원리(The Principles of Psychology)》에서 제임스는 인간의 정신에 대한 '이성론자'들의 전형적인 시각을 비판했다. 그는 "분명한 것은 인간이 다른 어떤 하등 동물보다 훨씬 더 다양한 충동을 갖고 있다는 점"이라고 말했다. 다시 말해 "이상적인 인간은 의사결정 시 본능이 거의 없다고 할 만큼 매우 이성적"이라고 했던 플라톤의 관점은 전적으로 잘못되었다는 주장이다. 제임스의 통찰력은 이러한 충동이 반드시 나쁜 영향을 주는 것만은 아니라는 사실을 밝혀낸 데서 빛을 발한다. 그는 뇌에서 습관, 본능, 감정이 우위를 차지할 때 뇌가 더욱 효과적으로 작동한다고 믿었다. 제임스에 따르면 정신은 두 개의 서로 다른 사고 체계로 이루어진다. 하나는 이성적이고 의도적이며, 다른 하나는 빠르고 자연스럽고 감정적이다. 제임스는 올바른 의사결정을 위해서는 언제 어떤 시스템을 사용할지 아는 것이 중요하다고 말했다.

슈퍼볼의 영웅 톰 브래디의 경우를 보자. 그는 긴박한 상황에서 직감에 의존해 빠르게 패스 결정을 했다. 브래디의 사고 과정은 아마 이러했을 것이다.

공을 잡은 후 그는 한 발 뒤로 물러나 필드 분위기를 파악하려 했다. 그는 어떤 선수들이 자신의 패스를 받을 수 있을지 살펴보기 시작했다. 첫 번째 목표였던 끝 쪽의 선수가 꽉 막혀 있는 것을 보며 그는 자동적으로 그곳으로 공을 던지면 위험하다는 두려움을 느꼈다. 라인배커 포지션 수비수들이 대치 라인 쪽으로 다가오는 것은 부정적인 감정으로 변환되었다. 브래디가 두 번째 목표로 삼은 선수에게도 상대팀 두 명이 바짝 달라붙어 있었다. 다시 한 번 브래디는 부정적인 감정을 느꼈다. 몇 초 뒤 브래디는 수비 라인의 압박을 느꼈다. 곧 공을 빼앗기고 경기가 끝나버릴 것이라고 생각한 그는 세 번째 목표를 찾아 나섰다. 트로이 브라운이 상대 수비수 사이를 요리조리 빠져나가며 필드의 중앙을 가로질러 뛰고 있었다. 브라운을 보자 브래디의 두려움은 조금씩 긍정적 감정으로 대체되었다. 바짝 붙은 수비수가 없는 리시버는 매력이라는 감정을 불러일으켰다. 그는 마침내 패스할 상대를 찾았고, 공을 던졌다.

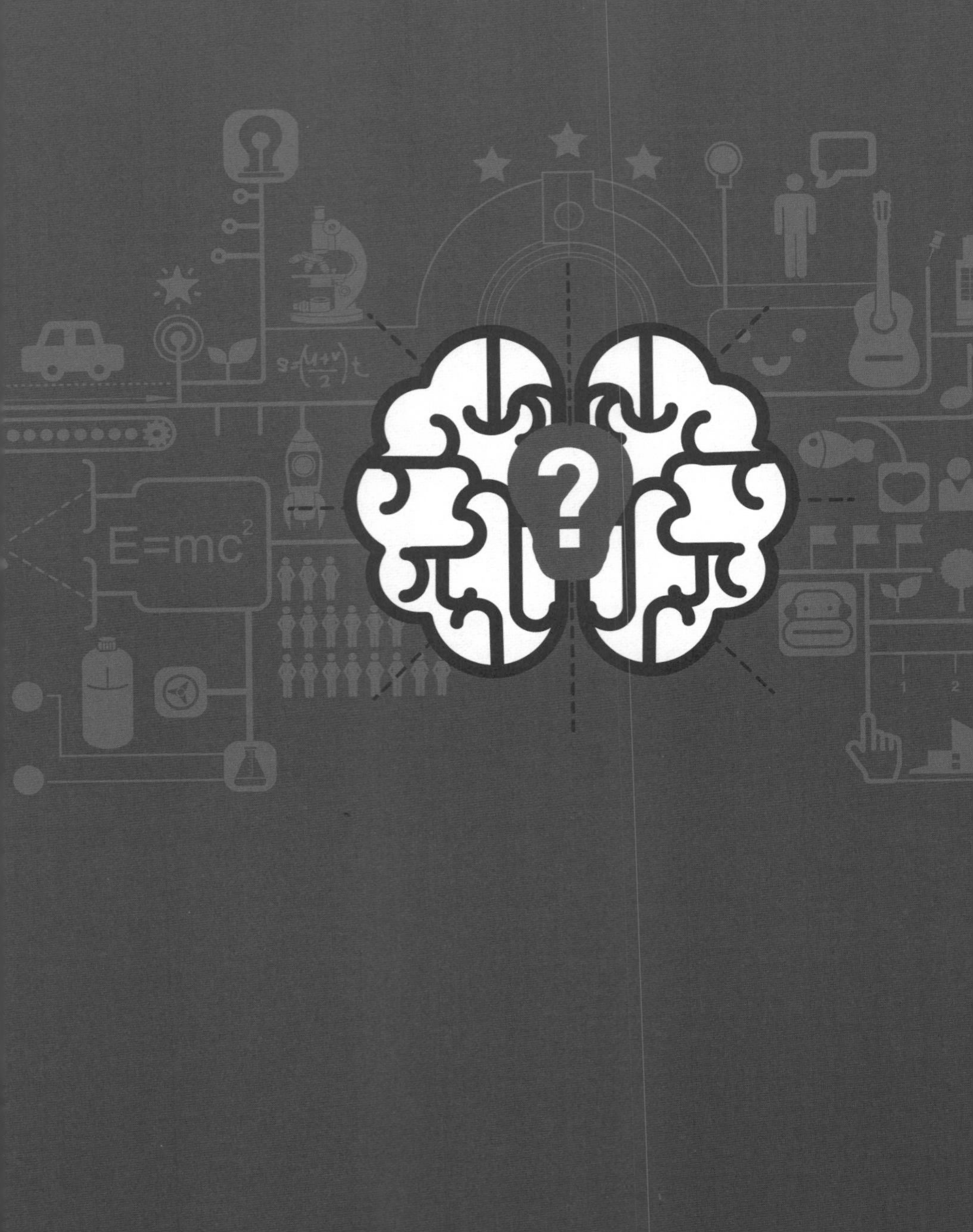
$E=mc^2$

2

도파민의 예측

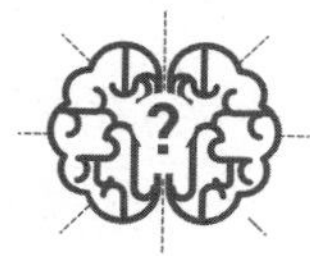

1991년 2월 24일 이른 아침 시간이었다. 해병 제1사단과 제2사단은 사우디아라비아 사막을 가로질러 북쪽으로 이동했다. 병사들은 경계선 표시가 없는 쿠웨이트 국경 지역에 다가가자 더욱 속도를 높였다. 주변은 온통 황량한 모래밭뿐이었다. 이들은 8개월 전 이라크가 쿠웨이트를 침공한 이후 최초로 투입된 다국적군이었다. 걸프전의 '사막의 폭풍 작전(Operation Desert Storm)'이 성공할지의 여부는 그들 어깨에 달려 있었다. 이들의 임무는 쿠웨이트를 해방시키는 것이었는데, 이를 위해 허락된 시간은 100시간도 채 되지 않았다. 이들이 이라크군을 신속히 제압하지 못하면 전쟁은 시가전에 돌입할 양상이었다. 이라크군은 쿠웨이트 시내로 후퇴하겠다며 위협하고 있었는데, 만일 그런 사태가 발생하면 수개월 동안 지상전이 벌어질 수밖에 없었다.

해병대는 이라크군이 강력히 저항할 것이라 예상했다. 이라크군은 쿠웨이트 내에 많은 군사 거점을 마련해 요새화한 상태였는데, 특히 쿠웨이트와 사우디아라비아 국경의 중립지역인 와프라(Wafrah) 유전 지대 부근에 군사력을 집중시켰다. 이라크군은 사막에 지뢰를 설치하고, 무자비한 공중전에 군사력을 쏟아부었다. 다국적군은 부수적 피해와 민간인 사상자를 최소화하기로 결정했기 때문에 전투 시의 공중 폭격은 철저히 제한되었다. 37일간의 대규모 공습으로 전투력이 크게 약화된 이라크 남부 '공화국 수비대(Republican Guard, 1969년 사담 후세인 전 이라크 대통령의 개인 경호를 위한 부대로 탄생했으나, 후세인 정권이 붕괴하면서 2003년 해체되었다. - 옮긴이 주)'와 달리, 쿠웨이트를 점령한 공화국 수비대는 강한 전투력을 자랑했다. 다국적군 사령부는 이번 쿠웨이트 침공으로 각 해병 사단에서 1,000여 명의 사상자를 내거나 5~10%의 전력 손실이 발생할 것으로 추정했다.

이러한 중차대한 임무를 지원하기 위해 다국적군 함대의 전함과 구축함들이 쿠웨이트 해안에서 약 32km 떨어진 곳에 배치되었다. 이는 다분히 위험이 따르는 전략이었다. 해군의 함포가 쿠웨이트 공격에 나선 지상군을 엄호한다 해도 그들 또한 이라크 미사일의 사정거리 안에 있었기 때문이다. 다국적군 해병대의 쿠웨이트 공격이 시작된 날 아침, 페르시아만에서 대기 중이던 미국과 영국의 전함은 비상경계 체제에 돌입했다. 적군의 폭격이 예상된다는 정보가 입수되었던 것이다.

지상전이 시작된 후 처음 24시간 동안 다국적군이 보여준 활약상은 사령부의 기대치를 훨씬 뛰어넘었다. 해병 사단은 이라크군이 설치한 지뢰지대와 가시철조망을 성공적으로 뚫고 쿠웨이트 중심부로 깊숙이 침입했다. 이라크군이 사용하는 구 소련제 T-72 탱크와 달리, 다국적군이 사용하는 미국제 M1 아브람 탱크는 GPS와 열 감지 장치를 갖추고 있었던 덕분에 다국적군은 칠흑 같은 어둠 속에서도 교전을 벌일 수 있었다. 해병 1개 여단은 쿠웨이트시 외곽 지역에 도달한 뒤, 갑자기 동쪽으로 방향을 틀어 해안선을 장악하는 작전을 개시했다. 2월 25일 새벽, 열 대의 해병 헬리콥터가 수륙양용의 대형 함정과 함께 쿠웨이트의 아쉬 슈아이바(Ash Shuaybah) 항구 근처에 진을 치고 있던 이라크 군사 기지를 급습했다. 연안에 주둔해 있던 전함은 함포 사격을 함으로써 그들을 지원했다. 다국적군의 목적은 항구 점령이 아니라 이라크군을 무력화해 연안의 수송대를 위협하지 못하게 하는 것이었다.

같은 날 오전 마이클 라일리 소령은 포격 중인 아쉬 슈아이바 항으로부터 약 24km 떨어진 영국군 구축함 글로스터호에서 레이더 화면을 감시하고 있었다. 글로스터호의 임무는 다국적군 함대의 호위였기 때문에 라일리는 해군 수송대 인근 상공을 레이더로 주의 깊게 지켜보았다. 공중전이 시작된 이래 레이더 감시 임무를 맡은 군인들은 빡빡한 일정에 시달렸다. 그들은 6시간 동안 임무를 수행한 뒤 6시간 동안 수면과 식사를 해결하고, 짧은 휴식을 취한 뒤 다시 밀실과 같은 레이더실로 복귀했다. 지상전이 시작된 이후부터는 다들 피로한 기색이 역력했다. 그들은 붉게 충혈된 눈으로 계속 카페인을 들이켰다.

라일리는 자정부터 임무를 시작했다. 새벽 5시 1분, 다국적군이 아쉬 슈아이바 항구를 폭격하기 시작한 직후였다. 쿠웨이트 해안 근처에서 깜빡이는 레이더 신호가 그의 눈에 들어왔다. 신호에 잡힌 물체의 궤도를 빠르게 계산해보니 다국적군 수송대를 향하고 있었다. 라일리는 밤새 비슷하게 깜빡이는 신호를 여러 번 보았지만, 이번 신호는 뭔가 수상쩍었다. 이유를 설명할 수는 없었으나 화면에 나타난 초록빛 신호가 그를 두려움에 떨게 했다. 심장 박동이 빨라지고, 손바닥이 축축해졌다. 그는 다시 스크린에 나타난 신호를 40초간 계속 관찰했고, 그 신호는 미국 전함 미주리호 쪽으로 서서히 접근하고 있었고, 레이더 화면이 한 번씩 바뀔 때마다 점점 더 가까워졌다. 물체는 시속 900km로 빠르게 다가오고 있었으므로 라일리의 직감이 맞는다면 즉시 쏘아 떨어뜨려야 했다. 깜빡이는 신호가 미사일임에도 그가 즉시 대응하지 않는다면 수백 명의 해군이 목숨을 잃을 것이 자명했고, 그는 침몰하는 미주리호를 무기력하게 지켜보는 상황을 맞이할 수도 있었다.

그러나 라일리는 고민에 휩싸였다. 레이더 신호가 깜빡이는 지점이 미국 A-6 전투기가 자주 비행하는 항로상에 있었기 때문이다. A-6 전투기는 레이저 유도폭탄으로 지상의 해병대를 지원하고 있었다. 출격을 완료하면 A-6 전투기는 쿠웨이트 해안으로 내려와 수송대를 향해 동쪽으로 방향을 튼 후 항공모함에 착륙했다. 지난 몇 주에 걸쳐 라일리는 이 미확인 레이더 신호와 같은 항로를 비행하는 여러 대의 A-6 전투기를 보았다. 이동 속도 또한 비슷해서 레이더 화면상으로는 A-6 전투기와 이 물체를 구별하는 것이 어려웠다.

그의 판단을 더욱 어렵게 만든 요소가 하나 더 있었다. A-6 전투기의 조종사들은 귀환 비행 시 전자개체 식별장치의 스위치를 꺼버리는 나쁜 습관이 있었다. 이 식별장치는 다국적군에게 그들이 아군임을 알려주는 역할을 했지만, 한편으로는 이라크군의 미사일 공격 표적이 될 위험도 있었으므로 조종사들은 당연히 이라크군의 감시망 위를 조용히 숨어 다니는 쪽을 택했다. 그렇기에 글로스터호의 레이더 감시요원들은 이 신호의 정체를 확인할 길이 없었다.

레이더 감시요원들이 적군의 미사일과 아군의 전투기를 구별할 수 있는 방법이 하나 있긴 했다. 깜빡이는 신호의 고도를 측정하는 것이었다. A-6 전투기는 일반적으로 915m 상공을 비행하는 반면, 이라크의 실크웜(Silkworm) 미사일은 300m 상공을 비행했다. 그러나 라일리가 이용하는 레이더에는 고도측정 기능이 없었다. 특정 물체의 고도를 알아내려면 '909'라 불리는 특별 레이더 시스템을 사용해야 했지만, 설상가상으로 깜빡이는 신호가 나타난 직후 이 시스템을 작동시키는 요원이 잘못된 추적번호를 입력하는 바람에 라일리는 이 불가사의한 비행물체의 고도를 알아낼 방법이 없었다. 거의 1분 동안 레이더 신호를 지켜보았지만 여전히 오리무중이었다.

비행물체는 빠르게 움직였다. 고민할 시간이 없었다. 라일리는 공격 명령을 내렸다. 두 발의 시다트(Sea Dart) 지대공(地對空) 미사일이 공중을 향해 발사되었다. 몇 초가 지났다. 라일리는 초조한 마음으로 미사일이 마하 1(공기 중 시속 약 1,200km - 옮긴이 주)에 가까운 속도로 목표물을 향해 날아가는 것을 지켜보았다. 깜빡이는 초록 불빛이 마치 자석에 끌리는 쇳조각처럼 목표물로 빨려 들어가는 게 보였다. 라일리는 다음 순간을 기다렸다.

폭발음이 바다 위로 울려 퍼졌고, 레이더 화면에서는 모든 신호가 즉시 사라졌다. 미주리호를 향해 날아가던 것이 무엇이었든 간에 바닷속으로 사라져버린 것이다. 사라진 지점은 미주리호 전방 640m에 불과했다. 몇 분 후 글로스터호의 함장이 레이더실로 들어왔다. "저것은 어느 쪽의 새였나?" 함장은 미확인 물체를 폭파시킨 미사일이 어느 쪽의 것이었는지 물었다. "우리 쪽에서 발사했습니다." 함장은 라일리에게 그 폭격 대상이 미국 전투기가 아닌 이라크의 미사일임을 어떻게 확신할 수 있었는지 물었다. 라일리는 그냥 그럴 것 같았다고 답했다.

조사결과가 나오기까지의 4시간은 라일리 인생에서 가장 긴 시간이었다. 만일 그가 A-6 전투기를 쐈다면 그는 무고한 두 명의 조종사를 죽인 셈이었다. 그의 커리어는 여기서 끝나고, 군사재판에 회부될지도 몰랐다. 라일리는 자신이 레이더 화면에서 보았던 깜빡이는 신호가 진짜 이라크 미사일이었다는 증거를 찾기 위해 녹화 테이프를 돌려 보았다. 여유 있게 시간을 갖고 분석했을 때조차 라일리는 여전히 애매모호한 그 비행물체를 확실히 구별할 수가 없었다. 글로스터호의 분위기는 어두워졌다. 바다 위에 떠 있는 파편을 살펴보기 위해 조사팀이 파견되었고, 이 지역에 배속된 모든 다국적군의 전투기 재고 조사 역시 즉시 실시되었다.

첫 번째로 소식을 전해 들은 글로스터호의 함장은 라일리가 억지로라도 잠을 청하려 누워 있던 침대로 걸어왔다. 조사 결과, 레이더 속 깜빡이던 신호는 이라크의 실크웜 미사일이 맞았다. 라일리 혼자 전함을 구했던 것이다.

물론 라일리가 엄청나게 운이 좋았을 수도 있다. 전쟁이 끝난 후 영국 해군은 라일리가 비행물체를 향해 미사일을 발사하기까지의 과정을 꼼꼼히 분석했다. 그들은 레이더 녹화 테이프만으로는 실크웜 미사일과 미국의 A-6 전투기를 식별하는 게 불가능하다는 결론을 내렸다. 라일리의 판단이 옳긴 했지만 미국의 전투기를 격추했을 가능성도 충분히 있었다는 것이다. 그의 위험한 도박은 성공했지만, 그래도 도박은 도박이었다. 이상이 이 사건에 대한 공식견해였다.

1993년 여름, 해병대원들의 심리 컨설팅을 담당하던 인지심리학자 게리 클라인(Gary Klein)이 이 사건을 재조사하기 시작했다. 그는 레이더의 깜빡이는 신호를 적군의 미사일로 간주한 이유를 설명할 수 있는 사람이 아무도 없었다는 사실에 호기심을 느꼈다. 라일리 자신조차 왜 그 이른 아침의 깜빡이는 신호를 그토록 위협적으로 느꼈는지 이유를 알 수 없었다. 그는 다른 사람들처럼 그저 운이 좋았다고 여길 뿐이었다.

극도의 압박을 느끼는 상황에서 내리는 의사결정에 대해 수십 년간 연구해온 클라인은 근거 없는 직감이라도 때로는 놀라운 통찰력을 보인다는 사실을 알고 있었다. 그는 라일리가 왜 특정한 레이더 신호에 그렇게 두려움을 느꼈는지 알아내기 위해 두려움의 근원을 찾기로 했다. 그는 레이더 녹화 테이프를 돌려 보았다.

그는 곧 라일리가 A-6 전투기가 출격을 마치고 돌아올 때 보이는 레이더 신호 패턴에 익숙한 상태였다는 점을 알아냈다. 라일리가 사용한 해군 레이더는 수면 위의 신호만 포착할 수 있었기 때문에, 그는 전투기들이 쿠웨이트 해안을 날아오른 직후 나타나는 신호를 보는 데 익숙했다. 전투기 신호는 보통 레이더 화면이 한 차례 전환(원을 그리며 스캔)된 후부터 나타나기 시작했다.

클라인은 당시의 미사일 공격을 녹화한 레이더 테이프를 분석했다. 그 운명의 40초를 수차례 돌려 보면서, 그는 라일리에게 익숙했던 A-6 전투기의 귀환 신호, 그리고 라일리가 강한 거부감을 느꼈던 실크웜 미사일 신호의 차이를 확인하고자 했다. 클라인은 갑자기 미묘하지만 분명한 차이를 보았고, 드디어 라일리의 본능적인 통찰력을 설명할 수 있었다.

비밀은 타이밍에 있었다. A-6 전투기와 달리 실크웜 미사일의 신호는 해안선에 바로 나타나지 않았다. 실크웜 미사일은 A-6 전투기보다 거의 600m 낮은 고도에서 비행하기 때문에 미사일 신호가 처음에는 지상의 전파방해로 가려졌고, 그 결과 레이더 화면이 세 번 전환될 때까지 신호가 보이지 않았다. 즉, A-6 전투기보다 8초나 늦게 나타나기 시작한 셈인데, 라일리는 무의식적으로 깜빡이는 신호의 고도를 계산하고 있었던 것이다.

이것이 라일리가 레이더 화면에 잡힌 이라크 미사일을 보았을 때 두려움을 느꼈던 이유였다. 이 레이더 신호에는 무언가 이상한 점이 있었고, 분명 A-6 전투기와는 느낌이 달랐다. 때문에 라일리는 비록 왜 두려움을 느꼈는지 설명할 수는 없었음에도 무언가 무서운 일이 일어날 것을 직감했고, 그 깜빡이는 물체를 쏘아 떨어뜨릴 필요가 있다고 생각한 것이다.

01

그래도 여전히 의문이 남는다. 비슷해 보이는 이 두 레이더 신호를 라일리의 감정은 어떻게 구분해낸 것일까? 레이더 화면이 쿠웨이트 해안을 세 차례 스캔한 후 실크웜 미사일이 처음 등장했을 때 라일리의 뇌에서는 어떤 일이 벌어졌던 것이며, 그가 느꼈던 공포는 어디에서 온 것일까? 답은 '도파민'이라 불리는 뇌 안의 신경전달 물질에 있다. 레이더 화면을 보고 있는 라일리에게 '이 신호는 A-6 전투기가 아니라 미사일'이라고 가르쳐준 건 도파민이었을 가능성이 매우 높다.

도파민의 중요성은 우연히 발견되었다. 1954년 맥길 대학 소속 두 명의 신경과학자 제임스 올즈(James Olds)와 피터 밀너(Peter Milner)는 쥐의 뇌 중앙에 전극 바늘을 심는 실험을 했다. 전극 바늘의 위치는 우연히 결정되었다. 당시는 정확한 뇌의 지도가 존재하지 않았던 시기였다. 하지만 올즈와 밀너는 운이 좋았다. 바늘이 꽂힌 위치는 기분 좋은 감정을 만드는 뇌 부위인 '측좌핵(nucleus accumbens)' 바로 옆이었다. 우리가 초콜릿 케이크를 먹거나 좋아하는 음악을 들을 때, 또는 좋아하는 팀의 운동 경기를 볼 때마다 행복감을 느끼는 것이 바로 측좌핵 덕분이다.

그러나 올즈와 밀너는 곧 너무 많은 쾌락은 오히려 치명적일 수 있다는 사실을 발견했다. 다른 쥐들의 뇌에도 전극을 설치하고 약한 전류를 흘리자 측좌핵이 끊임없이 흥분했는데, 과학자들은 쥐들이 모든 것에 흥미를 잃었다는 사실을 확인했다. 쥐들은 먹는 것과 마시는 것은 물론 짝짓기 행위도 일절 멈추었고, 황홀감에 빠져 우리 구석에서 꼼짝 않고 있다가 며칠 지나지 않아 모두 죽어버렸다. 사인(死因)은 갈증이었다.

수십 년에 걸친 힘든 연구 끝에 신경과학자들은 마침내 쥐들이 도파민 과다 분비로 고통을 받았다는 사실을 알아냈다. 자극을 받은 측좌핵은 신경전달 물질을 대량 방출시켰고, 이것이 바로 쥐들을 황홀경에 빠지게 했다. 인간에게는 중독성 약물이 그와 똑같은 작용을 한다. 전기 자극을 받은 쥐는 마약중독자와 다를 바 없었고, 그들의 뇌는 모두 쾌락에 물들어 있었다. 도파민은 섹스, 마약, 로큰롤을 통해 쾌락을 느끼는 현상을 화학적으로 설명할 수 있는 열쇠가 되었다.

도파민은 행복한 감정만 생산하는 것이 아니다. 과학자들은 이 신경전달 물질이 사랑부터 혐오까지 우리의 모든 감정 전반에 영향을 미친다는 사실을 발견했다. 도파민이 있어서 우리는 여러 대안 중 하나를 선택할 수 있는 것이다. 뇌 안에서 일어나는 도파민의 작용을 들여다보면 감정이 어떻게 깊은 통찰로 이어지는지 파악할 수 있다. 플라톤은 감정을 '영혼의 야생마'라 부르며 비합리적이고 믿을 만한 것이 못 된다고 폄하했지만, 실제로 감정은 엄청난 수의 보이지 않는 분석결과를 나타내고 있었다.

도파민 연구의 선구자는 케임브리지 대학의 신경과학자인 볼프람 슐츠(Wolfram Schultz)로, 현재 도파민과 관련된 지식의 대부분은 그의 연구를 바탕으로 하고 있다. 그는 도파민 신경세포(도파민을 이용해 의사소통을 하는 신경세포)를 망막에 있는 광수용체(photoreceptor)에 비유하곤 했다. 광수용체는 눈에 들어오는 빛을 감지하는 역할을 한다. 시각의 감지 과정이 망막에서 시작되는 것처럼, 의사결정 과정도 도파민의 방출로부터 시작된다는 것이다.

1970년대 초 의과대학생이었던 슐츠는 신경전달 물질에 관심을 가졌다. 그는 파킨슨병 환자의 퇴행성 증상에 신경전달 물질이 어떤 역할을 하는지 알아보기 위해 원숭이의 뇌세포를 관찰했다. 몸의 움직임을 제어하는 뇌세포를 찾기 위해서였다. 그러나 그는 아무것도 찾아낼 수 없었다. "실패한 실험의 전형적인 사례였죠. 나는 좌절한 과학자였어요." 하지만 수년의 연구 끝에 슐츠는 도파민 세포의 특이한 점을 발견했다. 그는 원숭이를 움직이게 하려고 음식이나 바나나를 주곤 했는데, 원숭이 뇌의 도파민 세포가 이러한 보상을 받기도 전에 반응을 보이기 시작한 것이다. "처음에는 하나의 세포가 음식처럼 복잡한 것에 반응을 보일 거라곤 생각하지 않았어요. 하나의 신경세포가 처리하기에는 너무 많은 정보 같았거든요."

수백 번의 실험을 통해 슐츠는 자신의 데이터를 믿기 시작했다.

그는 우연히 원숭이의 뇌에서 보상 메커니즘이 작동하는 상태를 관찰했다. 1980년대 중반 그는 역사적인 논문을 잇달아 발표한 후, 이러한 보상 체계의 수수께끼를 파헤치는 연구에 집중했다. 어떻게 하나의 신경세포가 보상을 의식할 수 있을까? 그 신경세포는 왜 보상을 받기도 전에 흥분하는 것일까?

슐츠의 실험은 단순했다. 그는 큰 소리를 내고 몇 초 뒤 원숭이의 입에 사과즙 몇 방울을 짜 넣었다. 실험이 진행되는 동안 슐츠는 원숭이의 뇌에 바늘을 꽂아놓고 개별 뇌세포에서 일어나는 전기 활동을 관찰했다. 초기에는 사과즙을 줄 때만 도파민 세포가 흥분했다. 실질적인 보상에만 세포가 반응한 것이다. 그러나 몇 번의 실험을 통해 특정 소리가 난 뒤에 사과즙이 생긴다는 사실을 알고부터는, 그 소리만 나도 똑같은 세포가 흥분하기 시작했다. 슐츠는 이러한 세포를 '예측 신경세포'라 불렀다. 실제 보상을 받는 것보다 보상을 예측하는 데 더욱 관심이 많다 하여 붙인 이름이었다(이러한 과정을 계속해서 확대해 볼 수 있다. 사과즙에 앞서 소리에 반응한 도파민 신경세포는, 소리보다 빛을 먼저 보여준다면 빛에도 반응할 것이기 때문이다). 이런 간단한 패턴을 배우고 나면 원숭이의 도파민 신경세포는 다양한 변화를 정교하게 감지할 수 있다. 세포의 예측이 맞아서 보상이 제때 이루어지면 원숭이 뇌는 예측이 옳았다는 기쁨에 도파민 방출량을 늘린다. 하지만 패턴에 문제가 생기면, 가령 소리가 났는데도 사과즙이 나오지 않으면 원숭이의 도파민 신경세포는 도파민 방출량을 줄이는데 이것을 '예측 오류 신호(prediction-error signal)'라 부른다. 원숭이는 사과즙에 대한 예측이 빗나갔기 때문에 당황했다.

이러한 시스템과 관련해 흥미로운 점은 이 모든 것이 기대와 연관되어 있다는 사실이다. 도파민 신경세포는 '이러하면 저러하다'는 경험을 바탕으로 부단히 패턴을 만들어낸다. 신경세포는 소리가 나면 사과즙이 나오고, 빛이 나오면 소리가 난다는 것을 알았다. 현실세계의 서로 어울리지 않는 것들이 연관성을 갖게 되면서 뇌는 다음에 일어날 일을 예측할 수 있게 되었고, 그 결과 원숭이는 달콤한 보상이 기대되는 타이밍을 재빨리 알아차렸다.

세포가 예측한 바가 이렇게 유형화되면, 뇌는 그러한 예측을 실제 일어나는 사건과 비교해본다. 특정 사건이 일어난 후에 사과즙이 나온다는 사실을 파악한 원숭이 뇌의 도파민 신경세포는 상황을 주의 깊게 지켜보다가 모든 것이 계획대로 이루어지면 쾌락 물질을 방출하고, 원숭이를 행복하게 한다. 하지만 기대가 어긋나면, 다시 말해 약속된 사과즙이 나오지 않으면 도파민 세포는 즉시 실수를 인정하는 신호를 보내고 도파민 방출을 중지하는 등 파업에 들어간다.

뇌는 이러한 잘못된 예측의 충격을 증폭시키도록 설계되었다. 레이더 신호가 평소와 다르다거나 소리가 들렸는데도 사과즙이 나오지 않는 경우처럼 뇌가 예상하지 못한 것을 경험하면 대뇌피질은 즉시 상황을 인식하고, 뇌세포의 활동은 순식간에 매우 활발해지며 강한 감정을 유발한다. 놀라움만큼 정신을 집중하게 만드는 것은 없다.

이러한 과정은 도파민 신경세포가 밀집해 있는 뇌 중앙의 작은 부위에서 시작된다. 신경과학자들은 몇 년 전 전대상피질(anterior cingulate cortex)이라 불리는 이 부위가 실수나 차이를 발견하는 것과 관련돼 있다는 사실을 알아냈다. 도파민 신경세포가 실수를 예측할 때마다 예컨대 사과즙을 기대했는데 나오지 않았을 때마다, 뇌는 '실수관련 음성전위(ERN, Error-Related Negativity)'라는 독특한 전기 신호를 내보낸다. 신호는 전대상피질에서 나오기 때문에 많은 신경과학자들은 전대상피질을 '어이쿠! 회로'라 부른다.

전대상피질의 중요성은 뇌의 구조에서도 드러난다. 안와전두피질과 마찬가지로 전대상피질은 우리가 아는 것과 느끼는 것 사이의 소통에 관여한다. 의식과 감정이라는 서로 다른 사고방식의 교차점에 위치해 있는 전대상피질은 의식적인 관심을 이끄는 뇌 부위인 '시상(thalamus)'과도 밀접하게 연결돼 있다. 이는 전대상피질이 갑작스러운 총소리처럼 예기치 않은 자극을 받으면 즉시 그와 관련된 감각이 곤두선다는 뜻이다. 덕분에 우리는 미처 예상하지 못했던 사건을 알아차리게 된다.

전대상피질은 의식을 일깨우는 한편 신체 기능에 중요한 역할을 담당하는 시상하부(hypothalamus)에 신호를 보내기도 한다. 전대상피질이 레이더 화면에 나타난 낯선 신호처럼 이상 징후에 불안감을 느끼면, 그 불안감은 즉시 육체의 신호로 바뀌어 근육이 다음 행동을 준비하도록 만든다. 심장 박동수는 순식간에 증가하고, 아드레날린이 혈관으로 다량 분출된다. 이런 육체적인 감정은 우리가 상황에 즉시 반응하도록 강요한다. 뇌는 고동치는 맥박과 땀에 젖은 손바닥을 통해 더 이상 지체할 시간이 없다고 말한다. 뇌가 보기에 위급한 상황인 것이다.

전대상피질의 역할은 잘못된 예측을 감시하는 데만 있지 않다. 전대상피질은 도파민 신경세포가 학습한 것을 기억하고 예측한 내용이 새로운 사건에 신속히 적용될 수 있게 하는가 하면, 실제 생활에서 배운 것들을 자신의 것으로 만들어 신경세포의 패턴을 완벽하게 최신의 상태로 업데이트하기도 한다. 소리가 나면 사과즙이 주어진다고 예측했음에도 사과즙이 주어지지 않았다면 전대상피질은 앞으로의 예측을 수정한다. 단기간의 감정이 장기간의 교훈으로 바뀌는 것이다. 비록 전대상피질이 무엇을 기억하는지 원숭이가 정확히 의식하지 못하더라도, 원숭이의 뇌세포는 만반의 준비를 하고 다음번에도 사과즙이 주어지기를 기다릴 것이다. 원숭이의 뇌세포는 보상이 주어질 때를 정확히 알고 있다.

이는 의사결정의 중요한 측면이다. 과거의 교훈을 미래의 결정과 연결시킬 수 없다면 우리는 끝없이 실수를 반복할 수밖에 없다. 원숭이의 뇌에서 전대상피질을 제거하면 원숭이의 행동은 일관성과 효율성을 잃을 것이며, 원숭이는 더 이상 보상을 예측하거나 주변상황을 의식할 수도 없을 것이다. 옥스퍼드 대학의 연구원들은 이러한 결손을 분명하게 보여주는 실험을 했다. 원숭이에게 서로 다른 방향으로 움직이는 조이스틱을 주고, 원숭이가 어느 한 방향으로만 조이스틱을 움직여야 음식으로 보상을 해주었다. 조이스틱은 위로 치켜들거나 돌릴 수 있는 형태였는데, 더욱 흥미로운 실험을 위해 과학자들은 25회에 한 번씩 조이스틱의 방향을 바꾸었다. 이전에 원숭이가 음식을 얻기 위해 조이스틱을 위로 올렸다면, 25회 이후에는 전략을 바꾸어야 했던 것이다.

원숭이는 어떻게 했을까? 제대로 된 전대상피질을 갖고 있는 원숭이들은 임무 수행에 문제가 없었다. 조이스틱을 위로 올렸는데도 상이 안 나오자 원숭이들은 조이스틱의 방향을 바꾸었고, 문제가 바로 해결되자 계속해서 음식을 받았다. 그러나 전대상피질을 제거한 원숭이들은 뚜렷한 결함을 드러냈다. 조이스틱을 특정 방향으로 움직였는데도 상이 나오지 않자 그들 역시 정상적인 원숭이처럼 조이스틱의 방향을 바꾸긴 했다. 그러나 그들은 이 성공적인 전략을 계속 유지하지 못한 채, 이내 상을 받을 수 없는 방향으로 다시 조이스틱을 움직였다. 이들은 음식을 계속해서 얻는 방법, 즉 실수를 영구적인 교훈으로 바꾸는 방법을 터득하지 못했다. 이 원숭이들은 뇌세포의 예측을 업데이트할 수 없었기 때문에 단순한 실험에도 큰 혼란을 겪었다.

전대상피질의 도파민 수용체가 감소하는 유전적 돌연변이를 갖고 있는 사람들도 위의 원숭이들과 비슷한 문제로 고통을 받는다. 그들에게는 부정적인 경험을 통해 스스로를 단련하고 강화하는 일이 어렵다. 이는 사소한 결함처럼 보이지만 무시무시한 결과를 초래한다. 실험 결과 이런 유전적 돌연변이를 갖고 있는 사람들은 약물이나 알코올에 중독될 가능성이 매우 높다. 실수로부터 배우는 것이 어렵기 때문에 이들은 똑같은 실수를 반복해서 저지를 뿐 아니라, 그러한 행위가 스스로를 망친다는 것을 알아도 고칠 수 없다.

마지막으로 전대상피질의 중요한 특징이 하나 더 있다. 전대상피질에는 방추신경세포(spindle neuron)라 불리는 희귀 형태의 세포가 몰려 있다. 길이가 짧고 마구 엉켜 있는 일반 다른 뇌세포들과 달리 방추신경세포는 길고 듬성듬성하다. 이 세포는 인간과 유인원에게서만 나타나는데, 이는 방추신경세포의 진화가 고도의 인식 능력과 연관되어 있다는 점을 보여준다. 인간에게는 다른 영장류보다 약 40배 더 많은 방추신경세포가 있다.

방추신경세포는 기이한 형태만큼이나 독특한 기능을 갖고 있다. 이 세포의 안테나 같은 몸체는 뇌 전체에 감정을 전달하는 역할을 한다. 도파민 신경세포가 보내는 신호를 전대상피질이 접수하면, 방추신경세포는 빠른 속도로 그 감정을 피질 전체에 퍼뜨린다. 이 세포들은 다른 신경세포보다 훨씬 더 빨리 전기 신호를 전송하기 때문에 신경전달 물질 중 어느 하나라도 미세한 움직임을 보이면 우리의 행동에 엄청난 파급이 일어난다. 즉, 우리가 본 것에 대해 어떻게 느껴야 하는지를 우리에게 알려주는 것이다. 베일러 대학 신경과학과의 리드 몬터규(Read Montague) 교수는 "우리는 도파민 방출을 99.9% 인지하지 못하지만, 도파민이 뇌의 다른 부분에 전달하는 정보와 감정에 99.9% 지배당하고 있다."라고 말했다.

이제 우리는 인간의 감정이 갖고 있는 놀라운 지혜를 이해하기 시작했다. 도파민 신경세포의 활약은 감정이 단순히 동물 안에 내장된 본능을 반영한 것이 아니었음을 보여준다. 플라톤이 '야생마'라 불렀던 감정은 변덕에 따라 움직이는 것이 아니고, 매우 유연하게 대처하는 뇌세포의 예측에 뿌리를 두고 있다. 뇌세포는 현실 세계를 반영해 끊임없이 예측을 조정하고, 실수를 하거나 새로운 문제에 직면할 때마다 스스로를 빠르게 변화시킨다. 감정은 경험과 깊이 맞물려 있다.

슐츠의 실험을 예로 들어보자. 사과즙을 열망하는 원숭이들을 대상으로 그가 실험했을 때, 원숭이의 신경세포는 불과 몇 번의 시도 만에 보상이 주어지는 때를 정확히 깨달았다. 신경세포는 부정적인 느낌을 교훈적인 순간으로 바꿨고 끊임없이 새로운 정보를 주입함으로써 이러한 일을 해냈다. 사과즙이 나오지 않자 도파민 신경세포는 예측을 변경했다. 한 번 속으면 나를 속인 당신 탓이지만, 두 번 속으면 내 도파민 신경세포에 문제가 있다는 얘기다.

인간의 마음속에서도 똑같은 과정이 계속해서 일어나고 있다. 멀미는 도파민 예측 오류의 대표적인 결과다. 멀미는 현재 경험하고 있는 움직임의 형태(가령 익숙하지 않은 배의 움직임)와 기대했던 움직임의 형태(단단히 고정된 땅) 사이의 갈등 때문에 생기는데, 그 결과 속이 메스껍고 구토가 난다. 그러나 도파민 신경세포는 곧 기억하고 있는 움직임의 형태를 바꾸기 시작한다. 배멀미가 보통 일시적인 현상으로 끝나는 것은 이 때문이다. 끔찍한 몇 시간을 겪은 후, 도파민 신경세포는 새로운 경험을 바탕으로 예측을 확립해 바다의 가벼운 흔들림을 기대하기에 이른다.

도파민 시스템이 완전히 파괴되면, 즉 신경세포가 현실에 비추어 기대를 바꾸지 못하면 정신질환이 발생한다. 정신분열의 원인은 미스터리에 싸여 있지만, 그 원인 가운데 하나는 과다한 특정 도파민 수용체 때문으로 추정된다. 이는 도파민 시스템의 과잉 작동과 통제 불능을 초래하는 탓에, 정신분열증 환자의 신경세포는 타당한 예측을 할 수도 없고 도파민의 분출을 외부 상황과 연결시키지도 못한다(대부분의 정신질환 치료제는 도파민 신경세포의 활동을 감소시키는 작용을 한다). 정신분열증 환자는 실제로 존재하는 유형을 감지할 수 없기 때문에 잘못된 유형에 환각을 느끼기 시작한다. 정신분열증 환자가 피해망상 증세를 보이고, 갑자기 예측불가능하게 돌변하는 이유가 여기에 있다. 그들의 감정은 현실 세계에서 일어나는 일들과 아무 관련이 없다.

정신분열증의 심각한 증상을 보면 도파민 신경세포의 필요성과 정확성을 강조하지 않을 수 없다. 제대로 작동만 한다면 이 세포는 지혜의 중요한 원천이 될 수 있다. 감정을 관장하는 뇌는 힘들이지 않고도 지금 무슨 일이 일어나고 있는지 파악하고, 그 상황에서 최대치를 뽑아내는 방법을 알아낸다. 우리가 기쁨이나 실망, 두려움이나 행복을 느낄 때마다 우리의 신경세포들은 바삐 연결을 재조정해가면서 어떤 감각 신호가 어떤 감정을 유발하는지 체계화한다, 그렇게 얻은 교훈은 기억으로 남아, 다음번 의사결정 시 뇌세포가 이를 활용한다. 뇌세포들은 다음에 어떤 일이 벌어질지 예측하는 방법을 배워온 것이다.

02

백개먼(Backgammon)은 세계에서 가장 오래된 보드게임이다. 기원전 3000년경 고대 메소포타미아 지역에서 시작된 이 게임은 고대 로마와 페르시아에서 인기를 끌었다. 프랑스의 루이 9세는 불법 도박을 부추긴다는 이유로 금지시키기도 했지만, 백개먼은 17세기 엘리자베스 여왕 시대에 규칙이 체계화된 이후 오늘날에 이르고 있다.

게임 방식은 변하지 않았지만, 게임을 하는 사람들은 과거와 크게 달라졌다. 현재 세계 최고의 백개먼 선수는 소프트웨어 프로그램이다. 1990년대 초 IBM의 컴퓨터 프로그래머인 제럴드 테소로는 새로운 종류의 인공지능을 개발하기 시작했다. 당시 대부분의 인공지능 프로그램은 인간성이라곤 없는 마이크로칩의 계산 능력에 의존했다. 1997년 체스 챔피언 개리 카스파로프를 물리친 IBM의 메인프레임 컴퓨터 '딥 블루(Deep Blue)'가 그 예였다. 딥 블루는 1초에 2억 종류 이상의 체스 움직임을 분석할 수 있는 덕분에 언제나 최적의 체스 전략을 선택할 수 있었다(이에 비해 카스파로프의 뇌는 1초에 다섯 종류의 움직임만을 계산할 뿐이었다). 그러나 체스를 두는 동안 딥 블루는 엄청난 양의 전력을 소비했으므로 화재의 위험이 매우 컸고, 이를 피하기 위해서는 특별한 냉각 장치가 필요했다. 반면 카스파로프는 땀 한 방울 흘리지 않았다. 그만큼 인간의 두뇌는 효율적이다. 아무리 생각을 깊이 해도 대뇌피질은 전구 한 개보다 적은 에너지를 소비할 뿐이다.

언론은 세계 최고의 체스 선수를 물리친 딥 블루의 놀라운 실력을 치켜세웠지만, 테소로는 딥 블루가 가진 한계로 고민에 빠졌다. 딥 블루는 맞상대인 인간보다 수백만 배나 빠르게 생각할 수 있었지만 겨우 간신히 승리를 거둘 뿐이었다. 테소로는 딥 블루처럼 아무리 뛰어나더라도 기존의 인공지능 프로그램은 '경직성'의 문제가 있다는 점을 깨달았다. 딥 블루가 가진 지식의 대부분은 다른 체스 대가들의 지혜를 열심히 프로그램화한 결과물일 뿐이었다(IBM의 프로그래머들은 또한 카스파로프의 이전 체스 경기를 연구해 그가 반복해서 저지르는 전략상의 실수를 이용하는 소프트웨어를 개발했다). 기계 그 자체에는 무언가를 배우는 능력이 없었다. 나올 수 있는 수백만 종류의 체스 움직임을 예상해 결정하는 시스템이었으므로 컴퓨터는 가장 높이 예상되는 '값'을 바탕으로 체스 경기를 진행했다. 딥 블루에게 체스 경기는 끝없이 나오는 수학 문제의 연속이었을 뿐이다.

물론 이러한 종류의 인공지능은 정확한 인간의 인지 모델이 아니다. 카스파로프는 컴퓨터보다 한참 떨어지는 계산 능력을 갖고 있었음에도 딥 블루와 대등한 경쟁을 벌였다. 테소로는 카스파로프의 신경세포가 효율적인 이유는 스스로를 훈련시켰기 때문이라는 놀라운 사실을 발견했다. 카스파로프의 신경세포는 수십 년의 경험을 통해 체스판의 미묘한 공간 유형을 감지하도록 단련되었다. 예상 가능한 모든 움직임을 분석한 딥 블루와 달리, 카스파로프는 대안들을 즉시 추려내 가장 유용한 전략적 대안을 계산하는 데만 정신을 집중했다.

테소로는 개리 카스파로프처럼 행동하는 인공지능 프로그램 개발에 착수했다. 이번에 사용한 게임은 체스가 아니라 백개먼이었다. 그는 이 프로그램을 'TD-개먼(TD-Gammon)'이라 명명했는데, TD는 'temporal difference'의 약자로 '시간차'라는 의미를 갖고 있다. 딥 블루는 체스 지식이 미리 프로그램화되었지만, TD-개먼은 아무런 지식이 없는 상태에서부터 시작했다. 처음에 TD-개먼은 말을 그냥 마구 움직였기 때문에 모든 경기에서 졌고 어처구니없는 실수도 저질렀지만, 얼마 지나지 않아 초보자 수준에서 벗어났다. 스스로의 경험을 통해 배우도록 설계된 이 소프트웨어는 낮이건 밤이건 자신을 상대로 백개먼 게임을 하면서 어떤 움직임이 가장 효율적인지 끈기 있게 배웠다. 수십만 번의 백개먼 게임을 치른 후 TD-개먼은 세계에서 가장 뛰어난 인간 선수들을 물리칠 수 있었다.

어떻게 한낱 기계가 백개먼 달인으로 거듭날 수 있었을까? 테소로의 소프트웨어에 사용된 수학적인 디테일은 넋이 빠질 정도로 복잡하지만, 기본적인 접근법은 간단하다.*

TD-개먼은 백개먼 게임이 어떻게 펼쳐질지를 놓고 일련의 예측을 내놓는다. 딥 블루와 달리 이 컴퓨터 프로그램은 모든 가능한 순열(順列)을 분석하지 않지만, 그 대신 개리 카스파로프처럼 이전의 경험을 통해 예측을 전개하고 백개먼 게임을 진행하는 동안 자신의 예측과 실제 일어난 일을 비교한다. 예측과 결과가 다르면 그 차이에서 뭔가를 배우게 되고, 이러한 '오류 신호'를 줄여나가기 위해 계속 노력한다. 그렇게 해서 예측 정확도는 점점 높아지고, 그에 따라 TD-개먼은 효율적이고 지적인 전략을 선택하게 된다.

최근에는 이와 똑같은 소프트웨어가 고층 빌딩의 엘리베이터 운행 스케줄을 프로그램화하는 것부터 항공기의 비행 스케줄을 정하는 것까지 여러 복잡한 문제를 해결하는 데 사용되고 있다. 신경과학자인 리드 몬터규 교수는 "선택지가 무수히 있는 상황에서는 이러한 종류의 학습 프로그램이 중요한 가이드가 될 수 있다."라고 말한다. TD-개먼 같은 강화 학습 프로그램과 딥 블루 같은 구식 프로그램의 결정적 차이는 스스로의 힘으로 최고의 해결책을 찾는 데 있다. 아무도 컴퓨터에게 어떻게 엘리베이터를 운행할지 알려주지 않음에도, 여러 대

* 테소로가 사용한 TD-학습 모델은 컴퓨터 과학자인 리치 서튼(Rich Sutton)과 앤드류 바토(Andrew Barto)의 선구적인 작업에 바탕을 두고 있다. 서튼과 바토는 1980년대 초 매사추세츠 대학교 애머스트 캠퍼스의 대학원생 시절, 간단한 규칙과 행동을 배워 하나의 목표를 달성하는 데 적용할 수 있는 인공지능 모델을 개발하려 했다. 당시로서는 대담한 아이디어였다. 그들의 지도교수는 시도조차 하지 말라고 했지만 이들의 의지는 대단했다. 서튼은 말했다. "컴퓨터 과학에는 늘 이런 종류의 불가능한 목표가 있었어요. '인공지능의 아버지'로 불리는 마빈 민스키(Marvin Minsky)는 강화 학습을 연구주제로 삼았다가 결국 포기했습니다. 그는 그것이 불가능했기 때문에 그 분야에서 손을 뗐다고 말했지만 우린 운이 좋게도 가능했죠. 우리는 단순한 동물조차 학습 능력을 갖고 있다는 걸 알았어요. 아무도 새에게 벌레 잡는 법을 가르치지 않잖아요. 우리는 단지 방법을 몰랐을 뿐이에요."

의 엘리베이터가 설치된 건물에서 하나의 엘리베이터 버튼만 누르면 그중 가장 가까운 층에 있는 엘리베이터가 도착해 문이 열린다. 컴퓨터가 몇 차례의 시행착오를 거쳐 가장 효율적인 엘리베이터 스케줄을 스스로 생각해냈기 때문이다. 이런 과정을 통해 그 어떤 실수도 나타나지 않는다.

이 프로그래밍 방법은 도파민 신경세포의 활동과 매우 유사하다. 도파민 신경세포 또한 예측과 실제 결과를 비교하는 작업을 하고, 피할 수 없는 실수를 경험함으로써 퍼포먼스를 향상시킬 뿐 아니라 마침내 실패를 성공으로 바꾼다. 신경과학자 안토니오 다마지오와 안토이네 베차라(Antoine Bechara)가 만든 '아이오와 도박 과제(Iowa Gambling Task)'라는 실험을 예로 들어보자.

게임 진행 방식은 다음과 같다. 실험 대상자인 플레이어에게 검은색 트럼프 카드 두 통과 빨간색 트럼프 카드 두 통, 그리고 2,000달러의 판돈이 주어지는데 어떤 카드가 나오느냐에 따라 플레이어는 돈을 따기도 하고 잃기도 한다. 실험 대상자는 네 개의 통 중 하나에서 한 장의 카드를 뒤집어 가능한 많은 액수의 돈을 걸라는 지시를 받는다.

하지만 카드는 무작위로 분배되지 않았다. 과학자들이 미리 게임을 조작해놓았기 때문이다. 카드 네 통 중 두 통은 위험도가 높은 카드들로 채워졌다. 이 두 통에 걸리면 다른 두 통에 비해 잃는 돈의 액수(100달러)가 컸을 뿐 아니라 엄청난 게임비용(1,250달러)까지 내야 했다. 나머지 두 통은 잃는 돈의 액수(50달러)도 적고, 게임비용도 거의 없었다. 플레이어가 이 안정적인 두 통에서만 카드를 꺼낸다면 확실히 이길 수 있는 셈이었다.

처음에는 카드 선택이 무작위로 이루어졌다. 특정 카드를 선택해야 할 이유가 없었기 때문이다. 사람들은 대부분 가장 이득이 되는 카드를 찾기 위해 각각의 카드 뭉치를 뒤집어보았다. 사람들은 평균적으로 약 50장의 카드를 뒤집은 후에야 비로소 이득이 되는 통에서 한 장의 카드를 꺼내기 시작했고, 왜 그 통을 골랐는지 설명하는 데 또 평균 80장의 카드를 소비했다. 논리적으로 답을 구하는 일은 이렇게 시간이 걸린다.

그러나 다마지오의 관심은 논리가 아닌 사람들의 감정에 있었다. 실험에 참여한 플레이어들은 카드 게임을 하는 동안 피부의 전기전도를 측정하는 기계와 연결되어 있었다. 일반적으로 전기전도 수치가 높으면 긴장되고 불안하다는 것을 뜻한다. 플레이어는 고작 열 장의 카드를 꺼낸 뒤부터 위험도가 높은 통에 손이 닿을 때마다 긴장했다. 아직 어떤 카드 뭉치가 가장 이득이 되는 건지 몰랐음에도, 대상자들의 감정 레벨에서는 공포를 정확히 지각하고 있었다. 즉, 감정은 어떤 통이 위험한지 알고 있었던 것이다. 게임이 조작되었음을 처음으로 알아챈 것은 바로 실험 대상자의 감정이었다.

뇌신경(대개의 경우 안와전두피질)이 손상되어 감정을 전혀 느끼지 못하는 환자들은 올바른 카드를 선택하지 못하는 것으로 나타났다. 대부분의 사람들은 실험이 진행되는 동안 상당한 돈을 벌었지만, 감정이 없어 '순수하게 이성적인' 사람들은 종종 판돈을 모두 잃고 실험 진행자에게 돈을 빌려야 했다. 이 환자들은 불리한 카드와 부정적인 감정을 연결시킬 수 없는 탓에 계속해서 네 개의 통에서 똑같이 카드를 뽑아냈고, 그들의 손은 전혀 초조해하는 증세를 나타내지 않았다. 돈을 잃는 것에 대한 쓰라린 감정을 뇌가 부정해버리면 게임에서 이기는 방법을 결코 알아낼 수 없는 것이다.

감정은 어떻게 그리도 정확할 수 있는 것일까? 또 어떻게 그토록 신속하게 이득이 되는 카드 뭉치를 알아냈을까? 답을 찾으려면 다시 감정의 원천인 도파민으로 돌아가야 한다. 아이오와 대학과 캘리포니아 공대의 과학자들은 간질 치료로 뇌수술을 받고 있는 사람과 함께 '아이오와 도박 과제'를 진행했다(국소마취로 환자의 의식은 깨어 있었던 탓에 가능한 일이었다). 과학자들은 학습이 전개되는 과정을 실시간으로 관찰하면서 인간의 뇌세포가 TD-개먼처럼 프로그램화되어 있다는 사실을 발견했다. 뇌세포는 앞으로 무슨 일이 일어날지에 대한 예측을 내놓은 다음, 기대치와 실제 결과 사이의 차이점을 비교한다. 아이오와 도박 과제 실험에서 플레이어가 불리한 통을 선택하는 것처럼 뇌세포의 예측이 틀린 것으로 판명될 경우, 도파민 신경세포는 즉시 흥분을 멈췄다. 플레이어는 부정적인 감정을 경험한 후 그 통에서는 다시 카드를 뽑지 말아야겠다는 점을 배웠다(실망은 교육에 효과적이다). 반대로 유리한 카드를 선택해 돈을 따는 것처럼 뇌세포의 예측이 정확할 경우, 플레이어는 맞췄다는 기쁨에 젖어 이러한 행동을 더욱 강화시켰고 그 결과 그의 신경세포는 돈을 딸 수 있는 방법을 신속히 터득했다. 신경세포는 플레이어가 게임을 이해하고 방법을 설명하는 것이 가능해지기 전에 미리 게임에서 이기는 비밀을 찾아낸 것이다.

이는 매우 중요한 인지 능력이다. 도파민 신경세포는 다른 방법으로는 알아차리기 어려운 미묘한 패턴을 자동적으로 감지한다. 즉, 의식적으로는 우리가 이해할 수 없는 모든 데이터를 완전히 이해하는 것이다. 도파민 신경세포는 세상이 어떻게 돌아가는지에 대해 일련의 정교한 예측을 내놓은 후 이것을 감정으로 변환한다. 예를 들어 일정 기간 동안 20개의 서로 다른 주식들이 보인 실적에 대해 많은 정보가 주어졌다고 가정해보자(주식 채널을 틀면 TV 화면 아래쪽에 보이는 띠 형식의 다양한 주가 정보를 상상해보라). 그러한 금융 정보를 모두 기억하기란 어렵기 때문에 누군가 어떤 주식의 실적이 가장 좋았냐고 묻는다면 아마 훌륭한 답을 내놓지 못할 것이다. 우리는 모든 정보를 한꺼번에 처리할 수 없다. 하지만 어떤 주식이 가장 '감이 좋았냐'는 질문을 받는다면, 다시 말해 우리의 감정 두뇌가 질문을 받는다면 갑자기 가장 실적이 좋은 주식을 판별할 수 있게 된다. 이 기발한 실험을 진행한 심리학자 틸만 베치(Tilmann Betsch)는 우리의 감정이 다양한 주식들의 실적에 "놀랍도록 민감한 반응을 드러낸다."라고 말했다. 가격이 오르는 주식에 대한 투자는 가장 긍정적인 감정과 연관돼 있고, 가격이 내려가는 주식에 대한 투자는 막연한 불안감을 자극한다. 이렇게 지혜로우면서도 불가해한 감정은 결정 과정에서 중요한 부분을 차지한다. 우리가 아무것도 모른다고 생각할 때조차 우리의 뇌는 무언가를 알고 있다. 감정이 우리에게 말하고자 하는 것이 바로 이것이다.

03

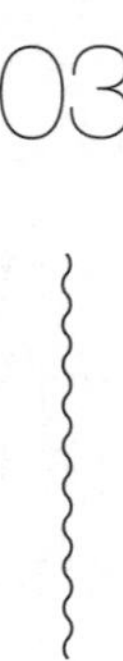

그렇다고 사람들이 이러한 세포 수준의 감정을 저절로 알아낼 수 있다는 뜻은 아니다. 도파민 신경세포는 끊임없는 훈련과 재훈련을 필요로 하고, 그렇지 않으면 예측 정확도가 떨어진다. 감정을 믿으려면 끊임없는 경계심을 가져야 한다. 직감적인 지성은 의식적인 훈련의 결과다. "격언은 오랜 경험에서 나온 짧은 문장이다."라는 스페인 작가 세르반테스(Cervantes)의 말은 뇌세포에도 그대로 적용된다. 물론 우리가 뇌세포를 제대로 사용하는 한 말이다.

빌 로버티(Bill Robertie)는 백개먼, 체스, 포커의 세 가지 게임 분야에서 세계 정상급에 오른 선수 중 한 명이다(풋볼 선수와 야구 선수로 이름을 날린 보 잭슨이 NFL과 메이저리그는 물론 NBA에서까지 활동한다고 상상해보라). 체스 대가인 로버티는 미국 스피드 체스 챔피언십의 우승을 거머쥔 인물일 뿐 아니라 유명 포커 전문가이자 '텍사스 홀덤(트럼프 카드로 진행하는 포커 게임의 일종 -옮긴이 주)'에 관해 여러 권의 책을 낸 베스트셀러 작가이기도 하다. 하지만 로버티는 백개먼 전문가로 가장 유명하다. 그는 백개먼 세계 챔피언에 두 번이나 등극한 데다(이런 위업을 달성한 사람은 로버티 이외에 단 한 명뿐이다.) 늘 세계 20위 안에 든다. 1990년대 초 제럴드 테소로는 TD-개먼과 겨룰 백개먼 전문가로 로버티를 낙점했다. "테소로는 컴퓨터가 최고로부터 배우기를 원했어요. 내가 바로 그 최고였죠." 로버티는 자신했다.

로버티는 헝클어진 흰머리와 축 처진 눈꺼풀, 두꺼운 돋보기를 걸친 60대 초반의 노인이다. 그는 어린 시절에 집착했던 체스를 운 좋게도 직업으로 연결했다. 게임에 대해 이야기할 때면 그에게선 여전히 아이와 같은 열정이 느껴져서, 그가 생계를 위해 게임을 하는 사람이라고는 도저히 믿기지 않는다. "TD-개먼과 처음 경기를 치르고는 무척 당황했어요. 그동안 접했던 어떤 컴퓨터 프로그램보다 훨씬 뛰어났죠. 그땐 내가 컴퓨터보다 나았지만 이듬해엔 전혀 다른 이야기가 되었어요. 컴퓨터는 이제 무시무시한 적수가 되었습니다. 나와 게임을 하면서 게임의 노하우를 배운 것이죠."

TD-개먼은 예측의 오류를 연구함으로써 백개먼의 달인이 되었고, 수백만 번의 실수 끝에 딥 블루처럼 최고의 인간 맞수들과 대결할 수 있는 컴퓨터의 반열에 올랐다. 그러나 이런 탁월한 컴퓨터들에게도 어쩔 수 없는 한계가 있었다. 컴퓨터는 오직 한 종류의 게임에서만 대가가 될 수 있다는 점이다. TD-개먼은 체스를 둘 수 없고, 딥 블루는 백개먼을 할 수 없다. 게다가 포커 게임에서 대가가 된 컴퓨터는 아직 없다.

그럼 어떻게 로버티는 그렇게 서로 다른 게임에서 실력을 발휘할 수 있었던 것일까? 얼핏 봐도 체스, 백개먼, 포커는 매우 다른 종류의 인지 기술에 의존하는 듯하다. 대다수의 백개먼 챔피언들이 백개먼 이외의 게임은 하지 못하고, 대부분의 체스 마스터들이 카드 게임에는 신경도 쓰지 않으며, 대부분의 포커 플레이어들이 라트비안 갬빗(Latvian Gambit)과 프렌치 디펜스(French Defense)를 구별하지 못한 채 그저 체스의 한 종류라 생각하는 이유가 여기에 있다. 그러나 로버티는 세 영역에서 모두 뛰어난 기량을 보였다. 로버티가 말하는 성공 비결은 간단하다. "나는 연습하는 방법, 그리고 나 자신을 향상시키는 방법을 알고 있어요."

1970년대 초 로버티가 스피드 체스 토너먼트의 우승 상금으로 생계를 유지하며 단지 체스 영재로만 불리던 시절, 그는 우연히 백개먼을 알게 되었다. "나는 그 게임과 즉시 사랑에 빠졌어요. 게다가 백개먼은 스피드 체스보다 상금도 훨씬 많았죠." 로버티는 백개먼 전략에 대한 책을 한 권 사서 첫 수를 두는 몇 가지 방법을 암기한 후 게임을 시작한 뒤 몇 번이고 계속 게임에 몰두했다. "푹 빠져 있어야 해요. 꿈에서도 게임을 할 정도가 되어야 하죠." 그가 말했다.

몇 년 간의 강도 높은 연습 후에 로버티는 세계에서 가장 뛰어난 백개먼 플레이어 중 한 명이 되었다. "보드를 한 번 보고 무엇을 해야 할지 깨닫게 될 때마다 실력이 좋아졌죠. 나에게는 게임이 아주 미학적인 문제가 되었어요. 보드를 보면서 머릿속으로 수(手)를 생각하면 즉시 상황이 좋아질지 나빠질지 알 수 있었어요. 미술 평론가가 그림을 보고 그것이 좋은지 아닌지 어떻게 알까요? 나도 같은 방식이었어요. 단지 나의 그림은 백개먼 보드였을 뿐이죠."

하지만 로버티가 그저 백개먼을 많이 해서 세계 챔피언이 된 것은 아니다. 로버티는 "중요한 건 연습의 양이 아니라 질"이라고 말한다. 그의 말에 따르면 실력을 향상시키는 가장 효과적인 방법은 실수에 주목하는 것이다. 다른 말로 하면 도파민 신경세포가 체득한 오류를 의식적으로 생각할 필요가 있다는 뜻이다. 로버티는 체스든 포커든 백개먼이든 모든 경기가 끝난 후에는 반드시 게임 내용을 철저히 리뷰하며 자신이 내렸던 모든 결정을 평하고 분석했다. 퀸(queen) 카드를 좀 더 일찍 냈어야 했나? 세븐 카드 두 장을 내비쳐 허세를 부릴 걸 그랬나? 백개먼에서 말이 혼자 있는 영역을 남겨두지 않았다면 어땠을까? 로버티는 이겼을 때조차(거의 늘 이겼지만) 악착같이 실수를 찾아내려 했다. 그는 자기비판이야말로 자기향상의 비밀이라는 점을 알았다. 부정적인 피드백이 가장 유익했던 것이다. "그것이 내가 TD-개먼한테 배운 것 중 하나예요. 오직 잘못된 점을 분석하기만 하는 컴퓨터가 있는데, 나만큼이나 훌륭했다는 거죠."

물리학자 닐스 보어(Niels Bohr)는 전문가를 '매우 좁은 영역에서 일어날 수 있는 온갖 실수를 저지르는 사람'이라고 정의했다. 뇌의 관점에서 봤을 때 보어의 정의는 정확하다. 전문 지식이란 뇌세포의 오류에서 나온 지혜일 뿐이고, 실수는 실망의 대상이 아니라 오히려 높이 배양하고 주의 깊게 분석해야 할 대상이다.

스탠퍼드 대학의 심리학자인 캐롤 드웩(Carol Dweck)은 실수를 통해 배우는 능력이 성공적인 교육의 중요한 요소임을 입증하기 위해 수십 년을 투자했다. 로버티가 각각의 게임에서 실력을 쌓기 위해 사용한 전략은 또한 훌륭한 교육 방법이기도 하다. 그러나 불행히도 아이들은 종종 그와 정반대의 교육을 받는다. 교사들은 아이들의 노력을 칭찬하기보다 똑똑하다는 말로 타고난 지능에 찬사를 보내는데, 드웩은 이런 식의 격려가 실제로는 역효과를 낳는다는 사실을 보여주었다. 학생들이 실수를 통해 지식을 하나하나 축적하는 대신 실수를 어리석음의 표상으로 여기게 되기 때문이다. 유감스럽게도 이런 방식은 아이들이 결코 학습 방법을 터득하지 못한다는 결과를 초래한다.

드웩의 가장 유명한 연구는 뉴욕시에 있는 12개 학교의 5학년생 400여 명을 대상으로 한 실험이었다. 아이들은 차례로 교실에서 나와 비교적 쉬운 테스트를 치렀다. 시험이 끝난 후 연구자들은 학생들에게 점수를 알려주며 짧게 칭찬을 했다. 아이들의 절반은 "넌 아주 똑똑하구나."와 같이 '지능'과 관련된 칭찬을 들었고, 나머지 절반은 "정말 열심히 했구나."처럼 '노력'과 관련된 칭찬을 들었다.

아이들은 이어서 두 개의 다른 종류의 시험 중 하나를 선택해야 했다. 연구자들은 시험 중 하나는 이전 시험보다 어렵지만 대신 이를 통해 배우는 게 많을 것이라 설명했고, 나머지 하나는 지난번과 비슷한 수준의 쉬운 시험이라고 말했다.

이 실험을 계획할 때만 해도 드웩은 서로 다른 형태의 칭찬이 만들어내는 효과가 그리 크지 않을 것이라 예상했다. 그저 한마디 말에 불과할 뿐이라 여겼기 때문이다. 그러나 곧 그 칭찬의 형태가 학생들의 시험 선택에 엄청나게 큰 영향을 미쳤다는 점이 분명해졌다. 노력에 대한 칭찬을 들은 아이들은 90%가 더 어려운 시험을 선택했지만, 지능에 대한 칭찬을 들은 아이들의 대부분은 더 쉬운 시험을 택했다. 드웩은 "아이들의 지능에 대해 칭찬한다는 건 '똑똑해 보여야 해. 실수할 위험을 무릅쓰지 마'라고 말하는 것"이라고 일침했다.

드웩의 다음 실험은 실패에 대한 두려움이 어떻게 배움을 방해하는지 보여준다. 그녀는 똑같은 5학년생들에게 다른 시험을 치르게 했다. 이 시험은 원래 8학년 아이들에게 적합한 수준으로 매우 어렵게 출제되었지만, 드웩은 아이들이 도전에 어떻게 반응하는지 알아보고자 했다. 이전 시험에서 노력에 대한 칭찬을 들은 학생들은 열심히 문제를 풀었다. 드웩은 "많은 아이들이 자발적으로 '이런 시험이 제일 좋아요'라고 말하며 진지하게 시험에 임했어요."라고 말했다. 그러나 처음에 똑똑하다는 칭찬을 들은 아이들은 쉽게 낙담했다. 그들은 피할 수 없는 실수를 실패의 표시, 즉 자신이 결국은 그리 영리하지 않다는 의미로 받아들였다. 시험을 치른 후 두 집단의 학생들에게 자신보다 못한 학생의 시험지와 자신보다 잘한 학생의 시험지 가운데 하나를 볼 수 있도록 선택하게 했다. 그 결과 똑똑하다는 칭찬을 들은 학생들은 대부분 자신보다 못한 학생들의 시험지를 골라 스스로를 위로하고자 했던 반면, 노력에 대한 칭찬을 들은 아이들은 자신보다 더 점수가 높은 시험지에 더 많은 관심을 보였다. 그들은 자신이 실수한 부분을 알아보고자 했고, 실수를 통해 더 나아지는 방법을 찾고자 했다.

마지막 시험은 맨 처음 보았던 시험과 같은 난이도로 치러졌다. 노력에 대해 칭찬을 들은 학생들은 평균 점수가 30%나 올라가며 상당한 향상을 보였다. 비록 처음엔 실패했더라도 기꺼이 도전을 했기 때문에 나중에는 훨씬 더 좋은 실력을 갖게 된 것이다. 이 결과는 무작위로 선정돼 '똑똑하다'는 칭찬을 들은 그룹의 학생들과 비교했을 때 더욱 인상적이었다. 그들의 시험 성적은 평균 20% 가까이 떨어졌다. 실패의 경험이 '똑똑한' 아이들을 낙담시켜 실력을 떨어뜨린 셈이다.

아이들에게 '똑똑하다'는 말로 타고난 지능을 칭찬하는 것은 교육과 관련된 신경세포의 메시지를 잘못 전하는 일이다. 이것은 아이들이 가장 유익한 학습 행동인 실수로부터 배우는 방법을 피하게 만든다. 실수를 저질렀다는 불쾌한 감정을 경험하지 못하면 뇌는 절대로 자신의 유형을 수정하지 않는다. 이 고통스러운 과정에 지름길은 없다.

이러한 원칙은 시험 문제를 푸는 5학년 아이들에게만이 아닌 우리 모두에게 해당된다. 유연한 뇌세포는 시간이 흐르면서 전문 지식이나 능력의 원천이 된다. 우리가 보기에는 전문가들이 많은 정보를 축적하고 그들의 지성 역시 그 방대한 양의 지식에 의존하는 것 같지만 사실 전문가들은 매우 직감적이다. 어떤 상황을 살펴봐야 할 때 전문가는 가능한 모든 옵션을 체계적으로 비교하거나 관련된 정보를 의식적으로 분석하거나, 혹은 복잡한 표나 장단점을 길게 나열한 목록에 의존하지 않는다. 대신 그들은 도파민 신경세포가 만들어내는 감정에 자연스럽게 의존한다. 예측의 오류는 후에 지식으로 변환되고, 그 결과 말로는 설명할 수 없는 감정에 의지해 정확한 판단을 할 수 있는 것이다.

달인 중의 달인들은 이러한 직감을 최대한 활용한다. 빌 로버티는 단지 백개먼 보드를 '보는 것'만으로 어려운 상황에서도 정확한 수를 두었다. 혹독한 연습 방법 덕분에 그는 자신의 마음이 이미 이상적인 수를 익혔다고 확신한다. 체스 대가인 개리 카스파로프는 과거의 경기를 집요하게 분석하면서 아주 미세한 실수조차 그냥 지나치지 않았다. 하지만 그는 체스 경기를 치를 때는 본능, 곧 "냄새로, 느낌으로 한다."라고 말한다. 드라마 감독인 허브 스타인은 촬영이 끝나고 나면 즉시 집으로 돌아가 아직 편집하지 않은 필름을 다시 본다. "나는 필름 전체를 보면서 노트를 합니다. 나는 내 실수를 아주 열심히 찾습니다. 나는 늘 더 잘했어야 했을 서른 가지 실수를 잡아내려 합니다. 만약 내가 서른 개를 못 찾으면 나는 열심히 필름을 보지 않은 겁니다." 이러한 실수는 아주 작은 것들인데, 너무 사소해서 아무도 알아차릴 수 없을 정도다. 그러나 스타인은 다음번에 제대로 하려면 이번에 실수를 찾아내 연구하는 길밖에 없다는 것을 알고 있다. 톰 브래디는 경기 녹화 테이프를 보면서 자신의 패스 결정을 주의 깊게 분석하는 일에 매주 몇 시간씩 투자한다. 하지만 경기 중 빨리 패스를 결정해야 할 상황에서는 추호의 망설임도 없이 공을 던진다. 여기까지 등장한 '달인'들이 모두 비슷한 방법을 사용했다는 건 결코 우연이 아니다. 그들은 뇌의 활동을 이해하고 이를 최대한 활용했다. 불가피한 실수로부터 가능한 많은 지혜를 훔치는 방법을 터득한 것이다.

여기서 다시 마이클 라일리 소령의 경우를 살펴보자. 영국 해군 사관이 되기 전, 라일리는 레이더 화면에 나타난 애매한 신호를 해석하는 방법을 몇 년간 훈련받았다. 영국 해군은 실제 전쟁 상황을 시뮬레이션으로 재현함으로써 그러한 전문 능력을 몸에 익히는 훈련을 해왔다. 일찍이 라일리 같은 사관 후보들은 상황에 따른 적절한 의사결정 능력을 키워왔다. 시뮬레이션 훈련 덕에 실제 무언가를 쏴 떨어뜨리지 않고도 실수로부터 배울 수 있었던 것이다.

이러한 훈련은 걸프전에서 효과를 나타냈다. 이전에 실크웜 미사일을 본 적이 없었음에도 라일리의 두뇌는 그것을 식별하는 방법을 알고 있었다. 그는 몇 주 동안 줄곧 레이더 화면을 통해 출격을 마치고 쿠웨이트 해안을 거쳐 복귀하는 A-6 전투기 수십 대를 지켜보았다. 그 때문에 라일리의 도파민 신경세포는 이러한 일련의 흐름을 예측하기 시작했고, 미국 전투기의 레이더 유형도 그의 뇌에 각인되었다. 하지만 지상군의 공격 개시일 새벽에 라일리 눈에 들어온 신호는 약간 달라 보였다. 이쪽으로 오고 있는 미확인 물체는 꽤 먼 바다로 나간 시점에서 처음으로 레이더에 포착되었다. 그러자 라일리의 뇌 중심부 어딘가에 있는 도파민 신경세포가 놀랐다. 알고 있던 패턴과 맞지 않았고 기대와 어긋난 무언가가 있었던 것이다. 뇌세포는 예상외의 사태에 즉시 반응해 전기 신호의 강도를 바꾸었고, 신경세포에서 신경세포로 전달된 이 신호는 최종적으로 전대상피질에 도달했으며, 전대상피질의 중심에 있는 방추신경세포는 이 오차를 뇌 전체에 알렸다. 라일리가 해군에서 수년간 해왔던 훈련이 한순간의 공포감으로 집약되었고, 그저 느낌이었지만 라일리는 과감히 그것을 믿었다. "시다트 두 발 발사!" 그가 소리치자 미사일이 하늘을 향해 날아올랐고, 전함은 무사할 수 있었다.

여기까지 우리는 인간의 감정이 갖고 있는 놀라운 지성을 살펴보았고, 도파민 양의 변화가 어떻게 예언적 감정으로 변하는지도 알아보았다. 그러나 감정은 완벽하지 않다. 감정은 매우 중요한 인지 도구지만, 가장 유용한 도구라도 모든 문제를 해결할 수는 없다. 사실 감정 두뇌의 활동을 끊임없이 방해해 잘못된 결정을 내리도록 유도하는 상황도 존재한다. 결정 능력이 뛰어난 사람들은 어떤 상황에서 직감에 덜 의존해야 할지 알고 있는데, 다음 장에서는 그런 상황들에 대해 살펴볼 것이다.

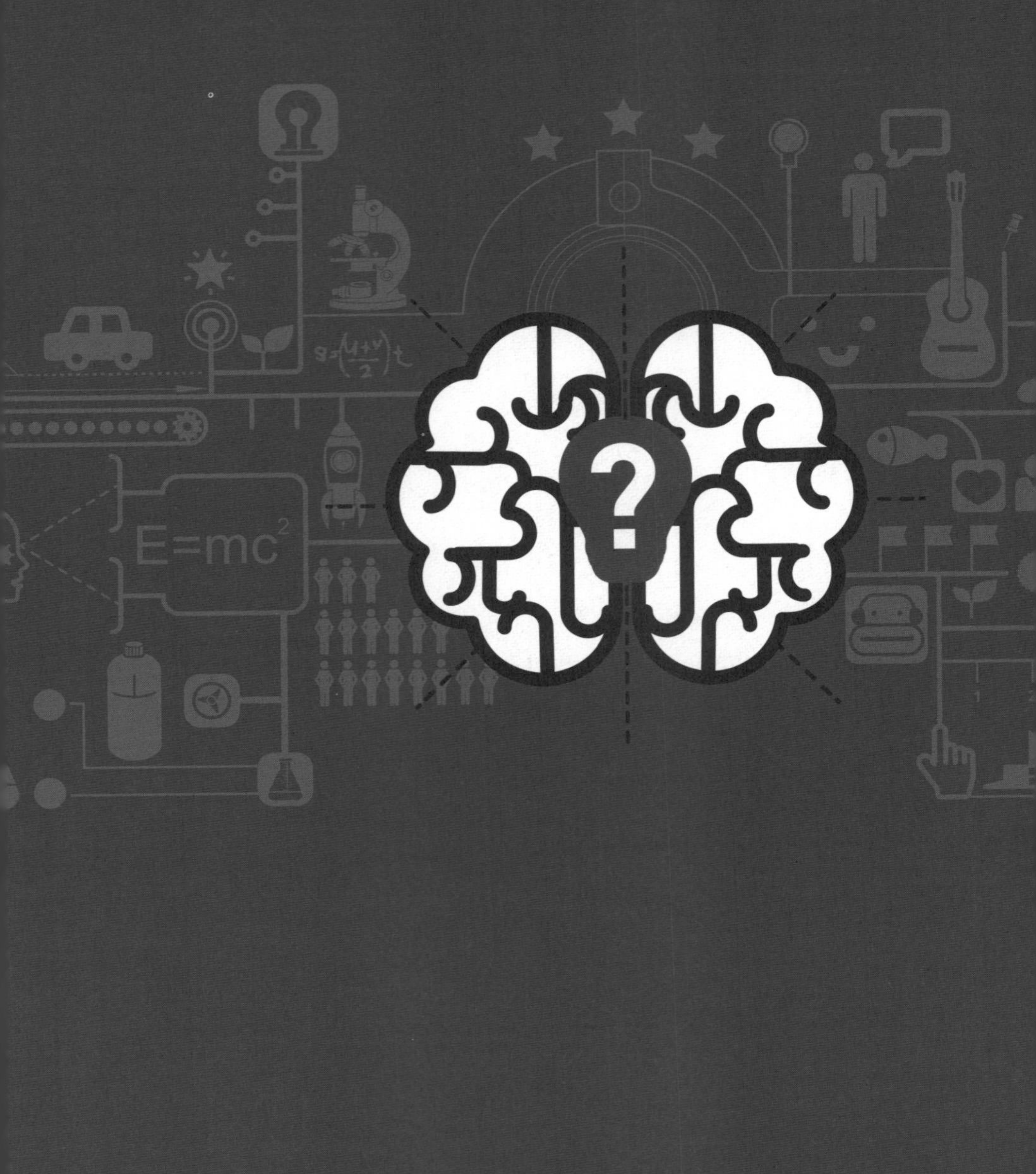
E=mc²

3

감정에 속다

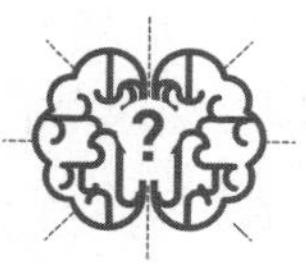

웨스트 버지니아의 한 작은 마을에서 고등학교 영어 교사로 일하고 있던 앤 클라인스타이버는 파킨슨병 진단을 받았다. 당시 그녀는 고작 52세였지만 증세는 파킨슨병이 분명했다. 어느 날 교단에 서서 학생들에게 셰익스피어를 가르치려고 하던 중 그녀의 손은 걷잡을 수 없이 떨리기 시작했고, 다리도 후들거렸다. "내 몸을 통제할 수 없었어요. 팔을 움직이려 해도 말을 듣지 않았죠."

파킨슨병은 도파민 체계와 관련된 질환으로, 움직임을 관장하는 뇌 영역에서 도파민을 생성하는 신경세포가 줄어들면서부터 시작된다. 세포가 죽는 원인은 아무도 모르지만, 일단 손상이 되면 회복이 불가능하다. 파킨슨병의 증상이 나타나면 이미 도파민 신경세포의 80% 이상이 손실된 상태라 할 수 있다.

앤을 담당하는 신경과 의사는 즉시 그녀에게 '리큅(Requip)'을 처방했다. 리큅은 뇌에서 이루어지는 도파민의 활동을 모방한 것으로, 도파민 활성제로 분류되는 약의 일종이다. 파킨슨병 환자를 치료하는 방법은 다양하지만 뇌의 도파민 양을 늘리는 것이 목적이라는 점에서 그 원리는 모두 비슷하다. 이런 약들은 살아남은 소수의 도파민 신경세포들이 도파민을 좀 더 효율적으로 생성해 죽은 신경세포의 몫까지 할 수 있도록 돕는다. 희미한 전기 신호를 보내 질병의 피해를 극복하는 식이다. "처음에 그 약은 기적과도 같았죠. 몸을 움직이는데 불편했던 문제가 모두 깔끔히 사라졌거든요." 앤은 말했다. 그러나 시간이 지날수록 몸이 떨리는 증상을 가라앉히려면 리큅의 용량을 더 늘려야만 했다. "뇌가 죽어가고 있다는 것을 느낄 수 있었어요. 나는 잠자리에서 일어나거나 옷을 입을 때조차 이 약이 없으면 안 됐죠. 살기 위해서는 이 약이 필요했어요."

그즈음 앤은 우연히 슬롯머신을 알게 되었다. "나는 한 번도 도박에 관심을 가져본 적이 없어요. 카지노도 늘 피했죠. 독실한 기독교도였던 아버지는 내게 도박은 죄악이고, 절대 해서는 안 되는 것이라 가르치셨어요." 그러나 도파민 활성제를 복용한 이후, 앤은 동네 경주견 경기장에 놓인 슬롯머신을 그냥 지나칠 수 없었다. 그녀는 오전 7시 도박장이 문을 열자마자 들어갔고 다음날 새벽 3시 30분 경비원이 나가라고 할 때까지 슬롯머신에 매달려 있었다. "집에 돌아가서는 인터넷으로 도박을 하며 개점시간을 기다렸죠. 한번 시작하면 2~3일은 계속해서 했어요." 이렇게 '도박 폭식'을 한 후에 그녀는 늘 다시는 도박을 하지 않겠다고 맹세했고, 때로는 하루이틀 정도 중단할 수도 있었다. 그러나 이내 다시 도박장을 찾아 슬롯머신 앞에서 가진 돈을 다 잃을 때까지 도박에 몰두했다.

그렇게 1년간 앤이 도박으로 잃은 돈은 25만 달러 이상에 이르러서 은퇴 자금은 물론 연금도 바닥을 드러냈다. "돈이 한 푼도 없었는데도 도박을 멈출 수 없었어요. 병에 든 땅콩버터만 퍼 먹고 살았죠. 은그릇, 옷가지, TV, 자동차 등 팔 수 있는 것은 다 팔았고, 다이아몬드 반지는 저당을 잡혔어요. 도박이 내 삶을 파괴하고 있다는 걸 알았지만 멈출 수가 없었죠. 그렇게 힘든 감정은 처음이었어요."

앤의 남편은 결국 그녀를 떠났다. 남편은 앤이 도박 습관을 버리면 돌아오겠다고 했지만, 그녀는 아랑곳하지 않고 도박에 빠져들었다. 남편은 한밤중에 도박장에서 무릎 위에 코인 바구니를 올려놓고, 바닥에 장바구니를 내려놓은 채 슬롯머신에 열중하고 있는 그녀를 발견했다. "나는 껍데기만 사람이었어요. 손자들의 동전까지 훔쳤죠. 나는 소중한 것을 모두 잃었어요."

2006년 앤은 결국 도파민 활성제 복용을 중단했다. 운동 기능의 문제가 재발했지만, 도박을 하고 싶다는 충동은 즉시 사라졌다. "난 18개월 동안 도박을 하지 않았어요. 아직도 슬롯머신이 생각나긴 하지만 더 이상 집착하지는 않죠. 약을 안 먹으면 그 망할 놈의 기계에 빠지는 일도 없어요. 나는 이제 자유예요." 앤은 자신감에 차서 말했다.

공교롭게도 앤 클라인스타이버의 비극은 그다지 신기한 일이 아니다. 연구에 따르면 도파민 활성제를 복용하는 환자 가운데 13%가 심각한 도박 의존증에 시달리고, 그전에는 도박을 해본 적이 없는 사람도 갑자기 도박 중독자가 되었다. 대부분은 슬롯머신에 빠지지만 인터넷 포커나 블랙잭에 정신을 빼앗기는 이들도 있다. 상대를 이길 수밖에 없도록 설계된 것에 맞서며 그들은 재산을 탕진한다.*

신경세포의 도파민 과잉 분비가 왜, 어떻게 도박 중독과 연결되는 것일까? 이는 바로 인간의 두뇌에 심각한 결함이 있기 때문인데, 카지노는 이를 이용해 돈을 번다. 슬롯머신이 어떻게 작동하는지 생각해보라. 슬롯머신에 동전을 집어넣고 레버를 당기면 체리 그림과 다이아몬드 그림과 숫자 7 등이 새겨진 '릴(reel)'이 돌아가기 시작하고, 얼마 지나지 않아 회전이 멈추면 결과가 나온다. 슬롯머신은 장기적으로 플레이어가 건 돈의 약 90%밖에 거둘 수 없도록 프로그램화되어 있기 때문에 돈을 잃을 가능성이 높다.

이제 도파민 신경세포의 관점에서 슬롯머신을 생각해보자. 이들 세포의 목적은 미래의 보상을 예측하는 데 있다. 도파민 신경세포는 늘 사과즙이 주어지기 전에 어떤 일(큰 소리, 불빛 등)이 벌어질지 궁금해한다. 우리가 슬롯머신이라는 외팔이 날강도한테 계속 동전을 집어넣는 동안 신경세포는 기계 안에서 일어나는 패턴을 판독하기 위해 고군분투한다. 도파민 신경세포는 게임을 이해하고, 행운의 논리를 파악하고, 결과를 예측할 수 있는 환경을 찾아내고자 한다. 즉, 언제 사과즙이 도착할지 예측하려고 애쓰는 원숭이와 별반 다르지 않은 셈이다.

그러나 여기에는 함정이 도사리고 있다. 도파민 신경세포는 예상했

* 미국인들이 한 해 동안 카지노에서 쓰는 480억 달러 가운데 약 70%를 슬롯머신이 차지한다. 이는 일반 시민이 영화 관람에 지출하는 액수보다 다섯 배나 많은 돈을 슬롯머신에 쏟아붓는다는 뜻이다. 미국의 슬롯머신 수는 ATM 기기보다 두 배 더 많다.

던 보상이 주어질 때, 가령 큰 소리가 난 후에 사과즙이 주어질 때도 물론 흥분하지만, '예상 외의 보상'이 생기면 흥분의 세기가 훨씬 더 커진다. 볼프람 슐츠에 따르면 '예상 외의 보상'은 '예상했던 보상'보다 일반적으로 서너 배나 더 많은 도파민 신경세포를 흥분시킨다(결국 가장 기대하지 않았던 사과즙이 가장 맛있는 사과즙이 되는 셈이다). 도파민 분출은 뇌가 새롭고도 잠재적으로 중요한 자극에 주의를 기울이게 하는 데 목적이 있다. 마이클 라일리 소령의 경우에서 보듯, 놀란 신경세포는 때때로 두려움과 같은 부정적인 감정을 일으킬 수도 있지만, 카지노에서 일어나는 갑작스러운 도파민의 분출은 돈을 땄다는 의미이기 때문에 매우 즐거운 감정을 나타낸다.

대개 뇌는 시간이 지나면 놀라움을 가라앉히고, 보상의 징조를 알게 될수록 서서히 놀라움에 무뎌진다. 하지만 슬롯머신의 위험성은 예측이 본질적으로 불가능하다는 데 있다. 슬롯머신은 난수발생기(亂數發生器)를 사용하기 때문에 확인되는 일정한 패턴이나 알고리즘이 없다(그저 바보 같은 작은 마이크로칩 하나가 무작위로 숫자를 만들어낼 뿐이다). 심지어 보상이 손에 쥐어질 때를 도파민 신경세포가 예측하려 해도 불의의 습격은 계속된다.

이쯤 되면 도파민 신경세포는 슬롯머신이 정신 에너지를 낭비할 뿐이라 결론짓고 항복해야 한다. 보상이 주어질 때마다 계속 놀라기 때문에 이러한 보상에 관심을 끊어야 마땅한 것이다. 하지만 실상은 그렇지 못하다. 도파민 신경세포는 마구잡이식 보상을 지겨워하기는 커녕 그것에 더욱 집착하기 때문에 레버를 잡아당겨 보상을 받을 때마다 도파민이 마구 흘러나와 쾌락을 느끼게 된다. 그 이유는 보상이 너무도 뜻밖이었기 때문에, 즉 뇌세포가 다음에 일어날 일을 전혀 모르고 있었기 때문이다. 슬롯머신의 짤랑거리는 동전과 번쩍이는 불빛이 '예상 외의 사과즙' 역할을 하는 셈이다. 도파민 신경세포는 패턴을 파악할 수 없기 때문에 패턴에 적응할 수도 없고, 그 결과 변덕스러운 보상에 사로잡혀 슬롯머신 앞에 꼼짝없이 앉아 있게 된다.

카지노에서 얻는 예상 외의 보상은 도파민 활성제를 복용하는 파킨슨병 환자들의 뇌에 황홀감을 주는 화학물질을 대량 분비시킨다. 도파민은 살아남은 도파민 신경세포에 가득 차다 못해 세포 사이의 빈 공간으로 마구 넘쳐흘러 홍수를 이루고, 쾌감물질에 완전히 잠긴 뇌는 도박에 깊이 빠져들게 된다. 파킨슨병 환자는 보상을 받았다는 기쁨에 눈이 멀어 서서히 모든 것을 잃고 마는 것이다. 이것이 바로 앤에게 일어난 일이었다.

감정에 귀 기울여 공을 패스한 톰 브래디를 칭송하며 의사결정에서 감정의 중요성을 밝혀냈던 과학이 이번에는 감정의 어두운 측면을 깊이 파헤치기 시작했다. 감정 두뇌는 놀라운 지혜를 발휘하지만 또한 타고난 결함에 취약하기도 하다. 여기서 결함이란 인간의 머릿속에 존재하는 '플라톤의 말'들이 거칠게 날뛰는 상황을 가리킨다. 그런 경우 사람들은 슬롯머신에 빠지거나 위험한 주식을 고르거나 신용카드를 과도히 사용하게 된다. 감정이 통제를 벗어나면 감정을 전혀 느끼지 못할 때만큼이나 충격적인 결과를 초래한다.

01

1980년대 초 필라델피아 세븐티식서스(76ers)는 NBA 역사상 가장 훌륭한 팀 가운데 하나였다. 세븐티식서스의 중심에는 NBA 최우수 선수로 뽑힌 모지스 말론이 있었다. 그는 한 경기당 평균 25득점, 리바운드 15개를 기록하며 이름값을 톡톡히 했다. 게다가 이 팀에는 훗날 명예의 전당에 이름을 올리게 된 줄리어스 어빙이라는 강력한 포워드도 있었다. 어빙은 깔끔한 드리블과 화려한 슬램덩크로 현대 농구 경기 스타일을 개척했다. 날카로운 점프슛으로 상대팀을 위협했던 앤드류 토니는 물론 어시스트, 가로채기 부문 선두 주자인 모리스 칙스 역시 세븐티식서스의 든든한 버팀목이었다.

세븐티식서스는 NBA 역사상 가장 훌륭한 성적으로 1982년 플레이오프에 진출했다. 포스트 시즌 첫 번째 라운드가 시작되기 전, 한 기자가 말론에게 세븐티식서스는 상대 팀들을 어떻게 생각하느냐고 물었다. 그에 대한 말론의 대답 "포, 포, 포(Four, four, four)"는 다음 날 신문의 헤드라인을 장식했다. 기자는 이를 세븐티식서스가 세 개의 라운드를 모두 4승 0패로 진출하겠다는 의지의 표현으로 해석했다(NBA 플레이오프는 한 라운드당 먼저 4승을 거둔 팀이 다음 라운드에 진출할 수 있다. –옮긴이 주). NBA 역사상 플레이오프에서 '무패(無敗)'로 챔피언전에 오른 팀은 없었다.

말론의 대담한 예측은 '거의' 맞아떨어졌다. 플레이오프 기간 중 세븐티식서스는 마치 득점 기계 같았다. 공격은 포스트에 있는 말론을 통해 주로 이루어졌지만, 두 선수에게 밀착 마크를 당할 때면 그는 어빙이나 토니에게 공을 패스해서 점프슛을 날리게 했다. 세븐티식서스 선수들은 슛을 넣을 때 실패를 모르는 듯했다. 세븐티식서스는 두 번째 라운드에서 만난 밀워키 팀에만 오직 한 번을 패해 1라운드 4승(four), 2라운드 4승 1패(five), 3라운드 4승(four)의 전적으로 챔피언전에 진출했다. 우승팀 선수들에게 주는 챔피언 반지에는 말론의 예측 '포, 포, 포'를 변형한 '포, 파이브, 포(Fo, five, fo)'라는 글귀가 새겨졌다. 세븐티식서스는 농구 역사상 가장 눈길을 끄는 활약을 펼쳤다.

세븐티식서스가 포스트시즌에서 승리하는 동안 심리학자 아모스 트베르스키(Amos Tversky)와 토머스 길로비치(Thomas Gilovich)는 인간의 뇌가 가진 결함을 연구하고 있었다. 트베르스키는 NBA 경기 중 스포츠 중계자가 세븐티식서스의 활약에 대해 다양한 표현을 사용한다는 점에 주목했다. 예를 들어 줄리어스 어빙이 연속해서 슛을 성공시키면 '신들린 손'이라 했고, 앤드류 토니가 최상의 컨디션을 보이자

'골대를 전세 냈다'고 표현했다. 세븐티식서스가 NBA 결승전에 오를 무렵 선수들의 사기는 최고조에 달했다. 그렇게 전승가도를 달리는 팀이 어찌 패할 수 있었겠는가?

이런 뛰어난 기량과 연전연승에 대한 찬사는 트베르스키와 길로비치의 호기심을 자극했다. 모지스 말론이 정말 그렇게 막강할까? 앤드류 토니는 절대로 슛을 잘못 날리는 법이 없을까? 세븐티식서스는 과연 모두의 말대로 천하무적일까? 트베르스키와 길로비치는 간단한 실험을 해보기로 했다. 이 둘이 궁금해했던 것은 선수들이 한창 사기가 올랐을 때 더 많은 슛을 성공시켰는지, 아니면 선수들이 더 많은 슛을 성공시켰다고 사람들이 상상하는 것에 불과한지의 여부였다. 다시 말해 '신들린 손'이 과연 실제 현상인가 하는 점이 의문스러웠던 것이다.

트베르스키와 길로비치는 세븐티식서스의 통산 전적을 살펴보는 데서부터 연구를 시작했다. 그들은 선수 개개인이 날린 슛을 하나하나 검토하면서 슛을 날리기에 앞서 연거푸 득점을 올렸는지, 아니면 실패했는지 기록했다(세븐티식서스는 골이 들어간 순서를 일일이 기록한 몇 안 되는 NBA 팀 중 하나였다). 만약 신들린 손이 실제 현상이라면 그런 능력을 가진 선수는 여러 개의 슛을 성공시키고 난 후 전보다 더 높은 득점률을 가져야 한다. 즉, 연전연승의 경험이 그의 경기 능력을 향상시켜야 한다는 이야기다.

조사 결과 두 과학자는 무엇을 발견했을까? 신들린 손의 증거는 어디에서도 찾을 수 없었다. 선수의 슛 성공 확률은 이전 슛의 성공 여부에 영향을 받지 않았다. 야투 시도는 각기 독립된 사건이었던 것이다.

세븐티식서스 선수들이 경험했던 단기 연승은 우연한 결과였고, 점프슛은 동전 던지기와 같았으며, 연전연승도 상상에서 비롯된 허구였다.

세븐티식서스는 조사결과에 충격을 받았다. 슈팅가드 앤드류 토니는 특히나 이 결과를 믿기 어려워했다. 그는 컨디션이 좋고 나쁜 것이 경기결과에 영향을 미친다고 확신했지만, 통계 수치는 그와 전혀 달랐다. 정규 시즌에서 토니의 슛 성공률은 46%였는데 연달아 슛을 세 번 성공시킨 후, 즉 컨디션이 최고조라는 확실한 표시가 나타난 후의 야투 성공률은 34%로 곤두박질쳤다. 토니가 스스로 기세가 올랐다고 생각했을 때는 사실 기세가 꺾이고 있었고, 기세가 떨어졌다고 생각했을 때는 정작 기세가 오르는 중이었다. 게다가 연거푸 세 번이나 슛을 놓치고 난 다음 토니의 슛 성공률은 52%로 상승했다. 이는 그의 평균 득점률을 훨씬 상회하는 수치였다.

하지만 세븐티식서스는 통계와 무관한 듯 보였다. 어쨌든 이 두 과학자가 조사한 바에 따르면 NBA 극성팬의 91%는 신들린 손의 존재를 믿었고, 그저 선수들에게 기복이 있다고 여길 뿐이었다. 그래서 트베르스키와 길로비치는 또 다른 농구 팀인 보스턴 켈틱스를 분석해 보기로 했는데, 이번에는 야투와 더불어 자유투까지 조사대상에 포함시켰다. 하지만 역시나 신들린 손을 입증할 만한 증거는 나타나지 않았다. 특히나 래리 버드는 앤드류 토니와 판박이처럼 보였다. 자유투를 연달아 성공시킨 뒤엔 오히려 자유투 성공률이 감소했기 때문이다. 버드가 성공에 도취하자 그의 슛은 빗나가기 시작했다.

우리가 '신들린 손'을 믿는 이유는 도파민 신경세포 때문이다. 도파민 신경세포는 대단히 유용하지만, 우리를 그릇된 길로 이끌기도 한다. 특히 무작위적인 상황과 마주할 때 더욱 그러한데, 다음의 간단한 실험을 예로 들어보자.

쥐 한 마리를 T자형 미로에 넣고 맨 오른쪽 구석과 맨 왼쪽 구석에 번갈아가며 약간의 음식 조각을 두었다. 음식의 위치는 무작위처럼 보였지만 실은 계획된 것이었다. 전반적으로 음식의 60%가 왼쪽 구석에 위치했다. 쥐는 어떻게 반응했을까? 쥐는 음식이 왼쪽에 더 자주 놓인다는 사실을 즉시 깨달았다. 쥐는 항상 미로의 왼쪽으로 갔고, 그 결과 60%의 성공률을 보였다. 쥐는 100%를 위해 분투하지 않았고, T자형 미로의 통일된 이론을 찾으려고도 하지 않았다. 그저 보상에 내재하는 불확실성을 받아들이고, 대체로 가장 좋은 결과가 나오는 쪽을 선택하도록 배웠다.

똑같은 실험을 예일대 학부생들에게도 실시했다. 쥐와 달리 학생들은 정교한 도파민 신경세포망을 이용해 보상의 위치가 결정되는 패턴을 열심히 찾으려 했다. 학생들은 예측을 하고, 그런 다음 예측 오류를 통해 배우고자 했다. 하지만 문제는 아무것도 예측할 수 없다는 점이었다. 실험자들이 실제 무작위로 음식을 놓았기 때문이다. 학생들은 결국 52%의 성공률에 머물러야 했다. 학생들 대부분은 숨어 있는 알고리즘을 찾는 데 진전을 보이고 있다고 확신했지만, 실은 쥐보다도 성공률이 낮았던 셈이다.

슬롯머신이나 농구의 슛처럼 무작위로 진행되는 과정은 감정 두뇌의 결함을 이용한다는 점에서 위험하다. 도파민 신경세포는 기세가 한창 오른 선수가 슛을 성공시키는 모습을 보거나, 슬롯머신에서 돈을 좀 따거나, 음식의 위치를 정확하게 알아맞히면 본능적으로 흥분한다. 그 결과 우리의 뇌는 현실을 완전히 잘못 해석해버린다. 우리는 자신의 느낌을 믿어 패턴을 인지하지만, 패턴은 실제로 존재하지 않는다.

물론 연전연승에 대한 확고한 믿음을 갖고 있는 사람들에게 '세상은 제멋대로다'라는 통계적 결과를 받아들이라고 하기는 매우 어렵다. 애플이 아이팟에 처음으로 셔플(shuffle, 국내에 출시된 아이팟이나 아이폰에는 '흔들어서 임의 재생'으로 소개되었다. – 옮긴이 주) 기능을 도입했을 때, 선곡은 진짜 무작위였다. 아이팟에 저장된 모든 곡은 사용자가 아이팟을 흔들 때마다 임의로 선정되었지만 몇몇 곡들이 자주 반복된 탓에 정말 무작위처럼 보이지는 않았다. 때문에 사용자들은 셔플 기능에 무언가 비밀스러운 패턴이나 선호가 있을 것이라 생각했다. 애플은 '음악을 듣는 동안 같은 곡이 여러 번 나온다'는 사용자들의 불만을 받아들여 어쩔 수 없이 알고리즘을 수정해야 했다. 스티브 잡스는 "더욱 임의 재생처럼 느껴지도록, 덜 임의적으로 만들었다."라고 말했다.*

이번에는 보스턴 켈틱스의 전설적인 코치였던 레드 아우어바흐를

* 이런 오해는 '도박사의 오류'라 알려져 있다. 도박사의 오류는 사람들이 어떤 사건이 최근에 일어났는지 않았는지를 근거로 그런 사건이 앞으로 더 혹은 덜 일어날지를 판단할 때 발생한다. 따라서 사람들은 임의로 재생한 노래가 반복되거나 공중에 던진 동전이 연속해서 앞면이 나오거나 뒷면이 나오는 경우 놀라게 된다. 그런 현상을 보여준 가장 유명한 사례가 1913년 여름 몬테카를로 카지노에서 일어났다. 당시 한 룰렛 기계는 26번이나 연속해서 검정색 칸을 가리켰는데, 도무지 불가능해 보이는 상황이 발생하자 대다수의 도박사들은 이제 기계가 빨간색 칸을 가리킬 때가 됐다고 생각하고 그곳에 돈을 걸었다. 다시 말해 그들은 룰렛의 무작위한 움직임이 불균형을 바로잡아 빨간색 칸을 가리키게 될 것이라고 여긴 것이다. 하지만 결국 카지노만 수백만 프랑의 수입을 올렸다.

생각해보자. 소문에 의하면 그는 '신들린 손'에 대한 트베르스키의 통계 분석을 퉁명스럽게 일축했다고 한다. "그건 그 사람 연구고요, 나는 전혀 신경 안 씁니다."** 그는 선수들의 연속 슛 행진은 그의 뇌가 상상해낸 발명품일 수도 있다는 가능성을 생각하는 것조차 거부했다.

하지만 아우어바흐가 연구결과를 무시한 것은 잘못이었다. 허상일 뿐인 패턴에 대한 믿음은 농구 경기의 흐름에 큰 영향을 미치기 때문이다. 어떤 선수가 연속해서 슛을 성공시키면 그에게 패스되는 공이 많아진다. 수석 코치는 새로운 전략을 짜야 한다. 더욱이 스스로를 '신들린 손'이라 생각하는 선수는 자신의 재능을 잘못 판단해, 연속 슛 성공이 자신을 구해주리라고 믿고 더 위험한 슛을 날리는 경향이 있다. 지나친 자신감이 독이 되는 것이다. 그런 위험한 슛이 실패할 가능성은 당연히 높다. 트베르스키와 길로비치에 따르면 최고의 슈터는 스스로 기세가 올랐다고 생각하는 법이 없다. 최고의 슈터는 '너는 신들린 손을 가졌으니 마음껏 슛을 날려도 돼.'라는 감정의 속삭임에 귀를 기울이지 않는다.

감정 두뇌의 이러한 결함은 심각한 결과를 가져온다. 무작위적 시스템의 전형이라 할 수 있는 주식 시장을 생각해보자. 특정 주식의

** 토머스 길로비치는 또한 1940년 런던 대공습 때 시민들이 보인 반응을 조사했다. 대공습이 일어나는 동안 영국 신문들은 독일군 미사일이 떨어진 위치를 정확히 보여주는 지도를 발행했다. 문제는 폭격이 무작위로 이루어진 것처럼 보이지 않았다는 점이다. 런던 시민들과 영국 군사 전략가들은 독일군이 특정한 목표물을 향해 미사일을 발사한다고 생각했다. 그 결과 사람들은 가장 심하게 폭격당한 것처럼 보이는 지역을 피해 달아났고, 독일군 첩자들은 가장 안전한 곳에서 살고 있을 거라고 의심했다. 그러나 독일군은 사실상 미사일이 떨어지는 위치를 통제하지 못했다. 독일군은 런던 중심부를 겨냥했지만 런던 시내 어느 곳도 명중시키지 못했다. 즉, 폭격 피해 장소는 완벽히 무작위로 이루어졌다.

과거 움직임을 근거로 미래의 움직임을 예측하는 것은 불가능하다. 1960년대 초 경제학자 유진 파마(Eugene Fama)는 주식 시장이 본래 갖고 있는 무작위적인 특성을 최초로 언급했다. 파마는 과거 수십 년간의 주식 시장 데이터를 살펴보며 아무리 많은 지식이나 합리적 분석도 미래 예측에 도움이 되지 않는다는 것을 증명하려 했다. 주식 시장을 분석하기 위해 투자자들이 사용하는 비법은 순전히 넌센스에 불과했다. 월스트리트는 슬롯머신과 다름없었다.

주식 시장이 위험한 이유는 때로 그 불규칙한 변동이 최소한 단기적으로는 예측 가능한 것처럼 보인다는 데 있다. 도파민 신경세포는 그러한 변동의 패턴을 해석하려 하지만 대개는 아무것도 얻어내지 못한다. 뇌세포는 확률을 상대로 싸우며 유의미한 패턴을 찾으려고 애쓴다. 우리는 맥락이 없는 상황을 인정하기보다 상상 속의 시스템을 만들어 무의미한 흐름 속에서 의미 있는 경향을 발견하고자 한다. "스누피 만화를 보면 아이들이 구름 모양을 보고 스누피라고 하죠? 똑같은 상황이 주식 투자와 카지노에서도 일어납니다." 신경과학자 리드 몬터규의 설명이다. "뇌는 슬롯머신이 됐든 매번 모양이 바뀌는 구름이 됐든, 무작위적인 상황에 노출되면 자동적으로 거기서 패턴을 찾으려 합니다. 하지만 내 눈에 보이는 구름이 실제 스누피가 아닌 것처럼, 주식 시장에서 비밀스러운 패턴을 찾기는 어렵습니다."

몬터규의 최근 실험 중 하나는 통제되지 않은 도파민 시스템이 시간이 지남에 따라 어떻게 위험한 주식 시장의 거품 현상을 유도하는지 보여준다. 인간의 두뇌는 보상을 최대화하려는 마음이 너무 큰 나머지 자신의 주인을 끝내 벼랑 끝으로 내몰고 만다. 실험은 다음과 같이 진행되었다. 실험자들은 참가자들에게 각각 100달러와 최근의 주식 시장 동향에 관한 기본 정보를 제공했다. 참가자들은 일부의 돈을 주식에 투자하고, 투자한 주식의 가격이 오르는지 내리는지 초조하게 지켜보았다. 그런 식의 게임이 스무 차례 이어지면서 참가자들은 주식 투자를 통해 번 돈을 챙겼다. 이 실험이 흥미로운 이유는 주식 시장의 무작위적인 시뮬레이션을 사용하지 않고 역사적으로 유명한 주식 시장의 데이터에 의존했기 때문이다. 몬터규는 참가자들에게 1929년 다우 지수, 1998년 나스닥 지수, 1986년 니케이 지수, 1987년 S&P 500지수를 활용해 주식투자 게임을 하게 했다. 이를 통해 과학자들은 과거 거품과 붕괴가 일어났던 시기에 투자자들이 보였을 신경세포 반응을 재현해 관찰하고자 했다.

인간의 두뇌는 월스트리트의 급격한 변동에 어떻게 대처했을까? 과학자들은 투자 결정에 많은 영향을 미친 것으로 보이는 강력한 신경 신호를 발견했다. 이 신호는 도파민이 풍부한 뇌 영역에서 발생했고 가상오류 학습(fictive-error learning, 가상의 시나리오를 통해 학습하는 능력)을 암호화했다.

다음과 같은 상황을 상상해보자. 한 투자자가 포트폴리오의 10%를 주식에 넣기로 결정했다. 비교적 작은 투자다. 그러고 나서 그는 주가가 폭등하는 것을 목격한다. 이 시점에서 가상오류 학습 신호가 모습을 드러내기 시작한다. 그는 수익을 올려 기뻐하지만, 감사할 줄 모르는 그의 도파민 신경세포는 그가 놓친 수익에만 집착한다. 도파민 신경세포는 가능했던 최대의 수익과 실제 수익의 차이를 계산한다(이는 앞에서 논의했던 '예측 오류 신호'의 변형된 버전이다). 몬터규의 관찰에 따르면 실제로 나타난 결과와 일어날 수 있었던 결과 사이에 큰 차이가 있을 경우, 투자자는 후회의 감정을 경험하며 다음번에 다른 투자 전략을 구사할 확률이 높았다. 실험에 참가한 투자자들은 주식 시장의 호황과 불황에 맞추어 투자를 결정했다. 거품이 끼어 있던 1990년대 말의 나스닥처럼 주식 시장이 활황이면 실험 참가자들은 투자액을 계속 늘려나갔고, 투자 기회를 놓친 사람들은 후회에 잠긴 채 더 나은 결정을 내렸다면 벌어들였을 돈을 무척 아쉬워했다.

하지만 가상오류 학습이 어디에나 적용될 수 있는 것은 아니다. 몬터규는 이런 계산적인 신호가 거품 경제의 주된 원인이 되기도 함을 지적했다. 주식 시장이 상승세면 사람들은 투자액을 점점 더 늘리고, 탐욕스러운 두뇌는 시장의 패턴을 읽었다고 확신하면서 돈을 잃을 가능성은 전혀 생각하지 않는다. 하지만 진짜 거품은 투자자들이 지금의 거품은 거품이 아니라고 생각하는 바로 그때 터진다(몬터규의 실험 참가자 중에는 주식 시장이 활황일 때 돈을 몽땅 투자한 사람들이 많았다). 다우 지수가 폭락하고, 나스닥 지수가 붕괴하고, 니케이 지수가 무너진다. 주식 시장에 충분히 투자하지 못했다고 후회했다가 나중에 더 많은 돈을 투자한 사람들은 순자산이 곤두박질치는 것을 보며 절망감에 휩싸였다. "주식 시장이 하락세면 정반대의 현상이 나타납니다. 사람들은 서둘러 주식 시장을 빠져나오죠. 우리 뇌가 가만히 있다가 후회하는 상황을 원치 않기 때문입니다." 몬터규의 설명이다. 이 순간 뇌는 매우 비싼 예측 오류를 저질렀다는 사실을 깨닫고, 투자자들은 가치가 하락하고 있는 주식을 서둘러 처분한다. 경제 공황이 닥치는 시점이 바로 이때다.

여기서 얻을 수 있는 교훈은 우리의 뇌로 주식 시장과 싸워 이기려는 시도가 매우 어리석다는 것이다. 도파민 신경세포는 수시로 오락가락하는 월스트리트를 대적하기 위해 설계된 것이 아니다. 투자 수수료에 많은 돈을 지불하거나 최근 상종가를 치는 뮤추얼 펀드에 그간 저축했던 돈을 쏟아붓는 것, 또는 비현실적인 성장률을 추구한다면 원시적인 보상 회로의 노예가 되는 것이나 다름없다. 불행히도 사과즙 보상과 레이더 신호 추적에 그토록 탁월했던 회로가 이 예측 불가능한 상황에서는 완벽히 실패작이 된다. 결국은 무작위로 선택한 주식이 뛰어난 컴퓨터 프로그램으로 무장한 고액 연봉의 전문가를 앞지르거나, 대다수의 뮤추얼 펀드가 매년 S&P 500지수의 수익률을 넘지 못하는 이유가 여기에 있다. 어쩌다 시장을 제압한 펀드도 그리 오래가지는 못한다. 뮤추얼 펀드의 모델은 우연성에 기대는 것이고, 펀드의 성공도 일관성이 없다. 변동이 심한 주식 시장에서 취할 수 있는 가장 좋은 방법은 저비용의 인덱스 펀드에 투자해놓고 기다리는 것이다. 그때 이랬으면 어땠을까 미련을 가져서도 안 되고, 다른 사람이 올린 수익에 현혹되어서도 안 된다. 주식 포트폴리오를 그냥 내버려두고 한 주도 사거나 팔지 않는 투자자가 '적극적인' 투자자보다 10% 가까이 높은 수익을 올린다. 월스트리트는 성공적인 투자의 비결을 항상 찾으려 했지만, 그들이 찾은 비결은 '비결이란 없다'는 것이었다. 세상은 우리가 상상하는 것보다 훨씬 불규칙하다. 하지만 감정은 그것을 이해할 수 없다.

02

'딜 오어 노 딜(Deal or No Deal, 거래할까 말까)'은 전 세계 45개국에서 방영되는 인기 TV 게임쇼다. 프로그램을 이끌어가는 게임 규칙은 간단하다. 참가자는 1페니부터 100만 달러까지 다양한 액수가 들어 있는 서류가방 26개 중 하나를 고른다. 그 안에 얼마가 들었는지는 게임이 끝날 때까지 밝혀지지 않는다.

그런 다음 참가자는 남아 있는 25개의 서류가방 속 금액을 하나씩 확인한다. 참가자가 번호를 호명하면, 해당 번호의 서류가방을 들고 있는 보조출연자가 가방을 열어 금액을 알려준다. 대형 스크린에 표시된 26개의 금액은 액수가 공개될 때마다 하나씩 지워지는데, 이를 보고 참가자는 자신이 고른 가방 안에 얼마가 들어 있을지 추리 범위를 좁혀간다. 스크린에 남아 있는 금액 중 가능한 큰 금액들이 지워지지 않기를 바라는 마음에 안절부절 못하며 말이다.

여섯 개의 가방이 공개되고 첫 번째 라운드가 끝나면 '은행가'로 알려진 정체불명의 인물이 등장해 참가자 서류가방과의 거래를 제안한다(이 프로그램은 방송되는 국가에 따라 총 서류가방 수나 첫 번째 라운드에서 오픈되는 가방 수가 각기 다르지만, 라운드가 진행될수록 공개되는 가방 수가 줄어든다는 점은 같다. - 옮긴이 주). 은행가는 라운드가 끝날 때마다 등장해 거래 금액을 제시하는데, 참가자는 이를 받아들이거나(deal) 거부할 수 있다(no deal). 참가자는 은행가가 제안한 금액보다 자신이 고른 서류가방에 들어 있는 금액이 더 크다고 생각하면 제안을 거절하고 게임을 계속할 것이다. 라운드가 이어지면서 긴장감은 더욱 고조되는데, 참가자의 배우자는 눈물을 흘리고 자녀들은 소리를 지르기 시작한다. 참가자가 허망한 금액이 들어 있는 서류가방을 골랐거나 최상의 거래를 거부했을 경우, 엄청난 액수의 돈이 허공으로 날아가버린다.

'딜 오어 노 딜'은 순전히 운에 좌우되는 게임이다. 참가자들은 서류가방과 관련해 홀수 번호가 더 낫다느니, 짝수 번호가 더 낫다느니, 금발의 여성 보조출연자가 들고 있는 가방이 더 낫다느니 하는 그럴듯한 미신을 만들어내며 어떻게든 적은 금액이 든 서류가방을 먼저 화면에서 지워내고 싶어 한다. 그러나 그 안에 들어 있는 돈의 액수는 무작위로 결정되기 때문에 풀어야 할 암호 같은 건 전혀 없다. 그들은 그저 전국의 시청자들 앞에서 자신의 운명을 펼쳐 보일 뿐이다.

하지만 '딜 오어 노 딜'은 어려운 결정 과정이 포함된 게임이기도

하다. 은행가가 거래를 제안한 뒤 참가자들은 마음을 정하기 위한 몇 분의 시간을 갖는데(그동안은 대개 중간 광고가 방영된다) 이 시간에 그들은 좀 더 많은 현금을 얻을 수 있는 기회와 확실한 액수의 돈 사이에서 선택을 해야 한다. TV를 통해 참가자의 초조함이 그대로 전달되는 어려운 결정의 순간이다.

이러한 결정을 내리는 방법에는 두 가지가 있다. 참가자가 계산기를 가지고 있다면 게임에서 이길 경우 기대할 수 있는 돈의 평균과 은행가가 제시한 금액을 재빨리 비교할 수 있다. 예를 들어 각각 1달러, 1만 달러, 50만 달러가 들어 있는 서류가방이 아직 개봉 전이라면, 참가자는 이론상 최소한 세 가방의 평균인 17만 달러 이상을 은행가에게 받아야 한다. 라운드 초반에 은행가가 제시하는 액수는 일반적으로 턱없이 낮다. 방송을 만드는 프로듀서들은 상황이 더 드라마틱해지기 전에 참가자들이 게임을 그만두는 것을 원치 않기 때문이다. 게임이 진행될수록 은행가가 제시하는 금액은 점차 합리적 수준이 되면서 남아 있는 돈의 평균값에 가까워진다. 이런 점에서 '딜 오어 노 딜'의 참가자가 은행가의 제안을 받아들일지 말지 결정하기는 매우 쉽다. 참가자는 남아 있는 가방 속에 든 금액을 모두 더한 뒤 가방의 개수로 나누어 그 값이 제시된 금액보다 더 많은지만 따져보면 되기 때문이다. 만일 '딜 오어 노 딜'이 이런 식으로 진행된다면 철저히 합리적이고, 또한 엄청나게 지루한 게임이 될 것이다. 남들이 산수 문제를 푸는 걸 지켜보는 것이 뭐가 재미있겠는가.

하지만 이 프로그램이 재미있는 것은 참가자 대부분이 수학에 근거한 결정을 내리지 않기 때문이다. '딜 오어 노 딜' 참가자의 전형적인 특성을 보였던 인물인 논더미소 세인즈베리의 경우를 보자. 남아프리카 공화국 출신의 젊은 그녀는 미국 유학 도중 남편을 만났는데, 프로그램에서 상금을 타면 요하네스버그의 판자촌에서 남동생 세 명과 살고 있는 어머니에게 보낼 예정이었다. 그녀가 올바른 결정을 내리도록 응원할 이유가 충분했다.

논더미소는 비교적 순조롭게 출발했다. 몇 차례의 라운드를 거쳤어도, 그녀에게는 아직 50만 달러와 40만 달러가 들어 있는 가방들이 개봉되지 않은 채 남아 있었다. 게임이 그 단계에 이르면 늘 그랬듯이, 은행가는 그녀에게 터무니없이 낮은 금액을 제안했다. 남아 있는 돈의 평균 액수는 18만 5,000달러였지만 논더미소는 그 절반에도 못 미치는 금액을 제시받았다. 그녀가 게임을 계속하기를 바라는 프로듀서의 의도가 명백히 보였다.

논더미소는 남편과 간단히 상의하고 나서 "우리는 여전히 50만 달러를 가질 수도 있으니까요."라고 소리치며 지혜롭게 제안을 거절했다. 그녀가 다음 가방을 고르려고 준비하자 긴장감이 고조되기 시작했다. 그녀는 아무 숫자나 선택한 뒤 가방이 천천히 열리는 것을 보며 움찔했다. 순간순간의 긴장이 고스란히 전해졌다. 논더미소에게 행운이 따랐다. 서류가방에는 고작 300달러가 들어 있었다. 은행가는 금액을 올려 14만 3,000달러를 제시했다. 남아 있는 가방 속 돈을 평균 내어 공정하게 제시되어야 할 금액의 75%에 해당하는 돈이었다.

논더미소는 잠시 고민한 후 거래를 거절했다. 다시 서류가방 하나가 열리면서 긴장감이 고조되었고, 방청객들은 일제히 숨을 죽였다. 이번에도 그녀에게 행운이 따랐다. 큰 금액이 들어 있는 두 개의 서류가방을 교묘히 피해갔다. 이제 그녀가 40만 달러 이상을 확보할 수 있는 확률은 67%에 달했다. 물론 그녀가 100달러를 확보할 확률도 33%였지만.

처음으로 은행가는 꽤 공정한 제안을 했다. 그는 논더미소가 맨 처음 골라 봉인해놓았던 서류가방을 28만 6,000달러에 사겠다고 제안했다. 그녀는 액수를 듣자마자 크게 미소를 짓더니 기쁨의 눈물을 흘리기 시작했다. 그녀는 더 생각해보지도 않고 바로 "거래해요! 거래하자고요! 나도 거래를 원해요!"라고 소리쳤다. 그녀의 가족들이 무대 위로 달려 나왔다. 쇼 진행자는 논더미소에게 몇 가지 질문을 던지자 그녀는 눈물을 펑펑 쏟으며 대답했다.

많은 점에서 논더미소는 여러 번의 탁월한 결정을 내렸다. 자료를 꼼꼼하게 분석하는 컴퓨터도 그보다 더 잘할 수는 없었을 것이다. 논더미소가 어떻게 그러한 결정을 하게 됐는지 살펴보는 것은 매우 중요하다. 그녀는 계산기를 꺼내들거나 서류가방에 남아 있는 금액의 평균을 계산하지 않았다. 또한 여러 대안을 면밀히 살피거나, 더 큰 금액이 들어 있는 가방을 없애면 어떤 일이 벌어질지 생각하지도 않았다(만일 그랬다면 은행가가 제시한 금액이 최소한 50%는 줄어들었을 것이다). 그녀의 위험한 선택은 순전히 감정에서 나왔다. 그녀는 자신의 감정을 신뢰했고, 감정은 그녀를 배신하지 않았다.

이와 같은 본능적인 의사결정 전략은 대개 좋은 결과를 가져온다. 논더미소의 감정이 그녀를 부자로 만든 것처럼 말이다. 하지만 '딜 오어 노 딜'에는 감정 두뇌를 바보로 만드는 상황도 분명 존재하고, 그런 경우 참가자들은 받아들여야 하는 제안을 모두 거부하며 끔찍한 결정을 내리고 만다. 잘못된 순간에 감정을 신뢰하는 바람에 행운을 잃어버리는 것이다.

네덜란드판 '딜 오어 노 딜'에 출연했던 가엾은 프랭크의 사례를 보자. 그는 처음부터 많은 돈이 들어 있는 서류가방 몇 개를 제거하는 등 운이 좋지 않았다. 여섯 번의 라운드가 끝난 후, 프랭크에게 남아 있는 가치 있는 가방은 50만 유로가 들어 있는 가방 하나가 전부였다. 은행가는 그에게 10만 2,006유로를 제시했다. 이는 남아 있는 가방 속 평균 금액의 75%에 해당하는 돈이었지만 프랭크는 거래를 거절했다. 그는 자신이 다음번에 고를 가방이 유일하게 많은 돈이 들어 있는 그 가방이 아닐 것이고, 은행가는 어쩔 수 없이 거래금액을 올릴 것이라 믿으며 도박에 나섰다. 그때까지 그의 감정은 충실히 산수를 따라 움직였고, 더 나은 거래를 위해 인내심을 발휘했다.

프랭크의 결정은 좋지 않았다. 게임 내내 그저 갖고 있길 바랐던 가방을 내주고 말았다. 은행가는 30초 전에 제시했던 금액보다 무려 10만 유로나 적은 2,508유로를 제시했다. 아이러니하게도 이 제안은 매우 공정한 액수였기 때문에 프랭크는 손실을 만회하기 위해 은행가의 제안을 받아들이는 게 현명했다. 그러나 그는 더 생각해보지도 않고 즉시 거래를 거절했다. 불행한 라운드가 한 차례 더 지나간 뒤 은행가는 프랭크를 불쌍히 여겨 남아 있는 서류가방 속 금액 평균의 110%에 해당하는 돈을 제시했다(비극은 TV 게임쇼를 재미있게 만들지 못하기 때문에 프로듀서는 그런 상황에서 종종 관대해진다). 하지만 동정을 바라지 않았던 프랭크는 그 제안마저도 거절했다. 마침내 운이 따르기 시작했는지 프랭크는 1유로가 들어 있는 서류가방을 골라낸 뒤 마지막 선택의 기로에 서게 되었다. 이제 남은 것은 단돈 10유로, 그리고 1만 유로가 들어 있는 가방 두 개뿐이었다. 은행가는 그에게 6,500유로를 제안했다. 남아 있는 돈의 평균 액수에 30%의 웃돈을 더 얹은 금액이었다. 하지만 프랭크는 이 마지막 거래조차 거부했다. 그는 은행가가 제시한 액수보다 더 많은 돈이 들어 있기를 기도하며 자신의 서류가방을 열어보기로 결정했다. 그러나 프랭크의 선택은 최악이었다. 그의 가방에는 고작 10유로가 들어 있었다. 3분도 안 되는 시간 동안 프랭크는 10만 유로 이상을 잃었다.

이런 유형의 실수를 저지르는 참가자는 비단 프랭크뿐이 아니다. 티어리 포스트(Thierry Post)가 이끄는 행동주의 경제학자들의 분석에 따르면 프랭크와 같은 상황에 처한 참가자들 대부분은 프랭크와 똑같은 식으로 행동한다(이 학자들은 '딜 오어 노 딜'이 "TV 쇼라기보다 차라리 경제학 실험에 가깝다."라고 말했다). 프랭크가 50만 유로가 들어 있는 가방을 열고 나서 그랬던 것처럼 은행가가 제시한 액수가 크게 줄어들면 참가자는 대개 극도로 위험한 시도를 하게 된다. 이는 공정한 거래조차 거절할 가능성이 그만큼 높아진다는 뜻이다. 참가자는 앞서 돈을 잃은 데서 오는 큰 실망감 때문에 제대로 된 사고를 할 수가 없고, 그렇기 때문에 서류가방을 계속해서 열면서 스스로를 더욱 더 깊은 수렁 속으로 밀어 넣는다.

이들 참가자는 감정의 뇌에 뿌리내리고 있는 매우 단순한 결함이 만들어낸 희생양이다. 안타깝게도 이러한 결함은 탐욕스러운 게임쇼 참가자에게만 나타나지 않는다. 프랭크가 공정한 거래를 거부하게 만들었던 바로 그 감정은 가장 합리적인 사람들조차 매우 어리석은 선택을 하도록 유도한다. 다음의 시나리오를 생각해보자.

> 미국은 아시아에서 발생한 희귀한 질병에 대처하는 계획을 세우고 있다. 이 질병으로 인한 희생자는 600명으로 추산된다. 이 질병을 퇴치할 수 있는 두 가지 프로그램이 제시되었다. 각각의 실행 결과를 과학적으로 추정해보니 A 프로그램을 채택할 경우에는 200명의 목숨을 구할 수 있었다. 그러나 B 프로그램을 채택한다면 600명을 모두 구할 수 있는 확률이 3분의 1, 한 명도 구하지 못할 확률이 3분의 2였다. 당신은 두 프로그램 중 어느 쪽을 선택하겠는가?

이 질문을 표본 조사에 응한 의사들에게 던져보았더니 72%가 안전하고 확실한 전략인 A 프로그램을 선택했고, 위험한 전략인 B 프로그램을 선택한 의사는 28%에 불과했다. 다시 말해 의사들은 모두가 죽을지도 모르는 위험보다는 일부라도 확실히 구할 수 있는 쪽을 선택한 것이다. 또 다른 시나리오를 생각해보자.

> 미국은 아시아에서 발생한 희귀 질병에 대처하는 계획을 세우고 있다. 이 질병으로 인한 희생자는 600명으로 추산된다. 이 질병을 퇴치할 수 있는 두 가지 프로그램이 제시되었다. 각각의 실행 결과를 과학적으로 추정해보니 C 프로그램을 채택하면 400명이 목숨을 잃을 것이고, D 프로그램을 채택할 경우에는 아무도 죽지 않을 확률이 3분의 1, 600명 모두가 죽을 확률이 3분의 2였다. 두 개의 프로그램 중 어느 쪽을 선택하겠는가?

생존자가 아니라 사망자의 관점에서 기술한 시나리오를 의사들에게 제시하자 앞서 대답한 것과는 정반대의 결과가 나왔다. C 프로그램에 투표한 의사는 22%에 불과했던 반면 78%는 위험한 전략인 D 프로그램을 선택했다. 대부분의 의사들이 프랭크처럼 행동한 것이다. 그들은 확실히 보장된 소득을 거부하고 불확실한 도박에 매달렸다.

물론 이는 기호가 엉뚱하게 변한 것일 뿐이다. 위의 두 질문은 동일한 딜레마를 안고 있다. 3분의 1을 구하는 것과 3분의 2를 잃는다는 것은 똑같은 얘기다. 하지만 의사들은 질문의 형태에 따라 매우 다르게 반응했다. 예상 가능한 결과를 죽음의 관점, 즉 '손실 영역'의 관점에서 기술했을 때 의사들은 갑자기 확률 쪽을 선호했다. 손실과 관련된 어떤 선택도 피해야 한다는 생각에 사로잡혀 모든 것을 잃을 수 있는 위험을 마다하지 않은 것이다.

전문 용어로 '손실 회피(loss aversion)'라 부르는 이런 정신 결함은 1970년대 말 대니얼 카너먼(Daniel Kahneman)과 아모스 트베르스키(Amos Tversky)가 최초로 입증했다. 당시 히브리 대학교에 근무했던 두 심리학자는 함께 사무실을 사용하면서 매우 큰 소리로 대화를 나누는 것으로 유명했다. 하지만 이들의 대화는 쓸데없는 잡담이 아니었다. 카너먼과 트베르스키는 대화를 하며 최고의 과학 실험을 했다. 서로에게 가설의 성격을 띤 질문을 던지는 것이 전부였지만, 그들의 유머러스하면서도 단순한 실험은 뇌의 여러 결함을 밝히는 데 도움이 되었다. 카너먼과 트베르스키에 따르면 은행가가 던진 제안의 수락 여부를 결정하는 것과 같은 불확실한 상황이 닥쳤을 경우, 대개의 사람들은 정보를 신중하게 분석하지 않을 뿐더러 조건부 확률을 계산하거나 많은 생각을 하지도 않는다. 대신 단순한 감정이나 본능, 또는 수학을 배제한 섣부른 예측에 의존해 결정을 내린다.

카너먼과 트베르스키는 학생들에게 다양한 종류의 내기를 받아들일지 묻는 간단한 설문조사를 통해 우연히 '손실 회피'라는 개념을 발견했다. 두 심리학자는 사람들에게 동전 던지기 게임을 제안하며 '내기에서 질 경우 20달러의 벌금을 내야 한다'고 하면, 대부분 이길 경우 평균 40달러를 요구한다는 사실을 알아냈다. 이는 손실의 고통이 이익의 기쁨보다 대략 두 배 더 강력하다는 의미였다. 더욱이 결정은 이러한 감정에 크게 좌우되는 듯 보였다. 카너먼과 트베르스키의 지적대로 인간의 결정 과정에서 손실은 이득보다 더 크게 작용한다.

오늘날 손실 회피는 광범위한 영향을 미치는 강력한 정신적 습관으로 간주된다. 손실의 기미가 있으면 무조건 피하려는 욕구가 종종 우리의 행동에 영향을 미쳐 어리석은 일을 하게 만든다. 예를 들어 주식 시장을 살펴보자. 경제학자들은 오랫동안 '주식 프리미엄 퍼즐'이라 알려진 현상 때문에 골치 아파했다. 퍼즐 자체는 설명하기 쉽다. 지난 세기 동안 주식은 채권에 비해 놀라울 정도로 많은 이윤을 남겼다. 1926년 이래 인플레이션 후 주식 수익률은 매년 6.4%에 이른 반면, 단기증권(Treasury bills)의 수익률은 0.5% 이하였다. 스탠퍼드 대학교 경제학자 존 쇼븐(John Shoven)과 토머스 매커디(Thomas MaCurdy)는 주식이나 채권으로 구성된 재무 포트폴리오의 수익률을 무작위로 비교했는데, 그 결과 시간이 흐를수록 주식이 채권보다 항상 더 많은 수익을 올린다는 사실을 발견했다. 사실 주식은 대개 채권보다 일곱 배 이상의 수익을 올렸다. 쇼븐과 매커디는 채권에 투자하는 사람들이 각 투자의 장기적인 상대적 안전성을 혼동하고 있는 것이 틀림없다고 결론지었다. 다른 말로 하면 투자자들이 TV 게임쇼의 참가자들만큼 비합리적이라는 뜻이다. 그들의 위험 의식도 왜곡되어 있기는 마찬가지다.

고전 경제학 이론으로는 주식 프리미엄 퍼즐을 설명할 수 없다. 투자자들이 합리적이라면 왜 모두 주식에 투자하지 않는 것일까? 1955년 행동주의 경제학자 리처드 탈러(Richard Thaler)와 슐로모 베나르치(Shlomo Benartzi)는 주식 프리미엄 퍼즐을 해결할 수 있는 열쇠가 바로 손실 회피라는 사실을 깨달았다. 투자자들은 돈을 잃고 싶지 않기 때문에 채권을 산다. 채권은 안전한 투자라는 생각에서다. 그들은 관련된 통계 정보를 반영해 투자 결정을 내리는 대신, 감정적 본능에 의존해 채권의 확실한 안전성을 선택한다. 이러한 본능은 은퇴 자금을 도박으로 날리는 일은 막아줄 테니 선의(善意)의 본능이라 할 수 있지만 또한 잘못된 선택을 이끌기도 한다. 손실에 대한 두려움 때문에 투자자들은 쥐꼬리만 한 수익률을 기꺼이 받아들였다.

심지어 전문가들도 이런 불합리한 감정으로부터 자유롭지 못하다. 노벨상을 수상한 경제학자 해리 마코위츠(Harry Markowitz)는 투자 포트폴리오 이론이라는 분야를 개척했다. 마코위츠는 1950년대 초 랜드(RAND)라는 회사에서 일하던 시절 '저축액의 얼마를 주식에 투자해야 할까'라는 현실적인 투자 문제에 강한 호기심을 품게 되었다. 마코위츠는 최적의 자산 배분을 계산하는 데 사용할 수 있는 복잡한 수학 등식을 고안해내며 위험 대(對) 보상이라는 오래된 문제에 대한 합리적인 해결책을 발견했다.

하지만 마코위츠는 이 등식을 자기 자신에게는 적용할 수 없었다. 그는 본인의 투자 전략을 짤 때 자신에게 노벨상을 안겨준 투자 자문이라는 부분을 무시했고, 그래서 수학에 의지하기보다 손실 회피라는 친숙한 덫에 걸려 자산을 주식과 채권에 균등하게 나누어 투자했다. 마코위츠는 저축해놓은 돈을 잃을까 너무 걱정한 탓에 은퇴 자금을 가장 효율적으로 운용하는 데 실패하고 말았다.

손실 회피는 가장 흔한 투자 실수 가운데 하나를 설명해주기도 한다. 주식 투자자들은 주가가 이미 올랐던 주식을 팔 가능성이 매우 높다. 불행히도 이는 주가가 떨어지고 있었던 주식을 끝까지 보유하고 있었다는 의미이기도 한데, 장기적으로 보면 그런 전략은 매우 어리석다. 궁극적으로 주가가 떨어질 일만 남은 주식으로만 구성된 자산 전략을 초래하기 때문이다[캘리포니아 버클리 대학교의 경제학자 테런스 오딘(Terrance Odean)은 투자자들이 판 주식의 수익률이 팔지 않은 주식보다 3.4%나 더 높았다는 점을 확인했다]. 심지어 투자 전문가들도 이런 편견에 사로잡혀 수익률이 높은 주식보다 수익률이 낮은 주식을 두 배나 더 오래 보유하는 경향이 있다.

투자자는 왜 이런 실수를 저지르는 것일까? 손실을 두려워하는 탓이다. 주가가 떨어진 주식을 되팔 때는 손실이 눈앞에 보이기 때문에 기분이 매우 나쁘다. 우리는 고통을 가능한 한 뒤로 미루려는 경향이 있고, 그 결과 손실은 더욱 커진다.

뇌신경세포가 손상되어 감정을 전혀 느끼지 못하는 환자는 이와 같은 실수에 면역되어 있다. 대부분의 상황에서 이들의 의사결정 능력은 매우 형편없지만, 손실의 뼈아픈 고통을 느끼지 못하기 때문에 이들은 손실 회피가 야기하는 값비싼 감정의 실수를 피할 수 있다.

안토니오 다마지오와 조지 로웬스타인(George Lowenstein)의 실험을 생각해보자. 두 과학자는 간단한 투자 게임을 만들었다. 실험 참가자는 매 라운드마다 1달러를 투자하거나 혹은 아무것도 투자하지 않는 쪽 중 하나를 선택해야 한다. 투자하지 않겠다고 하면 참가자는 그 돈을 가지고, 게임이 다음 라운드로 넘어간다. 투자하는 쪽으로 결정하면 참가자는 그 돈을 실험 진행자에게 주고, 실험 진행자는 동전 던지기를 한다. 앞면이 나오면 참가자가 앞서 투자한 1달러를 잃게 되고, 뒷면이 나오면 참가자의 계좌에 2.5달러가 추가된다. 게임은 모두 20라운드로 진행되었다.

참가자들이 온전히 이성적이라면, 다시 말해 오로지 숫자만을 계산해 결정을 내린다면 그들은 항상 투자하는 쪽을 선택해야 한다. 왜냐하면 각 라운드에서 투자하지 않을 때(1달러)보다 투자할 때(1.25달러, 동전 던지기에서 뒷면이 나올 확률은 50%로 여기에 2.5달러를 곱하면 1.25달러가 된다) 기대할 수 있는 금액이 더 높기 때문이다. 투자를 한 번도 하지 않은 참가자가 20라운드가 모두 끝났을 때 갖게 되는 돈은 20달러다. 그러나 매번 투자를 결정한 참가자가 게임이 끝난 뒤 20달러보다 적은 돈을 갖게 될 확률은 13%에 불과하다.

그렇다면 다마지오의 실험에 참가했던 사람들은 어떻게 반응했을까? 감정 두뇌가 멀쩡한 참가자들은 전체 라운드 중 약 60%에만 투자했다. 인간은 잠재적인 손실을 싫어하는 성향이 있기 때문에 대부분의 사람들이 안전을 위해 이익을 적게 얻는 쪽을 택했다. 마치 수익률이 낮은 채권을 선택하는 투자자들처럼 말이다. 더욱이 내기에 진

후에는 그 즉시 투자 의지가 뚝 떨어졌다. 손실의 고통이 너무 생생했기 때문이다.

이러한 결과는 너무나 뻔히 예측할 수 있었다. 손실 회피라는 감정은 위험한 도박을 앞둔 사람들을 비합리적으로 만든다. 하지만 다마지오와 로웬스타인은 여기서 실험을 끝내지 않았다. 둘은 뇌신경세포가 손상되어 감정을 전혀 느끼지 못하는 환자들을 대상으로 투자 게임을 진행했다. 손실 회피의 감정이 잘못된 투자 결정을 부추긴다면 이 환자들은 정상인 사람들보다 더 나은 결정을 내려야 했다.

예상은 적중했다. 감정이 없는 환자들의 투자 선택률은 83.7%에 달했고, 정상인 참가자들보다 더 많은 돈을 얻었다. 그들은 손실 회피의 나쁜 영향에도 훨씬 덜 휘둘리는 것으로 드러났으며, 동전 던지기에서 지고 난 뒤에도 85.2%의 투자 선택률을 보였다. 돈을 잃는 것이 오히려 그들의 투자를 부추겼다. 손실을 만회하는 최선의 길이 투자라고 생각했기 때문이다. 이런 투자 상황에서는 감정이 없는 편이 훨씬 더 유리했다.

손실 회피의 대표적 사례라 할 수 있는 '딜 오어 노 딜'로 돌아가, 당신이 프랭크라고 가정해보자. 바로 1분 전 당신은 은행가가 제시한 10만 2,006유로를 거절했다. 이번에는 최악의 서류가방을 골랐고, 은행가의 제안 금액은 2,508유로로 떨어졌다. 거금 10만 달러를 잃은 것이다. 이번 거래는 그냥 받아들여야 할까? 당신의 마음은 우선 예상 가능한 대안 목록을 만든다. 하지만 계산의 관점에서 합리적으로 그런 대안을 평가하기보다 감정적으로 섣부른 판단을 내리고 만다. 당신은 다양한 시나리오를 떠올려보고, 각각의 경우 어떤 감정이 생기는지 살펴봐야 한다. 2,508유로의 제안을 받아들인다고 상상해보면, 그것이 매우 공정한 제안이었을지라도 당신은 억울한 느낌이 든다. 당신의 감정 두뇌가 자동적으로 조금 전 제시되었던 더 많은 액수의 돈과 비교해서 그 제안을 엄청난 손실로 해석하기 때문이다. 그 결과로 발생하는 감정은 거래를 받아들이는 것은 나쁘다는 신호로 나타난다. 당신은 은행가의 제안을 거부하며 또 다른 서류가방을 열게 된다. 이런 상황에서 손실 회피라는 감정은 당신이 위험한 선택을 하도록 부추긴다.

제안을 거절하겠다고 마음먹으면, 당신은 얻을 수 있는 금액 중 가장 높은 것에 온 신경을 집중한다. 당신은 모든 것을 경제학자들이 '기준점'이라 부르는 잠재 소득을 중심으로 판단한다(프랭크의 경우 마지막 라운드의 잠재 소득은 1만 유로였고, 아시아에서 발생한 희귀 질병에 대해 질문을 받은 의사들의 경우 잠재 소득은 600명을 모두 구하는 것이었다). 이런 낙관적인 가능성을 생각하면 한순간이나마 즐거워진다. 당신은 긍정적인 면만을 생각하고, 동그라미가 많이 그려진 수표를 머릿속에 그려보며, 10만 유로를 되찾을 수는 없겠지만 최소한 빈손으로 돌아가지 않으리라는 확신을 한다.

이 모든 결과는 위험을 잘못 계산한 탓이다. 우리는 손실을 받아들일 수 없기 때문에 계속해서 큰 이익의 가능성만을 좇는다. 감정은 상식을 방해한다. 손실 회피는 타고난 결함이다. 감정을 느끼는 사람이라면 그 영향에서 벗어나기 어렵다. 이는 인간의 마음이 좋은 정보보다 나쁜 정보를 중시하는 '부정적 편향(negative bias)'을 보이기 때문이다. 부부 사이에서 한마디의 비난을 만회하려면 최소한 다섯 마디의 칭찬이 필요한 것도 이 부정적 편향 때문이다. 사회 심리학자 조너선 하이트(Jonathan Haidt)는《행복의 가설(Happiness Hypothesis)》이라는 책에서 '살인을 저지른 사람이 자신의 죄를 사하려면 인명을 구하는 영웅적 행동을 최소한 25번은 해야 한다는 것이 보통 사람들의 생각'이라고 지적했다. 우리가 이득과 손실, 또는 칭찬과 비난을 서로 다른 무게로 받아들이는 이유를 합리적으로 설명할 길은 없다. 하지만 우리 모두는 그렇게 행동한다. 손실 회피를 피하는 유일한 방법은 그 개념을 제대로 이해하는 것이다.

03

"신용카드는 나의 적이다." 재정상담가 허먼 파머의 말이다. 매우 다정한 남자인 허먼의 얼굴에는 미소가, 두 눈에는 동정심이 가득하다. 하지만 신용카드에 대한 이야기를 시작하면 그의 표정은 갑자기 어두워진다. 그는 미간을 찌푸리고, 목소리를 낮추며 상체를 의자 앞으로 내밀고선 말한다. "저는 똑똑한 사람들이 비자와 마스터 카드 때문에 똑같은 고민을 하는 걸 매일 봅니다. 그들의 지갑 속에 들어 있는 플라스틱 카드가 문제죠." 그는 끔찍하다는 듯 고개를 내저으며 체념의 한숨을 내쉬었다.

허먼은 지난 9년간 뉴욕 북부 브롱크스에 있는 그린패스(GreenPath)에서 일했다. 그린패스는 채무 문제로 고민하는 사람들을 돕는 비영리 단체다. 그의 작은 사무실은 극도로 절제된 인테리어가 특징인데, 아무도 사용한 적이 없는 것처럼 보일 만큼 깨끗한 책상 하나만 있을 뿐이다. 책상 위에는 커다란 사탕 유리병이 덩그러니 놓여 있다. 그러나 그 안에 담긴 것은 엠앤엠즈(m&m's) 초콜릿도, 젤리빈도, 미니 사이즈 초코바도 아니다. 거기에는 수백 개로 조각난 신용카드가 들어 있다. 이 플라스틱 조각들은 카드에 붙어 있던 무지갯빛 보안 스티커가 빛에 반사되면서 예쁜 콜라주 작품을 만들어낸다. 그러나 허먼은 멋으로 이 유리병을 둔 게 아니다. "저는 일종의 충격 요법으로 이걸 사용해요. 고객에게 신용카드를 달라고 해서 그들이 보는 앞에서 즉시 자르고, 그 조각들을 유리병 속에 집어넣습니다. 사람들에게 당신 혼자만 그런 문제로 고민하는 게 아니라고, 많은 사람들이 똑같은 문제를 갖고 있다는 걸 보여주기 위한 거예요." 사무실에 있는 유리병이 가득 차는 데는 몇 개월이 채 걸리지 않는다. 그러면 허먼은 대기실에 있는 커다란 유리 항아리에다 그것을 털어넣는다. 그는 "이건 우리에게 있어 꽃장식이나 다름없어요."라고 농담을 한다.

허먼은 신용카드가 담겨 있는 유리병이 그가 하는 일의 본질을 보여준다고 말했다. "나는 사람들에게 돈을 쓰지 않는 법을 가르칩니다. 이 모든 카드를 갖고 있으면서 돈을 쓰지 않는 것은 거의 불가능하지요. 그것이 내가 항상 신용카드를 잘라버리는 이유입니다." 내가 그린패스 사무실을 처음 방문했던 때는 크리스마스가 지나고 몇 주 뒤였다. 초조한 얼굴을 한 채 철 지난 연예잡지들을 뒤적이며 차례를 기다리는 사람들로 가득한 대기실에는 앉을 곳조차 없었다. "1월이 1년 중 가장 바쁜 달이에요. 사람들은 항상 연휴 기간에 과소비를 합니다. 하지만 신용카드 내역서가 우편으로 도착하기 전까지는 얼마나 많은 돈을 초과해서 썼는지 모르죠. 그때가 바로 사람들이 우리를 찾는 때랍니다."

허먼의 고객은 대부분 동네 주민들이다. 근로자 계층이 밀집해 있는 이 동네는 한때 독신자들이 거주하는 연립주택들이 많았지만, 지금은 문 앞에 수많은 초인종과 우편함이 달린 아파트촌으로 바뀌었다. 칠이 벗겨진 벽과 여기저기 그려진 낙서 때문에 많은 집들이 황폐해져 있다. 근처에 슈퍼마켓은 없지만 구멍가게와 주류 판매점은 많고, 아파트 지역에서 조금만 아래로 내려가면 전당포 두 곳과 은행 계좌가 없는 사람들에게 수표를 현금으로 바꿔 주는 가게 세 곳이 있다. 6호선 지하철이 몇 분 간격으로 덜컹거리며 바로 머리 위를 지나 그린패스 사무실 근처의 역에 삑 소리를 내며 정차한다. 그곳은 6호선의 마지막 역이다.

허먼의 고객 가운데 절반 가까이는 미혼모다. 대개 하루 종일 일하지만 수입은 각종 공과금을 감당하기에도 벅찬 사람들이다. 허먼의 고객들은 평균적으로 수입의 약 40%를 집세로 내야 한다. 뉴욕에서 부동산 가격이 가장 싼 지역인데도 그렇다. "사람들은 '나라면 그렇게 많은 빚을 지지 않을 텐데'라고 생각하거나, 재정적인 도움을 받아야 하는 사람은 책임감이 없는 이들일 거라고 쉽게 판단합니다. 하지만 나를 만나러 오는 사람들 중에는 간신히 생계를 유지하는 이들이 많아요. 얼마 전에 찾아온 한 어머니의 사정은 매우 안타까웠어요. 그녀는 두 가지 일을 하며 열심히 살았지만, 그녀의 신용카드 청구액은 모두 어린이집에 아이를 맡기는 데 사용한 비용이었습니다. 그런 상황에서 나는 어떤 말을 할 수 있을까요? 아이를 어린이집에 보내지 말라고 할까요?"

허먼은 고객의 잘잘못을 판단하기 전에 그들의 형편을 헤아려 도움을 준다. 이것이 바로 재정상담가로서 허먼이 가진 훌륭한 능력이다(허먼의 업무 성공률은 매우 높아서, 그와 상담한 고객 가운데 채무변제 계획을 끝까지 이행하는 사람은 65% 이상에 달한다). 허먼 입장에서는 돈을 계획 없이 지출했다며 고객들을 나무라기 쉽지만 그는 정반대의 태도를 취한다. 고객들에게 설교를 늘어놓기보다 그들의 말에 귀를 기울이는 것이다. 허먼은 고객을 만나는 자리에서 대개 5분도 지나지 않아 가위를 꺼내들고 신용카드를 잘라버린다. 그러고 나서 고객의 신용카드 청구서와 은행 입출금 내역서를 자세히 보면서 어디에 문제가 있는지를 찾는 데 몇 시간을 쏟는다. 집세가 너무 비싼가? 옷이나 휴대폰, 또는 케이블 TV에 너무 많은 돈을 쓰고 있지는 않은가? "나는 항상 고객에게 실천 계획을 가지고 이 사무실을 나가라고 말합니다. 신용카드에 의존하는 것은 계획이 될 수 없다고 덧붙이고요."

자신에게 상담을 받고 도움을 얻은 사람들에 관해 말할 때면 허먼은 마치 자랑스러운 자식에 대해 이야기하는 부모들처럼 얼굴에서 광채가 난다. 코옵시티(Co-op City)에서 온 한 배관공은 직장을 잃고 신용카드로 집세를 지불하기 시작했다. 그렇게 몇 달이 지나자 그의 이자율은 30%를 넘어섰다. 허먼은 그가 더 이상 빚을 지지 않고 경비를 규모 있게 지출할 수 있도록 도와주었다. 보육비를 감당할 수 없었던 미혼모도 그의 도움을 받았다. "나는 그녀가 돈을 절약할 수 있는 다른 방법을 찾아보도록 도왔습니다. 그녀의 지출을 대폭 줄여 부담을 덜어주었지요. 돈을 쓸 때마다 한 번 더 생각하는 것이 방법입니다.

'이 정도야 괜찮지 않을까?'라고 생각하지 말고 나가는 돈을 모두 더해보세요." 신용카드 열 장을 사용하면서 큰 빚을 진 교사도 있었다. 연체료만 해도 매달 수백 달러를 물어야 하는 상황이었지만, 그는 근검절약을 실천하며 5년간 고생한 덕에 지금은 채무에서 완전히 해방되었다. "고객이 "난 스웨터나 CD가 정말 갖고 싶었지만 구입하지 않았다."라고 말하기 시작하면 된 거예요. 더 나은 결정을 내리기 시작했다는 뜻이니까요."

허먼을 찾아오는 사람들은 대개 사정이 비슷하다. 어느 날 그들은 신용카드 회사로부터 카드 발행 제안을 받는다(신용카드 회사들은 2007년 53억 건의 카드 발행 권유 우편물을 고객들에게 발송했는데, 이는 그해 미국 성인 1인당 평균 15건의 카드 발행 권유를 받았다는 뜻이다). 일견 카드는 아주 훌륭한 거래처럼 보인다. 신용카드 회사는 굵은 활자체로 캐쉬백 제도나 비행기 마일리지 제도, 또는 공짜 영화표 같은 선물과 함께 낮은 초기 이자율을 광고한다. 그래서 사람들은 신용카드 발행에 동의한다는 서명을 한다. 한 페이지짜리 신청 양식을 채우고 나면 몇 주 뒤 새 신용카드가 우편으로 날아온다. 처음에는 카드를 많이 사용하지 않는다. 그런데 어느 날 현금을 들고 나오는 것을 깜박 잊고 말았다. 할 수 없이 신용카드를 꺼내 슈퍼마켓에서 식료품비를 결제하거나, 또는 냉장고가 고장 나서 신용카드로 새 냉장고를 구입한다. 처음 몇 달은 신용카드 청구 금액을 그럭저럭 갚아나간다. "대부분의 사람들이 신용카드를 만들기 전에는 비싼 물건을 살 때만 카드를 사용하겠다고 하죠. 그러나 그런 마음을 오래 유지하기는 힘들어요."

허먼에 따르면 신용카드의 가장 큰 문제는 사람들이 어리석은 지출을 하도록 유도한다는 점이다. 그래서 그는 그토록 많은 신용카드를 잘라버리는 일을 즐긴다. 신용카드는 없는 돈을 지출하게 만들고, 아무래도 신용카드를 가지고 있으면 구매 유혹을 뿌리치기가 더 어렵다. "아주 똑똑한 사람들도 종종 그런 잘못을 저지릅니다. 고객의 신용카드 청구 내역서를 살펴보다가 백화점에서 50달러를 지출한 항목이 눈에 띄면 무엇을 샀느냐고 묻습니다. 마침 신발이 세일 중이라 샀다는 사람이 있는가 하면, 50% 반값 할인하는 청바지를 샀다고 대답하는 사람도 있어요. 그들은 그 물건을 사지 않으면 바보가 되고 말 만큼 아주 좋은 가격이었다고 주장합니다. 그런 말을 들을 때면 나는 늘 웃습니다. 그런 다음 청바지나 신발을 구입했기 때문에 지불해야 할 이자율을 따져보라고 말하지요. 대부분의 경우 이자율은 한 달에 25%에 달합니다. 무슨 뜻인지 아시겠지요? 그것은 결코 좋은 가격이 아닙니다."

허먼의 고객들도 이를 부정하지 않는다. 그들은 자신에게 심각한 채무 문제가 있으며, 그 때문에 많은 이자를 감당해야 한다는 사실을 잘 알고 있다. 그것이 그들이 재정상담가를 찾는 이유다. 그런데도 그들은 여전히 세일 중인 청바지와 신발을 구입한다. 허먼은 그런 문제에 정통하다. "나는 항상 사람들에게 '현금으로 지불해야 한다고 해도 그 물건을 구입했을 건가요? 현금인출기에서 돈을 뽑아 손에 들고 직접 건네야 한다고 해도요?'라고 묻습니다. 그들은 대부분 1분 정도 생각에 잠긴 후 '아니오'라고 대답하죠."

허먼의 관찰은 신용카드와 관련한 중요한 사실을 일깨워준다. 플라스틱 카드로 결제를 하면 돈을 쓰는 방식, 곧 금전적 결정을 하는 계산 방법이 근본적으로 바뀐다. 현금으로 물건을 구입하면 지갑이 얇아지니 돈이 빠져나가는 것이 실질적으로 와 닿는다. 하지만 신용카드는 거래를 추상화한 탓에 돈을 쓰고 있다는 사실을 실감하지 못한다. 두뇌 촬영 실험을 해보면 신용카드 결제 방식은 부정적 감정과 관련이 있는 뇌 부위인 뇌섬의 활동을 실제로 감소시킨다는 것이 나타난다. 카네기멜론 대학교의 신경경제학자 조지 로웬스타인은 "뇌를 마비시켜 지출의 고통을 느끼지 못하게 하는 것이 신용카드의 본질"이라고 말했다. 돈을 써도 기분이 나쁘지 않으니, 우리는 더 많은 돈을 쓰게 되는 것이다.

다음 실험을 생각해보자. MIT 경영학과의 드라젠 프렐렉(Drazen Prelec)과 던컨 시메스터(Duncan Simester) 교수는 보스턴 셀틱스의 농구 경기 티켓을 두고 입찰가를 적어내는 실제 경매를 실시했다. 경매 참가자의 절반에게는 현금으로 나머지 절반에게는 신용카드로 결제해야 한다고 말했다. 그런 다음 프렐렉과 시메스터는 그 두 집단이 적어낸 입찰가의 평균을 냈다. 놀랍게도 신용카드로 경매에 참여한 사람들의 평균 입찰가는 현금으로 경매에 참여한 사람들의 평균 입찰가보다 두 배나 높았다. 이는 우리가 신용카드로 결제할 때 훨씬 더 신중하지 못하다는 것을 보여준다. 신용카드를 사용한 사람들은 지출을 억제해야 할 필요성을 느끼지 못한 탓에 자신의 능력을 넘어서는 지출을 했다.

이것이 지난 몇십 년간 미국 소비자들에게 일어난 상황이다. 미국인은 가구당 평균 9,000달러 이상의 신용카드 빚을 지고 있고, 1인당 평균 8.5개의 신용카드를 소지하고 있다는 통계 수치는 암울하기 짝이 없다(매달 신용카드 결제액을 겨우겨우 메우며 생활하고 있는 미국인들은 1억 1,500만 명 이상이다). 2006년에 소비자들은 신용카드 연체료로만 170억 달러 이상을 지불했다. 2002년 이후로 미국인들의 저축률은 마이너스를 기록하고 있는데, 이는 소득보다 지출이 더 많다는 뜻이다. 최근 연방 준비은행은 마이너스 저축률을 기록하는 이유가 주로 신용카드 빚 때문이라고 발표했다. 우리는 이자를 갚는 데 너무 많은 돈을 지출하는 바람에 은퇴를 대비한 저축이 없다.

언뜻 생각하면 이런 행동은 어이없어 보인다. 평균 25% 이상에 달하는 신용카드 회사들의 과도한 이자율을 생각하면, 합리적인 소비자는 신용카드로 돈을 빌리는 것을 최후의 보루로 남겨두어야 한다. 이자가 너무 비싸기 때문이다. 하지만 신용카드로 돈을 빌리는 일은 애플파이만큼이나 미국적인 현상이다. "사람들은 신용카드로 돈을 빌리면서도 휘발유를 넣을 때는 2센트를 아끼려고 멀리 돌아갑니다. 각종 쿠폰을 모으고 여러 상점의 가격을 비교하지요. 이런 사람들 대부분이 돈을 쓰는 데 아주 정상적입니다. 하지만 어느 순간 내게 신용카드 청구 내역서를 들고 와서는 '이 많은 돈을 다 어디에 썼는지 모르겠다'고 말하죠." 허먼이 경험한 내용이다.

신용카드의 문제는 우리의 뇌 속에서 일어나는 위험한 결함을 십분 활용한다는 것이다. 이러한 결함은 우리의 감정에 깊이 뿌리내리고 있는데, 미래의 지출(높은 이자율)보다 현재의 이익(세일 중인 신발 한 켤레)을 과대평가하기 때문이다. 우리의 감정은 즉각적인 보상에 눈이 멀어 그러한 결정이 장기적으로 재정에 미치는 결과를 진지하게 고려하지 않는다. 감정 두뇌는 이자율이나 채무 변제, 또는 금융 수수료 등의 문제를 이해하지 못하고, 그 결과 뇌섬 같은 부위는 신용카드 거래에 반응하지 않는다. 충동에 대한 저항이 거의 없으므로 우리는 신용카드를 긁어대며 원하는 물건을 마구 사들이는 것이다.

이런 식의 근시안적인 결정은 지갑 속에 여러 장의 신용카드를 넣고 다니는 사람들에게만 위험한 것이 아니다. 최근 몇 년 동안 허먼은 고객들에게서 새로운 경제 재앙을 목격했다. 바로 비우량주택담보대출(서브프라임 모기지)이었다. "그 문제를 처음 접하는 순간 '정말 나쁜 거래군. 이 사람들은 자기 형편에 맞지 않게 너무 비싼 집을 샀어. 그런데도 아직까지 그 사실을 모르고 있네.'라고 생각했던 기억이 납니다. 그리고 앞으로 이런 식으로 주택자금을 대출받는 사람들이 많아질 것이라 생각했지요."

허먼이 말하는 비우량주택담보대출의 가장 흔한 유형은 2년간의 고정금리 뒤 28년간의 변동금리, 즉 처음 2년 동안은 낮은 고정 이자율을 내게 하다가 나머지 28년 동안에는 그보다 훨씬 더 높은 변동 이자율을 적용하는 상환 방식을 가진다. 처음에는 목돈 없이도 집을 구입할 수 있게 했다가 나중에는 높은 이자율을 물린다는 점에서 이 방식은 신용카드와 크게 다르지 않다. 2007년 여름 부동산 시장이 붕괴할 무렵에는 2년 고정금리/28년 변동금리와 같은 비우량주택담보대출이 전체 주택담보대출의 20%에 달했다(브롱크스처럼 가난한 지역에서의 수치는 그보다 훨씬 더 높아 전체 대출의 60% 이상을 비우량주택담보대출이 차지했다). 불행히도 비우량주택담보대출은 엄청난 상환 부담을 안기는 구조라서 채무 불이행 사태가 다른 대출 상품보다 다섯 배나 더 많이 발생한다. 늘 그렇듯이 일단 이자율이 상승하기 시작하면 많은 사람들은 매달 대출금을 갚기 어려워진다. 2007년 말 차압주택 중 93%가 고정 이자율을 막 끝내고 변동 이자율을 적용받은 주택들이었다. 허먼은 이에 대해 다음과 같이 조언한다. "주택자금 대출과 관련된 문제를 상담할 때면 저는 집에 대해 아무것도 묻지 않습니다. 왜냐하면 사람들은 집이 참 예쁘다거나 여분의 방이 있어 아이들에게도 좋을 것이라는 말만 늘어놓으니까요. 매우 솔깃한 얘기이긴 합니다만 그럴수록 숫자에 매달려야 합니다. 특히 이자율이 조정된 이후에 내야 할 금액에 초점을 맞춰야 하죠." 2년 고정금리/28년 변동금리의 조건을 내건 주택담보대출은 초기의 낮은 상환 액수로 소비자들을 유혹한다.

그러나 유혹의 대가는 매우 비싸다. 사실 비우량주택담보대출은 그보다 훨씬 더 나은 조건의 기존 대출 상품으로 주택자금을 빌릴 자격이 있는 소비자들에게조차도 유혹적이었다. 부동산 시장이 최고조에 달했을 당시 2년 고정금리/28년 변동금리의 비우량주택담보대출 상품의 55%는 우량주택담보대출(프라임 모기지)을 받을 수 있을 만큼 신용도가 높은 사람들에게 팔렸다. 장기적으로 보면 우량주택담보대출이 많은 돈을 절약해줄 텐데도, 이들은 초기의 낮은 대출금 상환이라는 유혹을 이겨내지 못했다. 감정에 속아 어리석은 결정을 내리고 만 것이다.

신용카드와 비우량주택담보대출이 우리 구석구석에 스며들어 있다는 사실은 인간이 얼마나 비합리적인지를 드러낸다. 심지어 장기적으로 저축 계획을 세워 은퇴 비용을 마련하는 사람들조차도 순간의 유혹에 쉽게 넘어가는 경향이 있다. 충동적인 감정은 우리의 능력을 넘어서는 물건을 사도록 부추긴다. 플라톤의 표현을 빌리면 말이 마부의 뜻을 거부하고 마차를 끌고 있는 셈이다.

의사결정에 대해 연구하는 과학자들의 목표 중 하나는 이러한 유혹의 회로를 이해하는 것이다. 프린스턴 대학의 신경과학자 조너선 코헨(Jonathan Cohen)은 이와 관련된 중요한 진보를 이끌어냈다. 그는 뇌에서 신용카드와 비우량주택담보대출에 매력을 느끼는 특정 부위를 진단하기 시작했다. 최근에 그는 fMRI(기능성자기공명영상)에 실험 대상자들을 넣고 뇌의 반응을 관찰하는 실험을 실시했다. 코헨은 실험 참가자에게 한 가지 제안을 했다. 지금 즉시 선물을 받을 수 있는 아마존 상품권과 기간은 2~4주 걸리지만 가치가 더 큰 선물을 받을 수 있는 상품권 중 하나를 고르라는 것이었는데, 그는 이 두 가지 제안이 실험자들에게 있어 매우 다른 신경 체계를 자극한다는 사실을 발견했다. 참가자가 미래에 받을 수 있는 상품권을 고려할 때는 전전두피질과 같은 합리적인 계획과 관련된 뇌 부위가 반응을 보였다. 전전두피질은 그 주인에게 인내심을 갖고 몇 주 더 기다렸다가 더 큰 선물을 받으라고 지시했다.

하지만 실험 참가자가 당장 받을 수 있는 상품권을 생각할 때는 중뇌의 도파민 체계와 측좌핵처럼 감정과 관련된 뇌 부위가 움직였다. 이 세포들은 사람들에게 갚을 여력이 없는 주택담보대출을 받으라고 부추기거나 은퇴에 대비해 저축해야 할 돈을 신용카드 빚으로 날리도록 유도하는 것으로, 당장 받을 수 있는 보상에만 관심이 있다.

코헨과 그의 동료들은 상황별로 다른 금액을 제시함으로써 뇌 신경세포들이 줄다리기를 하는 모습을 관찰했다. 그들은 이성과 감정이 격렬한 논쟁을 벌이며 서로 반대되는 방향으로 생각을 이끄는 광경을 목격했다. 미래를 대비해 돈을 저축하느냐, 아니면 현재를 마음껏 즐기느냐를 둘러싼 결정은 궁극적으로 어느 부위가 더 크게 활성화되느냐에 달려 있었다. 대부분의 사람들은 감정에 이끌려 더 나은 상품권을 기다리지 못하고 그릇된 결정을 내렸다. 감정이 많을수록 충동도 그만큼 더 컸다[이런 현상은 매력적인 여성의 사진을 본 남성들이 훨씬 더 충동적으로 변하는 이유를 설명해준다. 여성의 사진은 감정 회로를 자극하는데, 과학자들은 이를 '생식 활성 자극(reproductively salient stimuli)'이라고 부른다]. 하지만 일단 기다렸다가 나중에 더 큰 상품권을 받겠다고 결정한 사람에게서는 전전두피질의 활동이 늘어나는 것이 보였다. 그들은 손익을 따진 후 '합리적인' 선택을 했다.

이러한 연구결과에는 중요한 의미가 있는데, 무엇보다 많은 금전적 실수를 저지르는 신경부위를 알려준다는 점에서 그러하다. 자기통제가 이루어지지 않으면 자신의 능력을 벗어나는 지출을 하게 된다. 이는 이성적인 뇌가 감정적인 뇌와의 힘겨루기에서 패배했다는 뜻이다. 하버드 대학교 경제학자이자 금전상의 보상 실험에 대한 논문의 공동 저자인 데이비드 라입슨(David Laibson)은 "우리의 감정 두뇌는 신용카드를 최대한 사용하고, 디저트를 주문하고, 담배 피우기를 원한다. 감정적인 뇌는 자신이 원하는 것을 발견하면 이를 기다리는 것이 어렵다."라고 말했다.

카드 회사들은 변연계의 조급함을 이용하는 방법을 터득했다. 신용카드 광고에 등장하는 초기의 낮은 이자율을 생각해보라. 신용카드 회사들은 새로운 고객을 끌어들이기 위해 전형적으로 낮은 초기 이자율을 강조하지만, 그런 매혹적인 제안은 불과 몇 달 후에 정체를 드러낸다. 높은 이율의 신용카드 빚이 소비자들을 꼼짝 못하게 만드니 말이다. 감정 두뇌는 그런 유혹적인(재정적으로는 어리석은) 광고에 쉽게 속아 넘어간다. "나는 늘 사람들에게 작게 인쇄된 글만 읽으라고 합니다. 크게 인쇄된 글일수록 중요성은 떨어지니까요." 허먼의 조언이다.

그러나 안타깝게도 대다수의 사람들은 허먼의 충고를 따르지 않는다. 메릴랜드 대학교의 경제학자인 로렌스 오수벨(Lawrence Ausubel)은 실제 신용카드 회사들이 사용했던 두 개의 다른 판촉 광고에 대한 소비자들의 반응을 분석했다. 첫 번째 카드는 처음 6개월은 4.9%의 금리를, 그 후부터는 16%의 금리를 적용했다. 두 번째 카드는 첫 번째 카드와 달리 초기에는 높은 금리(6.9%)를, 그 후부터는 낮은 금리(14%)를 적용했다. 합리적인 소비자라면 평생 금리가 낮은 카드를 선택해야 마땅하다. 그 이유는 평생 금리가 빌린 돈 대부분에 적용되기 때문이다. 물론 이러한 일이 실제로는 일어나지 않는다. 오수벨은 초기 금리가 4.9%로 낮은 카드를 선택하는 소비자가 그 반대보다 세 배나 더 많다는 사실을 발견했다. 장기적으로 볼 때 이러한 조급함은 훨씬 더 높은 이자를 물어야 하는 상황으로 이어진다.

불합리한 신용카드 혹은 2년 고정금리/28년 변동금리의 주택담보대출을 선택하는 사람들의 행동은 안 좋은 아마존 상품권을 고르는 사람들의 행동과 다를 바 없다. 뇌의 감정적인 부분은 미래는 무가치하고, 인생은 짧으며, 중요한 것은 당장의 즐거움이라고 여긴다. 그래서 우리는 내일을 위해 돈을 저축하기보다 오늘 많은 돈을 쓰고 만다. 신경경제학자 조지 로웬스타인은 감정 두뇌가 저지르는 실수를 이해한다면 정책 입안자들은 사람들이 더 나은 결정을 내리도록 장려하는 계획을 세울 수 있을 것이라고 생각한다. 그는 "우리의 감정은 먼 과거부터 되풀이되며 발생한 주요 문제들을 해결하기 위해 진화해온 소프트웨어 프로그램과 같다."라고 말하며 다음과 같이 덧붙인다.

"그렇기 때문에 이러한 감정이 현대 사회에서 우리가 내리는 결정에 항상 잘 들어맞지는 않는다. 중요한 것은 감정이 어떻게 우리를 잘못된 길로 이끄는지 알아내서 그러한 결함을 상쇄할 방법을 찾는 것이다."

일부 경제학자들은 이미 그런 작업을 추진 중이다. 그들은 이러한 뇌 촬영 자료를 사용해 '비대칭적 개입주의(asymmetric paternalism)'로 알려진 새로운 정치 철학을 지지하고 있다. 이 명칭은 꽤 거창하게 들리지만 사실 개념은 간단하다. 즉, 불합리한 충동을 억제하고 신중하게 더 나은 결정을 내리는 데 도움이 되는 정책을 개발하는 것이다. 예를 들어 슐로모 베나르치와 리처드 탈러는 인간의 비합리성을 고려한 개인연금제도 '401k 플랜'을 고안했다. 점진적 저축 증대(Save More Tomorrow)라 불리는 그들의 계획은 변연계를 교묘하게 피해간다. 이 프로그램을 실시하는 회사들은 직원들에게 당장 돈을 저축하기를 원하느냐고 묻는 게 아니라 몇 달 뒤에 시작하는 저축 계획에 동참하기를 원하느냐는 질문을 던진다. 이러한 제안은 사람들이 당장의 손실에 집착하지 않고 미래를 위해 결정하도록 돕기 때문에 충동적 감정을 건너뛸 수 있게 해준다(이는 1년 후에 10달러짜리 아마존 상품권을 받겠느냐, 아니면 1년하고 1주일 후에 11달러짜리 아마존 상품권을 받겠느냐고 묻는 것과 거의 비슷하다. 이런 경우에는 사실상 모든 사람이 합리적인 결정을 내려 더 많은 액수의 상품권을 선택한다). 시범 연구는 이 프로그램이 완전히 성공했음을 보여줬다. 3년 후 평균 저축률이 3.5%에서 13.6%로 급등했기 때문이다.

허먼은 이보다 훨씬 더 간단한 해결책에 만족한다. "나의 첫 충고는 늘 똑같습니다. 망할 놈의 카드를 잘라버리거나 냉동실 얼음칸에 넣어버리고선 현금을 사용하는 습관을 기르라고 말입니다." 허먼은 신용카드를 없애지 않으면 건전한 지출 계획을 유지하는 것이 불가능함을 경험적으로 알고 있다. "생각보다 많은 사람들이 빚을 지고 있어요. 그런데도 여전히 카드로 살 수 있다면 무책임한 쇼핑 결정을 내리죠." 우리의 뇌가 즉각적인 보상을 뒤로하고 장기적 이익을 선택하기란 쉽지 않다. 그런 결정에는 의식적인 노력이 필요하고, 그렇기 때문에 신용카드처럼 선택을 더욱 어렵게 만드는 요소들은 무조건 없애버리는 것이 매우 중요하다.

"누구나 유혹에 대해 알고 있어요. 모든 사람들이 새 신발과 큰 집을 원하죠. 하지만 때로는 스스로에게 '노(No)'라고 말할 수 있어야 합니다."

허먼은 롤링 스톤스가 부른 '언제나 원하는 것을 가질 수는 없어

(You Can't Always Get What You Want)'의 가사를 인용했다. 노래가 주는 메시지는 간단하다. "원하는 것을 늘 얻을 수는 없다. 하지만 때로는 원하는 것을 얻지 못하는 것이 우리에게 꼭 필요하다."

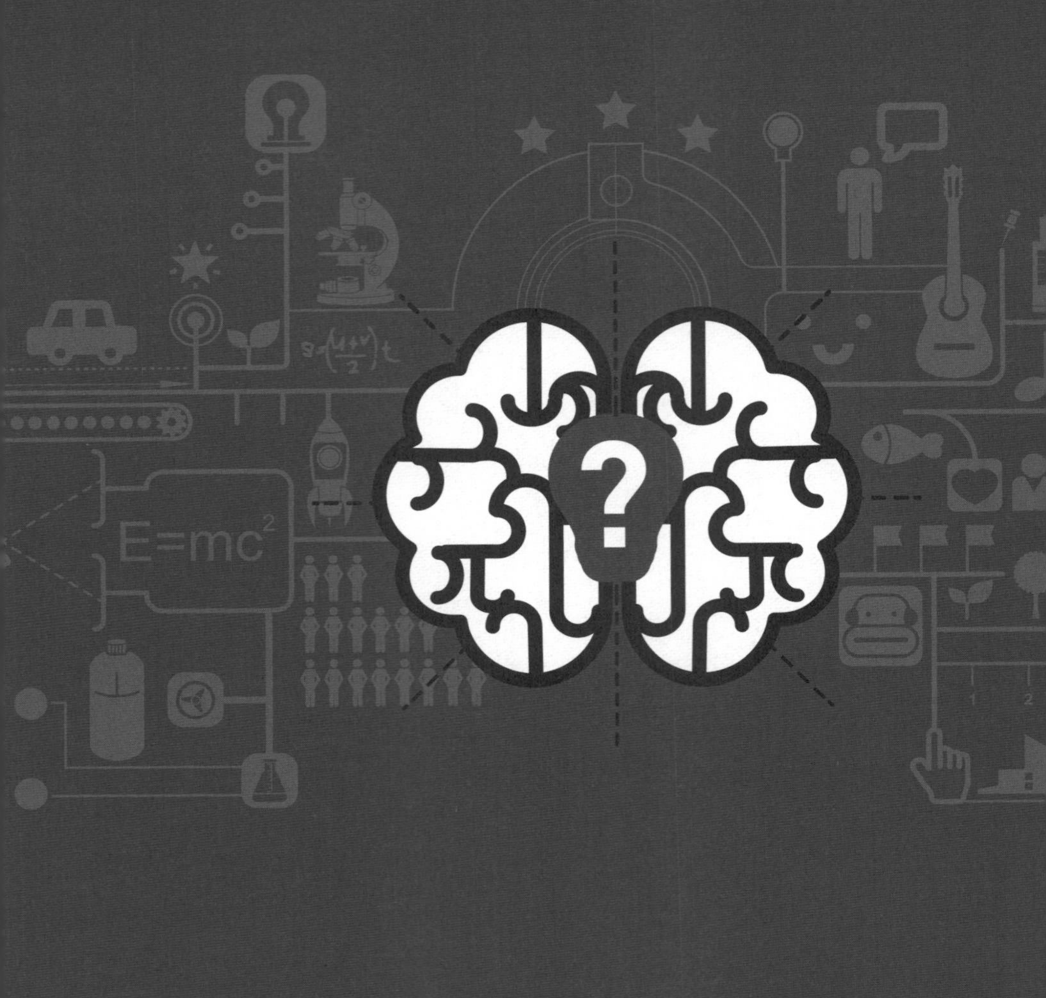
$E=mc^2$

4

이성을 활용하라

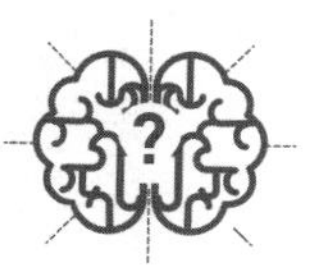

1949년 미국 서부 몬태나주의 여름은 길고도 건조했다. 풀로 덮인 산들은 바싹 말라 있었다. 몬태나 역사상 가장 더운 날로 기록되었던 8월 5일 오후, 길 잃은 번개가 땅에 떨어져 화재가 발생했다. 낙하산을 타고 산불을 끄는, '스모크점퍼(smokejumper)'라 불리는 소방대원들이 화재 현장에 파견되었다. 9년 경력의 베테랑 스모크점퍼 와그 닷지(Wag Dodge)가 지휘를 맡았다. 제2차 세계대전부터 군 수송기로 쓰였던 C-47기에 몸을 싣고 출발할 때만 해도 대원들은 화재 규모가 맨걸치(Mann Gulch)강 골짜기의 몇 에이커에 불과하다는 이야기를 들었다. 비행기가 화재 현장에 접근하자 멀리서도 연기를 볼 수 있었고, 하늘을 가로지르는 뜨거운 바람이 비행기를 향해 곧장 불어왔다.

맨걸치는 지질학상의 부조화를 보여주는 곳으로 로키산맥이 대평원과 만나는 장소에 위치해 있다. 소나무 숲은 대평원의 풀밭으로, 가파른 절벽들은 중서부의 평평한 초원 지대로 연결된다. 협곡의 길이는 5km에 불과하지만 서로 다른 두 지역의 경계선 역할을 한다.

불은 협곡의 서쪽 가장자리인 로키산맥 쪽에서 일어났다. 소방대원들이 협곡에 도착할 무렵 불길은 이미 걷잡을 수 없이 번져 있었다. 주변 산들이 모두 화염에 휩싸였고, 불에 탄 소나무 잔해들은 쓰레기처럼 널려 있었다. 닷지는 대원들을 협곡의 초원 쪽으로 이동시킨 후 미주리강이 잔잔하게 흐르는 언덕 아래로 내려가라고 지시했다. 물과 가까운 곳에 있기를 원했기 때문이다. 그는 이 화재가 엄청 커질 것임을 예감했다.

불길이 높이 치솟아 나뭇가지 꼭대기에 이르면 상층부 화재가 발생하는데, 일단 상층부 화재가 일어나면 불길은 엄청난 연료를 확보하게 된다. 뜨거운 불씨가 바람에 소용돌이치기 시작하면서 초원으로 옮겨 붙는다. 스모크점퍼들은 상층부 화재를 제압하는 유일한 방법은 비가 오기를 간절히 기도하는 것뿐이라고 농담을 하곤 한다. 대학교수이자 작가인 노먼 맥클린(Norman Maclean)은 《젊은이들과 불(Young Men and Fire)》이라는 책에서 그러한 화재를 다음과 같이 묘사했다.

> 그것은 마치 기차가 매우 빠르게 커브를 도는데 속도가 너무 높아 승무원들은 물론 기관사도 목숨을 구하기 위해 어찌해야 할지 모르는 상황과 같다. 때로 산림이 드문드문한 지역에서는 기차가 덜커덩거리며 다리를 건너는 것 같고, 때로 탁 트인 지역에서는 기차가 터널을 통과하는 것처럼 조용해진다. 하지만 불붙은 솔방울들이 바람에 휩쓸려 빈터 맞은편으로

떨어지면 기차가 터널을 빠져나온 듯 새로운 불길이 불완전연소된 검은색 연기를 내뿜기 시작한다. 이 연기는 산소층에 닿을 때까지 치솟다가 하늘에 이르면 연기구름 꼭대기에서 거대한 불길을 터뜨린다. 땅에서는 시커먼 연기가 치솟는데 하늘 위는 온통 시뻘건 불길로 뒤덮인 광경을 본 신입 소방대원은 자연법칙이 거꾸로 뒤집혔다고 생각한다.

닷지는 마른 풀밭과 마른 소나무 잎사귀를 바라보았다. 뜨거운 바람과 열기가 느껴지는 상황에 그는 초조함을 느꼈다. 설상가상으로 대원들은 그 지역의 지도를 갖고 있지 않았고 무전기조차 없었다. 낙하산에 매달았던 무전기가 바위에 떨어지면서 산산조각 났기 때문이다. 몇 안 되는 대원들은 각각 혼자서 산불에 맞서야 했다. 그들과 산불 사이에 있는 것은 강과 폰데로사 소나무, 더글러스 전나무가 빽빽하게 뒤엉킨 곳뿐이었다. 짐을 내려놓은 대원들은 협곡을 건너 다가오는 불길을 지켜보았다. 바람이 이따금 연기를 가르며 불어올 때마다 불길 속의 불꽃들은 이 나무에서 저 나무로 널뛰듯 옮겨 붙었다.

시간은 새벽 5시였다. 새벽바람은 아무 예고 없이 방향을 바꾸기 때문에 산불을 상대하기에 매우 위험한 시간대였다. 불어오는 미풍에 불길이 강을 벗어나 협곡 위로 활활 타올랐지만, 이내 갑자기 바람의 방향이 바뀌었다. 닷지는 공중에서 소용돌이치는 재를 쳐다보았다. 불길의 꼭대기는 너울거리며 깜박이더니, 협곡을 건너와 닷지가 있는 쪽 풀밭에 불꽃을 일으켰다.

바로 그때 상승 기류가 시작되었다. 사나운 바람이 협곡을 가로질러 늑대 울음 같은 소리를 내며 소방대원들을 향해 곧장 불어왔다.

닷지는 걷잡을 수 없이 커지는 불길을 그저 지켜보는 수밖에 없었다. 갑자기 초원 가장자리에서 불길이 만들어낸 높이 60m, 폭 90m의 벽이 눈에 들어왔다. 순식간에 비탈면의 풀밭을 휩쓸기 시작한 불길은 시속 50km의 속도로 대원들을 향해 달려오며 통로를 모조리 태워버렸다. 불길의 중심 온도는 1,000℃가 넘었다. 바위를 녹이고도 남을 정도였다.

닷지는 다급한 목소리로 대원들에게 후퇴하라고 외쳤다. 하지만 불길이 앞을 가로막는 바람에 강물 쪽으로 뛰기에는 너무 늦었다. 대원들은 각자 짊어지고 있던 23kg짜리 장비를 내던지고 가파른 협곡 벽 위를 향해 죽기살기로 달리기 시작했다. 협곡 꼭대기에 올라가 불길을 피할 생각이었다. 평평한 초원 지대에서 일기 시작하는 불길은 온도가 높아지기 때문에 경사면에 이르면 더욱 거세진다. 50도 경사각에서 불길은 평지에서보다 아홉 배나 더 빨리 이동하는데, 맨걸치 협곡의 경사각은 76도에 달했다.

불길이 처음 협곡을 건너올 때 닷지와 대원들은 불길보다 180m 앞서 달렸다. 몇 분 후 닷지는 등 뒤에서 뜨거운 열기를 느꼈다. 고개를 돌리니 불길은 이제 45m도 채 되지 않은 곳에 와 있었다. 대기는 산소를 잃기 시작했고, 불길이 바람을 빨아들이고 있었다. 그때 닷지는 더 이상 불길을 따돌릴 수 없다는 사실을 깨달았다. 언덕은 너무 가팔랐고, 불길은 너무 빨랐다.

닷지는 달리기를 중단하고 가만히 멈춰 섰다. 불길은 더욱 빠르게 그를 향해 돌진해왔다. 그는 대원들을 향해 자신과 똑같이 하라고 소리쳤다. 아무리 달려봤자 결국에는 화마의 제물이 될 수밖에 없음을 깨달았기 때문이다. 불길은 마치 브레이크가 없는 화물 열차처럼 30초도 채 못 되어 그들을 덮칠 것이 뻔했다. 하지만 아무도 멈추지 않았다. 귀머거리로 만들어버리는 불길의 포효 때문에 닷지의 말을 듣지 못했거나, 멈춰 서라는 지시를 받아들일 수 없었거나 둘 중 하나였다. 사나운 불길과 마주치면 도망치는 것이 가장 기본적인 본능인데 닷지는 왜 대원들에게 가만히 서 있으라고 했을까?

닷지는 자살을 하려는 게 아니라 절망적인 상황에서 창의력을 발휘해 탈출 계획을 만들어내려 했다. 그는 재빨리 성냥을 켜 자기 앞에 있는 땅에 불을 붙였고, 불길이 협곡 벽을 타고 올라가 그에게서 멀어지는 것을 지켜보다가 잠시 후 자신이 피운 작은 불꽃이 만들어낸 잿더미 속으로 발을 들여놓았다. 그의 둘레에는 불에 탄 흙으로 이루어진 얇은 방패막이 형성되었다. 닷지는 아직도 연기가 피어오르는 불씨 위에 엎드리고는 휴대용 물통에 든 물로 손수건을 적셔 입을 가렸다. 그는 눈을 꼭 감고 지표면에 얇게 남아 있는 산소를 들이마시며 불길이 지나가기를 기다렸다. 끔찍한 몇 분이 지난 후 그는 아무 탈 없이 잿더미 속에서 나왔다.

13명의 대원들이 맨걸치 화재에서 목숨을 잃었고, 닷지 옆에 있던 두 명의 대원만이 가까스로 살아남았다. 바위투성이 비탈에서 좁은 틈새를 발견한 덕분이었다. 닷지가 예측한 대로 불길을 따돌리기는 불가능했다. 대원들이 죽은 장소에는 지금도 하얀 십자가가 세워져 있는데, 모두 산등성이 아래쪽에 자리한다.

01

닷지가 불을 피했던 방법은 현재 표준 소방기술의 하나로 자리 잡아, 빠르게 덮쳐오는 불길에 갇힌 소방대원들의 생명을 수없이 구했다. 하지만 당시만 해도 닷지의 계획은 완전히 미친 짓처럼 보였다. 다른 대원들이 불길을 피해 도망가는 방법만 생각하는 동안, 그는 새로운 불을 피우고 있었다. 1년차 대원으로 화재에서 살아남은 로버트 샐리는 훗날 '닷지가 정신이 나갔어. 완전히 돌았어.'라고 생각했다고 한다.

하지만 닷지의 정신은 말짱했다. 그는 뜨거운 화염 속에서 매우 똑똑한 결정을 내렸다. 우리는 "어떻게 그럴 수 있었을까?"라고 묻지 않을 수 없다. 무엇이 그가 도망치고 싶은 충동을 억제시켰을까? 왜 그는 협곡 위로 내달리는 대원들을 따라가지 않았을까? 대답의 일부는 경험에서 찾을 수 있다. 당시 대원들의 대부분은 여름방학을 이용해 아르바이트를 하던 10대들, 즉 그동안 기껏해야 몇 건의 작은 화재와 싸워봤던 이들이었을 뿐이기에 그렇게 큰 화재를 본 적이 없었다. 반면 닷지는 산불 진압의 베테랑이었다. 그는 초원에서 일어난 화재가 어떤 능력을 가지고 있는지 알고 있었다. 불길이 협곡을 가로질러 오자 닷지는 굶주린 화마가 대원들을 집어삼키는 것은 시간문제라는 사실을 알아차렸다. 언덕은 너무 가팔랐고, 바람은 매우 사나웠으며, 풀은 아주 건조했다. 불길이 꼭대기까지 그들을 따라올 것이 뻔했기에, 설사 대원들이 간신히 산꼭대기에 이르더라도 여전히 불길 속에 갇히는 신세가 될 수밖에 없었다. 소들이 뜯어먹지 않아 무성하게 자란 건조한 풀로 뒤덮여 있는 산등성이에 순식간에 불이 붙을 것은 분명했다.

닷지에게는 말로 표현할 수 없는 공포의 순간이었다. 도망갈 곳은 어디에도 없었다. 대원들은 죽음을 향해 달려가고 있고, 불길이 곧 그들을 집어삼킬 참이었다. 하지만 닷지의 목숨을 구한 건 두려움이 아니었다. 그 상황에서 저항할 수 없는 두려움은 오히려 문제만 될 뿐이었다. 불길이 언덕 위쪽으로 옮겨 붙기 시작하자, 대원들은 산등성이가 꽤 멀리 떨어져 있었음에도 그곳에 가야 한다고만 생각했다. 당시 1년차 소방대원이었던 월터 럼지는 닷지가 달리기를 멈추고 성냥갑을 꺼내드는 모습을 보며 떠올랐던 생각을 나중에 이렇게 말했다. "아주 좋은 아이디어라고 생각했던 기억이 납니다. 하지만 무엇 때문에 좋다고 생각했는지는 모르겠어요……. 나는 계속 산등성이만 생각했습니다. 산등성이에서는 안전할 것 같았거든요." 당시 부대장이었던 윌리엄 헬먼은 닷지의 행동을 보고는 "저런 미친 짓을 하다니. 여기서 빠져나가야 해."라고 말했다고 전해진다(헬먼은 산등성이에 이른 유일한 대원이었지만 전신에 3도 화상을 입고 그다음 날 사망했다). 나머지 대원들도 헬먼과 똑같이 행동했다. 후에 조사를 받는 과정에서 닷지는 '대원들이 왜 멈추라는 명령을 따르지 않았느냐?'는 질문을 받고선 고개를 가로저었다. "그들은 내 말에 주의를 기울이지 않는 듯했어요. 그게 바로 내가 이해할 수 없는 부분이에요. 그들의 머릿속에 무언가 들어 있는 것 같았어요. 모두 한 방향으로 가야 한다는……. 대원들은 그저 꼭대기로만 가기를 원했죠."

닷지의 대원들은 공포에 사로잡혀 있었다. 공포의 가장 큰 문제는 생각을 편협하게 만든다는 것이다. 공포는 우리의 의식을 가장 본질적인 사실, 즉 가장 기본적인 본능으로 축소시키기 때문에 불길에 쫓기는 사람은 오로지 불길을 피해 도망쳐야 한다는 생각밖에 하지 못한다.

이런 현상을 가리켜 '지각 협착(perceptual narrowing)'이라고 일컫는다. 다음의 한 가지 실험결과를 살펴보자. 실험자들은 참가자들을 한 명씩 압력실에 집어넣은 뒤, 18m 깊이로 잠수했을 때의 압력과 같아질 때까지 천천히 압력을 높이겠다고 말했다. 참가자들은 압력실 안에서 두 가지 간단한 임무를 수행해야 했다. 하나는 시야 중심에서 깜박이는 불빛에 반응하는 것이고, 다른 하나는 시야 주변에서 깜박이는 불빛에 반응하는 것이었다. 예상했던 대로 압력실 안에 들어간 참가자 모두는 맥박 증진, 혈압 상승, 아드레날린 분출과 같은 공포의 징후를 드러냈고, 이러한 증상은 과제 수행에 큰 영향을 미쳤다. 압력실에 있는 사람들은 시야 중심 임무 수행 시에는 압력실 밖에 있는 사람만큼 잘 해냈지만, 시야 주변 임무에서는 자극을 놓치는 경우가 두 배나 높았다. 세상을 보는 시야가 말 그대로 좁아졌기 때문이다.

맨걸치의 비극은 인간의 생각에 대한 중요한 교훈을 준다. 닷지는 감정을 억제함으로써 화재에서 살아남았다. 두려움이 효용성을 다했다는 생각, 도망쳐봤자 갈 곳이 아무 데도 없다는 생각이 들자 닷지는 원시적인 충동을 억누를 수 있었다. 대신 그는 신중하고 창의적인 사고를 가능하게 하는 의식적 생각에 집중했다. 저절로 일어나는 감정은 가장 눈앞의 변수에만 관심을 기울이지만, 이성 두뇌는 가능성의 폭을 넓혀준다. 이와 관련해 신경과학자 조지프 르두(Joseph LeDoux)는 이렇게 말했다. "사람은 자신의 안위를 가장 먼저 생각한다. 이것이 바로 감정 두뇌의 장점이기도 하다. 그 덕에 우리는 상황을 파악해 가장 합리적인 결정을 내리는 데 필요한 시간을 벌 수 있다." 그래서 닷지는 달리는 것을 중단했다. 불길에서 살아남으려면 생각이 필요했기 때문이다.

다음으로 그는 자신이 통제할 수 있는 뇌 부위에 전적으로 의존했다. 공포의 순간에 그는 불가능할 것 같았던 문제를 해결할 수 있는 새로운 방법을 찾아냈다. 그에게 가이드가 되어줄 본보기는 어디에도 없었다. 불길을 피하기 위해 불을 놓은 사람은 일찍이 아무도 없었으니 말이다. 하지만 닷지는 그렇게 하면 살 수 있을 것 같았다. 그 짧은 순간에 그는 불을 놓으면 그 불이 땅을 태워 얇은 보호막을 만들어줄지도 모른다는 걸 깨달았다. 닷지는 "그냥 그렇게 하는 것이 논리에 맞을 것 같았다."라고 말했다. 그는 자신의 방법이 과연 들어맞을지

어떨지 몰랐다. 연기에 질식해 죽을 수 있다는 생각도 들었지만 그래도 도망치는 것보다 더 나은 방법이라 여긴 그는 바람이 부는 방향을 감지해 바로 앞에 있는 수풀에 불을 붙였다. 수풀은 종잇장처럼 타들었고, 주변의 마른 풀잎들이 잿더미로 변했다. 그는 불로 방화벽을 만든 것이다.

이런 종류의 생각은 전전두피질, 곧 전두엽의 맨 바깥층에서 일어난다.* 이마뼈에 단단히 붙어 있는 전전두피질은 인간의 뇌 속에서 어마어마한 팽창을 경험했다. 현대인의 대뇌피질을 다른 영장류나 원시 인류의 대뇌피질과 비교해보면 해부학적으로 가장 분명한 차이를 드러내는 것이 바로 이 앞부분의 튀어나온 곳이라는 사실을 알 수 있다. 예를 들어 네안데르탈인은 뇌가 호모 사피엔스보다 약간 더 컸지만 전전두피질은 여전히 침팬지 수준이었다. 그 결과 네안데르탈인에게는 인간의 두뇌 가운데 가장 중요한 재능 하나가 없었다. 그것은 바로 합리적 사고였다.

합리성은 정의하기 어려운 단어일 수 있다. 이 말은 길고 복잡한 지성의 역사를 가지고 있지만 주로 특정 형태의 사고를 가리키는 데 쓰인다. 플라톤은 합리성을 논리의 사용과 관련지었다. 그는 인간에겐 합리성이 있기 때문에 신처럼 생각할 수 있다고 믿었고, 현대 경제학은 이러한 고대 그리스의 사상을 '합리적 선택 이론'으로 다듬었다. 인간은 원하는 것을 얻었을 때 발생하게 될 쾌락의 양(효용성)에 따라

---

* 전두엽의 특정 부위는 안와전두피질과 같이 감정 상태의 인식과 관련이 있다. 하지만 전전두피질의 상층 3분의 2, 특히 배측 전전두피질(DLPFC, dorsolateral prefrontal cortex)은 일반적으로 두뇌의 이성 중추로 간주된다. 우리는 숫자를 계산하거나 논리를 전개하거나 신중한 분석에 의존할 때 배측 전전두피질을 사용한다.

원하는 것을 얻을 수 있는 가능성을 늘리는 쪽으로 결정을 내린다. 이 합리적 법칙은 우리 모두의 행복을 최대로 만들어주기 때문에, 합리적 인간이라면 늘 그렇게 한다.

물론 우리의 마음은 합리성으로만 움직이는 기계가 아니다. 우리는 슈퍼마켓에서 효용성을 계산하거나, 축구공을 패스하면서 수학을 이용하거나, 경제학 교과서에 등장하는 가상의 인물처럼 행동하지 않는다. 플라톤의 마부는 종종 감정적인 말들 때문에 어려움을 겪지만, 그럼에도 뇌에는 전전두피질을 중심으로 하는 합리적 뇌 영역의 네트워크가 있다. 회색과 흰색 물질로 이루어진 이 특이한 덩어리가 없다면 우리는 합리적으로 행동하는 것은 고사하고 합리성이라는 단어의 의미조차 이해하지 못할 것이다.

전전두피질이 늘 그렇게 높이 평가되었던 것은 아니다. 과학자들이 최초로 뇌를 해부했던 19세기만 해도 전두엽은 쓸모없고 불필요한 주름진 살덩어리로 간주되었다. 신체의 통제나 언어 구사처럼 특별한 임무를 수행하는 다른 피질 부위와 달리 전전두피질은 아무 일도 하지 않는, 뇌에서의 맹장과도 같은 부분인 것처럼 보였다. 결국 의사들은 그 부위를 제거해 어떤 현상이 일어나는지 알아보기로 했다. 1935년 포르투갈의 신경학자인 안토니오 에가스 모니즈(Antonio Egas Moniz)는 전두엽에 여러 개의 작은 구멍을 뚫는 섬세한 수술인 뇌엽절제술을 최초로 시도했다(이 수술은 비슷한 과정을 거친 침팬지가 덜 공격적으로 변했다는 보고에 고무되어 이루어졌다). 모니즈는 이 수술의 대상을 정신분열증처럼 심각한 정신질환을 앓고 있어 암울한 정신병원에 갇힐 수밖에 없는 환자들로 국한시켰다. 이 수술이 만병통치 수단은 아니었지만 모니즈의 환자들 가운데 많은 사람들이 수술 후 개선 증상을 경험했다. 1949년 그는 새로운 수술 분야를 개척한 공로로 노벨 의학상을 받았다.

뇌엽 절제술의 성공에 힘입어 의사들은 다른 종류의 전두엽 수술에 도전했다. 미국에서는 월터 프리먼(Walter Freeman)과 제임스 와츠(James Watts)가 전전두엽 절제술로 알려진 수술 방법을 개발했다. 이는 전전두피질과 시상을 연결하고 있는 흰색 물질을 완전히 제거하는 수술이었다. 수술 방법은 허무할 만큼 간단해서, 얇은 칼날을 눈꺼풀 밑에 삽입한 다음 망치로 얇은 뼈층을 뚫고 이리저리 두드리면 그만이었다. 이 수술 방법은 곧 큰 인기를 얻어서 1939년과 1951년 사이 미국의 정신병원과 감옥에 있는 환자 1만 8,000여 명에게 이 수술이 실시되었다.

그러나 불행히도 이 수술은 여러 가지 참혹한 부작용을 낳았다. 수술 환자 중 2~6%가 수술대에서 목숨을 잃었고, 살아남은 사람들도 수술 전과 너무나 다르게 변했다. 어떤 환자들은 실성한 듯 주변의 모든 것에 아무런 관심을 보이지 않았고, 또 어떤 환자들은 언어를 사용하는 능력을 잃었다(존 F. 케네디 대통령의 누이동생인 로즈메리 케네디도 '격정성 우울증'을 치료하고자 이 수술을 받았지만 심각한 부작용을 겪었다). 전전두엽 절제술을 받은 환자 대다수는 단기적인 기억 상실증에서부터 충동억제 능력 상실에 이르기까지 여러 고통을 경험했다.

전전두엽 절제술은 모니즈의 뇌엽 절제술과 달리 매우 거친 수술이어서 수술 칼을 휘두를 때 무엇이 잘려나갈지 전혀 예측할 수 없었다. 의사들은 전전두피질의 연결 부위만을 자르려고 노력했지만 실제로 자신들이 무엇을 자르고 있는지 알지 못했다. 그러나 지난 수십 년간 신경과학자들은 뇌의 이 부위를 매우 정밀하게 연구해왔고, 그 결과 이제 전전두피질이 손상되었을 때 나타나는 현상을 정확히 파악할 수 있게 되었다.

메리 잭슨의 경우를 살펴보자. 지성과 열정을 겸비한 19세의 이 아가씨는 앞길이 창창했다. 비록 황폐한 빈민 지역에서 성장했지만 전액 장학금을 받고 아이비리그 대학에 진학한 그녀는 소아과 의사가 되어 자기가 자란 동네에 병원을 개업하겠다는 목표를 가지고 의과대학 예과 과정에서 공부 중이었다. 그녀의 남자친구 톰은 근처 대학에 다니는 대학원생이었고, 둘은 메리가 의과대학을 졸업하고 나면 결혼할 계획이었다.

하지만 예과 2학년을 마친 여름부터 메리의 삶은 흐트러지기 시작했다. 이상한 징후를 제일 먼저 발견한 사람은 톰이었다. 독실한 기독교인 부모 밑에서 성장한 메리는 그 전까지 술을 입에 대지도 않았지만 언젠가부터 갑작스레 술집과 클럽을 자주 들락거리기 시작했다. 또 아무 남자와 닥치는 대로 잠자리를 하는가 하면 코카인을 흡입하기도 했고, 교회에도 발길을 끊었으며 옛 친구들과 멀어졌음은 물론 톰과도 헤어졌다. 그녀 안에서 무슨 일이 일어나고 있는지 아는 사람은 아무도 없었다.

방학이 끝나고 학교로 돌아온 뒤 메리는 출석도 하지 않았고 F학점이 세 개, D학점이 두 개로, 성적 역시 급격히 떨어졌다. 지도교수는 그녀에게 더 이상 장학금을 받지 못할 것이라는 경고와 함께 정신과 상담을 권했지만, 메리는 그 제안을 무시한 채 거의 매일 밤 술집을 들락거렸다.

늦은 봄, 메리는 고열과 심한 기침에 시달렸다. 처음에는 단순히 너무 많이 놀고 마신 데 따른 부작용이라 생각했지만 병세가 나아지지 않자 학교 보건소를 찾았다. 보건소에서는 폐렴이라는 진단을 내리고 정맥 항생제 주사와 산소 치료를 해주었다. 그러나 그 후에도 고열은 내리지 않았다. 면역 체계가 문제일 것 같다고 판단한 의사들은 정밀 혈액검사를 지시했고, 메리는 에이즈 양성 반응을 보였다.

그 사실을 들은 메리는 그 자리에 주저앉아 통곡했다. 그녀는 의사들에게 자신의 행동을 스스로도 이해할 수 없었다고 말했다. 여름방학 전만 해도 그녀는 마약을 하고 싶다거나 아무하고나 자고 싶다거나 수업을 건너뛰고 싶다는 충동을 한 번도 느껴본 적이 없었고, 관심사는 오로지 의과대학에 들어가 톰과 단란한 가정을 꾸리겠다는 장기적인 목표에만 있었다. 하지만 이제 그녀는 자신의 충동을 억제할 수도, 유혹을 뿌리칠 수도 없게 되었다. 그녀는 계속해서 경솔한 결정을 내렸다.

메리의 주치의는 그녀에게 플로리다 대학의 뛰어난 신경학자 케네스 헤일먼(Kenneth Heilman) 박사를 추천했다. 헤일먼은 우선 메리에게 간단한 심리검사를 실시했다. 그는 그녀에게 몇 가지 물건을 기억하라고 한 다음, 30초간 숫자를 거꾸로 세게 해서 정신을 딴 데로 돌려놓았다. 이어 헤일먼이 메리에게 앞서 제시한 물건들을 여전히 기억하고 있느냐고 묻자, 메리는 멍한 눈으로 그를 물끄러미 쳐다보았다. 그녀의 작동 기억이 사라져버린 것이다. 헤일먼이 또 다른 기억력 테스트를 실시하자 메리는 버럭 화를 냈다. 헤일먼은 메리에게 원래 그렇게 참을성이 없었느냐고 물었고, 그녀는 이렇게 답했다. "1년 전만 해도 화를 내는 법이 거의 없었어요. 그런데 지금은 늘 자제심을 잃곤 해요."

이 모든 신경학적인 증상, 즉 기억력 감퇴, 스스로를 파괴하는 충동, 통제할 수 없는 분노는 메리의 전전두피질에 문제가 발생했다는 신호였다. 헤일먼은 메리에게 한 차례의 테스트를 더 실시했다. 그는 그녀 앞에 빗을 놔두고 만지지 말라고 지시했다. 하지만 그녀는 즉시 빗을 들고 머리를 빗기 시작했다. 이번에는 그녀 앞에 펜과 종이를 놔둔 채 손을 움직이지 말고 가만히 있으라고 말했지만 메리는 반사적으로 손을 움직여 글을 쓰기 시작했고, 몇 개 문장을 끼적이더니 이내 지루한 듯 새로운 관심사를 찾기 시작했다. 헤일먼은 메리의 진찰 소견서에 "본인 내부의 목표에 따라 행동하기보다 외부 자극에 철저히 의존함"이라고 적었다. 메리는 보이는 것은 뭐든 만졌고, 만지는 것은 뭐든 갖기를 원했으며, 갖고 싶은 것은 뭐든 손에 넣어야 했다.

헤일먼은 MRI 촬영을 지시했고, 그 결과 메리의 뇌에서 종양이 발견됐다. 뇌하수체에서 불거져 나온 커다란 종양은 메리의 전전두피질을 압박하고 있었다. 그것이 메리의 타락을 가져온 원인이었다. 자라난 종양은 실행 기능의 이상(executive dysfunction)을 일으킴으로써 일관된 목표를 유지하며 행동의 결과를 성찰하는 능력을 빼앗아갔고, 그 때문에 메리는 아무 생각 없이 충동에 따라 행동할 수밖에 없었다. 종양은 미리 생각하고, 앞날을 계획하며, 충동을 억제하는 능력 등 인간에게 꼭 필요한 정신적 특징을 지워버렸다.

"전두엽에 문제가 발생한 환자들 가운데는 메리와 같은 징후를 보이는 사람이 많습니다. 그들은 감정을 억제하지 못합니다. 화가 나면 곧 싸움에 뛰어들지요. 인지 기능이 아직 남아 있어 싸우는 것은 옳지 않다는 것을 알긴 하지만, 그들에게는 지식보다 감정이 더 중요하기 때문이에요." 헤일먼에 따르면 메리의 경우 전전두피질이 손상되는 바람에 이성 두뇌가 비합리적인 충동을 조절하거나 억제할 수 없었다. "그녀는 자신의 행동이 스스로를 파괴하고 있다는 것을 알고 있었어요. 하지만 어찌할 수가 없었죠."

메리 잭슨의 비극적인 이야기는 전전두피질의 중요성을 여실히 보여준다. 그녀는 종양으로 특정한 뇌 영역이 손상되었기 때문에 추상적으로 사고하거나 눈앞의 충동을 억제하는 것이 불가능했고, 정보를 단기적으로 기억하거나 장기적인 계획에 따라 살 수도 없었다. 만일 메리 잭슨이 불을 피해 도망쳐야 할 상황이었다면, 그녀는 멈춰 서서 성냥을 켜기는 커녕 계속해서 앞으로 달리기만 했을 것이다. *

* 버지니아의 한 교사도 이와 비슷한 사례에 해당한다. 그는 가정이 있는 중년 남성이었는데 어느 날 갑자기 아동 포르노그래피를 다운받으면서 어린 소녀들과 성관계를 갖기 시작했다. 너무 뻔뻔한 행동으로 곧 경찰에 체포된 그는 아동성추행범으로 기소되었다가 이후 소아 성애병자 대상 치료 프로그램에 보내졌지만, 그곳에서도 여성들에게 함께 자자며 성희롱을 해 쫓겨나고 말았다. 재활 훈련에 실패하고 선고를 받기 위해 법정에 출두하기 바로 전날, 그는 응급실을 찾아가 심한 두통과 이웃을 강간하고픈 욕구에 늘 시달리고 있다고 호소했다. 의사들은 MRI를 통해 문제의 원인을 발견했다. 커다란 종양이 그의 전두피질(frontal cortex)에 박혀 있었던 것이다. 종양을 제거하자 왜곡된 성적 충동이 즉시 사라졌고, 그는 더 이상 과도한 성욕을 가진 괴물이 아니게 되었다. 하지만 불행히도 그 상태는 그리 오래가지 못했다. 1년이 채 지나지 않아 다시 자라기 시작한 종양 탓에 그의 전두피질은 곧 무기력해졌고, 소아 성애의 충동이 다시 찾아왔기 때문이다.

02

당신이 간단한 도박 게임을 하고 있다고 상상해보자. 당신은 실제 현금 50달러를 받은 뒤 두 가지 도박 방식 중 하나를 선택해야 한다. 첫 번째 방식은 받은 돈을 전부 유지하거나 몽땅 잃는 것인데 50달러를 모두 유지할 확률은 40%, 모두 잃을 확률은 60%로 분명하다. 두 번째 방식은 선택만 하면 무조건 20달러를 갖게 된다.

당신은 어느 쪽을 선택할 것인가? 대부분의 사람들은 확실히 보장된 현금을 선택할 것이다. 아무것도 갖지 못하는 것보다는 일부라도 갖는 게 더 낫기 때문이다. 게다가 20달러는 결코 적은 돈이 아니다.

이제 다시 게임을 해보자. 위험성이 높은 도박은 조건이 바뀌지 않았다. 즉, 50달러 모두를 유지할 확률은 여전히 40%다. 그러나 이번에는 두 번째 도박의 조건이 20달러를 얻는 것이 아니라 30달러를 잃는 것으로 바뀌었다.

물론 결과는 똑같다. 두 도박 게임은 동일하다. 어느 경우든 두 번째 옵션을 선택하면 당신은 원래 받은 50달러 중 20달러를 가질 수 있다. 하지만 서로 다른 설명은 사람들이 게임을 하는 방식에 강한 영향을 미쳤다. 20달러를 '얻는다'는 용어를 사용했을 때 위험한 도박, 즉 첫 번째 방식을 선택한 사람은 전체의 42%에 불과했다. 그러나 30달러를 '잃는다'는 용어를 사용했을 때는 위험한 도박을 선택한 사람이 62%에 달했다. 이러한 인간의 특이한 성향을 '프레이밍 효과(framing effect)'라고 하는데, 손실 회피의 부산물이라 할 수 있다. 프레이밍 효과는 육류에 '지방 15%' 대신 '살코기 85%'라고 적힌 라벨을 부착해 판매할 때 사람들이 훨씬 더 많이 구매하는 이유를 설명해 준다. 사망 확률이 20%라고 말할 때보다 생존 확률이 80%라고 말할 때 두 배나 더 많은 환자들이 수술을 선택하는 이유도 이것이다.

신경과학자들은 fMRI를 이용해 이 도박 게임에 참여한 사람들의 뇌를 관찰했다. 그 결과 두 가지 다른, 그러나 실상은 같은 표현을 들었을 때 활성화되는 뇌의 부위를 정확히 볼 수 있었다. 30달러를 잃게 될 것이라는 설명을 듣고 도박을 선택한 사람들의 경우에는 흥분했을 때 부정적인 감정을 유발하는 뇌 부위, 즉 편도체가 반응을 보였다. 무언가를 잃는다고 생각할 때마다 뇌의 편도체는 자동적으로 활성화된다. 사람들이 그토록 손실을 싫어하는 것도 이 때문이다.

하지만 과학자들은 서로 다른 설명 방식에도 흔들리지 않았던 참가자들의 뇌를 관찰하며 놀라운 사실을 발견했다. '이성적'이라는 평을 듣는 사람들의 편도체 역시 프레이밍 효과에 민감한 사람들의 편도체만큼이나 흥분했던 것이다.

실험을 이끌었던 신경과학자 베네데토 데 마르티노(Benedetto De Martino)는 "모두가 감정적 편향을 보였고, 여기에서 자유로운 사람은 아무도 없었다."라고 말했다. 두 개의 다른 설명이 사실은 동일한 것이라는 사실을 즉시 눈치 채며 프레이밍 효과의 허실을 간파한 사람들조차 손실에 대한 설명을 듣는 순간 부정적인 감정을 경험했으니 말이다.

그렇다면 무엇이 그런 극명한 행동의 차이를 야기할까? 모든 사람의 편도체가 반응을 보였음에도 왜 일부의 사람들만 서로 다른 설명 방식에 흔들렸을까? 전전두피질이 그 안에 있기 때문이다. 놀랍게도 실험 참가자들의 결정을 가장 잘 예측한 것은 편도체가 아닌 전전두피질이었다. 전전두피질이 더욱 활성화되었을 때 사람들은 프레이밍 효과를 더 잘 극복할 수 있었다. 즉, 비합리적인 감정에 치우치지 않고 두 가지 설명이 동일하다는 사실을 간파한 뒤 편도체에 의존하지 않고 계산한 결과 그들은 더 나은 선택을 할 수 있었던 것이다. 마르티노는 "이성적인 사람은 감정을 덜 인식하는 게 아니라 감정을 더 잘 통제하는 것일 뿐"이라고 말했다.

우리는 어떻게 감정을 통제할 수 있을까? 답은 놀랍도록 간단하다. 감정에 대해 생각하면 된다. 전전두피질 덕분에 우리는 자신의 생각을 깊이 헤아릴 수 있다. 심리학자들은 이런 능력을 '상위인지(metacognition)'라고 부른다. 우리는 언제 화가 나는지 알고 있다. 모든 감정 상태에는 자의식이 뒤따르기 때문에 인간은 자신이 왜 느끼고, 무엇을 느끼는지 알아낼 수 있다. 특정한 감정이 아무 의미가 없다면, 가령 편도체가 단지 손실이라는 이야기에 반응한 것뿐이라면 그런 감정은 무시해도 된다. 전전두피질은 감정 두뇌를 의도적으로 무시할 수 있다.

이는 아리스토텔레스의 핵심 개념 가운데 하나이기도 하다. '고결한 성품'을 여러 각도에서 살펴본 《니코마코스 윤리학(The Nicomachean Ethics)》에서 그는 선(善)을 실현하는 열쇠는 욕망을 다스리는 법을 배우는 데 있다고 결론지었다. 스승인 플라톤과 달리 이성이 늘 감정과 갈등을 빚는 것은 아니라는 점을 깨달았던 아리스토텔레스는 플라톤의 이원론적 심리학이 지나치게 단순화된 것이라고 생각했다. 아리스토텔레스는 '이성적인 영혼의 중요한 기능 중 하나는 감정을 현명하게 현실 세계에 적용하는 것'이라고 주장하며 이와 관련해 다음과 같이 말했다. "화를 내는 것은 누구나 할 수 있을 만큼 쉽다. 하지만 올바른 사람에게, 올바른 정도로, 올바른 때에, 올바른 목적을 가지고, 올바른 방법으로 화를 내는 것은 쉽지 않다." 즉, 이성은 생각을 필요로 한다는 것이다.

아리스토텔레스의 개념이 실제로 뇌 안에서 어떻게 전개되는지 이해할 수 있는 방법이 하나 있다. TV 포커스 그룹(프로그램 반응을 확인하기 위해 모인 시청자 집단 - 옮긴이 주)의 심리 작용을 조사하는 것이다. 사실 모든 TV 프로그램은 방영 전 시사회를 열어 시청자의 반응을 살피는데, 이러한 사전 시사 단계에는 이성과 감정, 본능과 분석의 절묘한 상호작용이 존재한다. 다른 말로 하면 사람의 마음속에서 끊임없이 일어나고 있는 작업을 모방한 것과 같다.

시청자 대상 시사회는 다음과 같은 과정으로 진행된다. 미국 각

지역의 인구집단을 대표하는 사람들을 선정해 특수장비를 갖춘 방에 들여보낸다. 작은 영화관 같은 방에는 안락한 의자와 컵 홀더가 마련되어 있다(TV 포커스 그룹 실험은 대개 올랜도와 라스베이거스에서 이루어지는데, 전국 각지에서 온 사람들이 많기 때문이다). 각각의 참가자들에게는 '피드백 다이얼'이 주어지는데, 리모컨 크기의 이 기기에는 빨간색 다이얼 하나와 흰색 버튼 몇 개, 소형 LED 화면이 달려 있다. 피드백 다이얼은 1930년대 후반에 처음 사용되었다. 당시 CBS 라디오 청취자 조사 책임자였던 프랭크 스탠턴은 저명한 사회학자 폴 라자스펠드(Paul Lazarsfeld)와 함께 '프로그램 분석기' 개발에 나섰다. CBS가 사용한 방법은 나중에 제2차 세계대전 동안 대중을 상대로 미국이 제작한 전쟁 선전물을 테스트하는 과정에서 더욱 정교하게 다듬어졌다.

오늘날의 피드백 다이얼은 참가자가 화면에서 눈을 떼지 않고도 작동시킬 수 있을 정도로 간단히 설계되어 있다. 다이얼의 숫자는 볼륨 버튼처럼 시계 방향으로 증가하게 되어 있는데, 숫자가 높을수록 TV 프로그램에 긍정적이라는 뜻이다. 참가자들은 감정이 변할 때마다 다이얼을 돌려야 하고, 매 순간 나타나는 시청자의 반응은 들쭉날쭉한 선 그래프로 전환된다.

HBO와 CNN 같은 케이블 채널도 광범위한 시청자 조사를 실시할 정도로 모든 TV 방송국이 포커스 그룹의 피드백에 의존하지만, 이러한 과정에는 분명 한계가 있다. 포커스 그룹의 반응은 좋지 않았지만 방송계의 전설이 된 작품도 있기 때문이다. '메리 타일러 무어 쇼(The Mary Tyler Moore Show)' '힐 스트리트 블루스(Hill Street Blues)' '사인펠드(Seinfeld)'는 테스트 결과가 끔찍했음에도 상업적으로 큰 성공을 거둔 예에 해당한다('사인펠드'는 테스트 방송 결과가 너무 나빠 1989년 NBC 가을 정규 방송에 편성되지 못하고 중간 개편 때 겨우 소개되었다). MTV 방송국의 편성 담당자인 브라이언 그레이든은 "피드백 다이얼을 통해 생산되는 양적 자료는 그 자체로는 무의미하다."라며 "자료를 제대로 해석할 줄 알아야 한다."라고 말했다.

포커스 그룹의 문제는 완벽하지 못한 도구에 있다. 사람들은 다이얼로 감정을 표현할 수는 있지만 감정을 설명할 수는 없다. 다이얼에 기록된 충동적인 감정은 그걸로 끝이다. 감정 두뇌가 안고 있는 일반적인 결함을 고스란히 반영한 그저 충동심일 뿐이다. 포커스 그룹이 '사인펠드'를 좋아하지 않았던 이유는 주인공이 마음에 들지 않았기 때문일까? 아니면 그 프로그램이 특별할 것도 없는 것에 대해 떠드는 시트콤이라는 새로운 종류의 TV 코미디를 표방했기 때문일까?('사인펠드' 파일럿 프로그램은 셔츠 단추의 중요성에 관한 긴 토론으로 시작한다.) 결국 포커스 그룹의 반응에서 나타나는 중요한 법칙 중 하나는 사람들에겐 익숙한 것을 선호하는 경향이 있다는 점이다. 테스트 방송에서 높은 점수를 얻는 새 프로그램은 대부분 이미 인기를 끌고 있는 프로그램과 매우 비슷하다. 예를 들어 NBC 시트콤 '프렌즈(Friends)'가 상업적으로 엄청난 성공을 거두자 여러 방송사들은 앞다퉈 그와 비슷한, 예쁜 20대 청춘들이 도시에서 함께 살아가는 모습을 담은 코미디 프로그램을 선보였다. 한 방송국 임원은 "이들 프로그램에 대한 시사회의 반응은 아주 좋았지만, 막상 뚜껑을 열어보니 결과가 좋지 않았다. 테스트에 참여했던 시청자들에게 그들이 실제로 좋아했던 '프렌즈'를 연상시켰기 때문이었을 뿐"이라고 말했다. 이러한 모조품 중 두 번째 시즌을 이어간 프로그램은 하나도 없었다.

방송국의 임원이라면 이런 감정의 실수를 가려내야만 시청자들의 첫 반응에 속아 넘어가지 않을 수 있다. 때로 사람들은 형편없는 프로그램을 좋다고 하거나 재미있는 프로그램을 거부하기도 하는데, 그런 상황에서 방송국 임원들은 포커스 그룹의 반응을 제대로 파악할 필요가 있다. 다시 말해 양적인 데이터를 그대로 받아들이지 말고, 그것을 해석할 줄 알아야 한다는 뜻이다. 사람들의 반응이 정확히 무엇을 의미하는지 파악하지 못하면 피드백 다이얼이 매 순간 전달하는 자료는 아무 쓸모가 없다. 1분에 12점이라는 높은 점수가 나왔다면 이는 그 순간의 특별한 줄거리 반전이 마음에 들었거나, 아니면 속옷 차림의 금발 미녀를 보는 게 좋아서였을 것이다(확실한 답은 포커스 그룹의 남녀 비율을 비교하면 바로 알 수 있다).

한 케이블 채널이 최근 리얼리티 프로그램 방영을 앞두고 사전 시청자 반응 조사를 실시했다. 점수는 전반적으로 높았지만, 장면에 따라 시청자의 평가가 급격하게 낮아지는 부분이 있었다. 방송국 임원들은 대체 시청자들이 무엇을 싫어하는지 처음엔 알 수 없었지만 결국 진행자 때문임을 깨달았다. 진행자가 출연자들에게 말을 걸 때마다 사람들은 다이얼을 아래로 돌렸다. 포커스 그룹 시청자들은 쇼 진행자를 좋아한다고 말했고 진행자가 카메라 앞에서 말할 때는 높은 점수를 주었지만, 그녀가 다른 사람들과 함께 있는 모습을 보는 것은 싫어했다(그 진행자는 결국 대체되었다). 그런가 하면 시청자 반응 그래프가 수평을 그릴 때도 있다. 포커스 그룹 시청자들이 프로그램의 클라이맥스 장면과 같이 특별한 순간에 빠져들 때 이런 현상이 나타나는데, 이런 시청자들은 종종 다이얼을 돌리는 것조차 잊어버린다. 다이얼이 대부분 낮은 위치에 고정되어 있기 때문에 데이터만 보면 혹독한 평가를 받았다고 생각할 수 있지만, 실제는 그 반대였던 셈이다. 방송국 임원들이 이를 간파하지 못하면 그 프로그램의 가장 재미있는 부분을 바꾸는 우를 범할 수도 있다. 때문에 감정적 데이터는 신중히 분석되어야 한다. 시청자 반응 조사는 첫인상의 요약이라는 점에서 무딘 도구이긴 하지만 얼마든지 날카로워질 수 있다. 능숙한 관찰자는 다이얼에 기록된 감정을 분석하며 신뢰해야 할 감정과 무시해야 할 감정을 가려낼 수 있다.

결정을 내려야 하는 상황에서 전전두피질이 하는 일이 이와 똑같다. 감정 두뇌를 좋고 싫은 것에 대해 끊임없이 감정적 신호를 보내는 시사회의 청중에 비유해보자. 이 경우 전전두피질은 이들의 감정적 반응을 끈기 있게 모니터하고 어떤 것을 진지하게 받아들일지 결정하는 현명한 방송국 임원에 해당한다. '사인펠드'에 대한 초기의 부정적 반응은 재미가 없어서가 아니라 새로운 형식에 대한 반응이었다는 사실을 파악할 수 있는 뇌 영역이 바로 전전두피질이다. 이성 두뇌는 감정을 묵살하는 것이 아니라 어떤 감정을 따라야 할지 알아내는 것을 도와준다.

1970년대 초 월터 미셸(Walter Mischel)은 네 살짜리 아이들을 스탠퍼드 대학교에 있는 자신의 심리학 실험실에 초대했다. 각각의 아이들에게 그가 던진 첫 번째 질문은 아주 쉬웠다. "마시멜로가 먹고 싶니?" 대답은 당연히 "네!"였다. 대신 미셸은 아이들에게 한 가지 제안을 했다. 지금 당장 마시멜로를 먹겠다고 하면 한 개를, 미셸이 몇 분간 볼일을 보고 돌아올 때까지 기다렸다가 먹겠다고 하면 두 개를 주겠다는 것이다. 아이들은 모두 더 많은 마시멜로를 원했기 때문에 기다리는 쪽을 선택했다. 미셸은 실험실을 나서면서 아이들에게 벨을 누르면 자신이 돌아와 마시멜로를 먹게 해주겠다고 말하며, 이 경우 두 번째 마시멜로를 먹을 기회는 사라질 것이라고 덧붙였다.

네 살짜리 아이들 대다수는 몇 분간 달콤한 유혹을 참기 어려워했다. 몇몇 아이는 마시멜로를 보지 않으려고 손으로 눈을 가렸고, 책상을 발로 툭툭 차는 아이가 있는가 하면 자신의 머리카락을 잡아당기는 아이도 있었다. 아이들 가운데 몇몇은 15분 넘게 기다릴 수 있었지만, 많은 아이들이 1분 이상을 견디지 못했다. 어떤 아이들은 미셸이 방을 나가자마자 벨을 누르지도 않고 마시멜로를 먹었다.

마시멜로는 자기 조절을 테스트하기 위한 도구였다. 감정 두뇌는 설탕 덩어리와 같이 보상을 주는 자극에 늘 현혹된다. 만일 어린아이가 마시멜로 두 개를 받겠다는 목표를 달성하고자 한다면, 그 아이는 잠시 감정을 무시하고 만족의 순간을 몇 분 늦춰야 한다. 미셸은 비록 네 살밖에 안 됐지만 몇몇 아이들은 다른 아이들보다 훨씬 더 감정을 잘 다스린다는 사실을 발견했다.

세월이 흘러 1985년에 이르자 당시 네 살이었던 아이들은 모두 고등학교 상급반이 되었다. 미셸은 아이들의 부모를 대상으로 후속 설문조사를 실시했다. 그는 부모들에게 자녀들이 불만스러운 일을 처리하는 능력이 있는지부터 양심적인 학생인지 아닌지를 묻는 질문에 이르기까지 다양한 인격적 특성을 물었고, 아울러 SAT 점수와 고등학교 성적도 요청했다. 그는 이러한 자료를 바탕으로 각각의 아이들에 대한 인성 프로파일을 정성스럽게 만들었다.

미셸의 조사 결과는 매우 놀라웠다. 네 살 때 마시멜로를 기다렸던 행동과 거의 어른이 된 아이들의 미래 행동 사이에는 매우 밀접한 연관 관계가 있었다. 1분 안에 벨을 눌렀던 아이들은 나중에도 행동에 문제가 있을 확률이 매우 높았다. 그런 아이들은 학교 성적이 좋지 않았고, 마약을 할 가능성이 높았으며, 스트레스를 잘 견디지 못했고, 쉽게 화를 냈다. 그들의 SAT 점수는 벨을 누르지 않고 몇 분간 기다렸던 아이들에 비해 평균 210점이나 낮았다. 마시멜로 테스트는 네 살짜리 아이들을 대상으로 한 IQ 테스트보다 SAT 점수를 훨씬 더 잘 예측했던 것으로 판명되었다.

두 번째 마시멜로를 기다리는 능력은 이성 두뇌가 가진 중요한 재주이기도 하다. 미셸은 네 살짜리 아이들 가운데 몇몇이 벨을 누르려는 충동을 억제할 수 있었던 이유를 살펴봤는데, 그것은 그들이 마시멜로를 덜 원했기 때문이 아니라 다른 아이들처럼 단 것을 좋아했음에도 이성으로 충동을 조절하는 능력이 더 뛰어났기 때문이었다. 참을성이 많았던 아이들은 손으로 눈을 가리거나 다른 쪽을 쳐다보거나 또는 눈앞에 놓인 달콤한 마시멜로 외의 다른 것에 관심을 돌리려고 애썼고, 달콤한 마시멜로에 집착하지 않고 테이블에서 일어나 다른 놀이거리를 찾았다. 아이들이 유혹을 물리칠 수 있도록 도와주었던 바로 그 인지 능력 덕분에 아이들은 훗날 학교 숙제에 더 많은 시간을 투자하는 것이 가능했다. 두 경우 모두에서 전전두피질은 대뇌피질에 권위를 행사함으로써 목표에 이르는 길에 놓여 있던 충동을 억제했다.

주의력결핍 과잉행동장애(ADHD, attention deficit hyperactivity disorder)를 앓고 있는 아이들에 대한 연구결과는 전전두피질과 감정적 충동을 견뎌내는 능력 사이의 관계를 더욱 분명히 보여준다. 취학 연령 아동 가운데 약 5%는 집중하거나, 가만히 앉아 있거나, 당장의 만족을 억제할 수 있는 능력이 결여된 상태인 ADHD의 영향을 받는다(마시멜로를 바로 먹어치운 아이들이 여기에 해당한다). ADHD가 있는 아이들은 사소한 방해에도 주의력이 흐트러지기 때문에 공부에 집중할 수가 없고, 따라서 성적도 나쁠 수밖에 없다.

2007년 11월 국립정신건강연구소(NIMH)와 맥길 대학교 공동연구팀은 ADHD 아동의 뇌에서 특정한 결함을 찾아냈다고 발표했다. ADHD는 널리 보면 발달장애의 일종이다. ADHD 아동들의 뇌는 대개 정상 아이들 뇌보다 발달 속도가 상당히 느리다. 발달 지체 현상은 전전두피질 부위에서 가장 두드러지는데, 이는 말 그대로 이 아이들의 정신 근육이 유혹적인 자극에 저항하기에는 부족하다는 것을 뜻한다(평균적으로 ADHD 아동의 전두엽은 정상아에 비해 3년 반이나 뒤처진다). 하지만 다행인 것은 다소 느리게 출발한 두뇌라 해도 대개는 회복이 가능하다는 점이다. 사춘기가 끝날 무렵에 이르면 ADHD 아동의 전두엽은 정상 크기에 도달했는데, 비슷한 시기에 그들의 행동 장애가 자취를 감추기 시작했던 것은 결코 우연이 아니다. 발달 지체가 있던 아이들도 결국에는 충동과 강박을 이겨낼 수 있었다. 그들도 마시멜로의 유혹을 이겨내고 기다리는 편이 더 낫겠다는 결정을 내릴 수 있었던 것이다.

ADHD는 발달 과정에서 일어나는 문제 중 하나지만 그 과정 자체는 모든 사람에게 똑같이 적용된다. 인간의 생각이 성숙해지는 과정은 두뇌의 진화 과정을 고스란히 보여준다. 운동피질과 뇌간처럼 가장 먼저 진화한 뇌 부위는 어린아이의 성장 과정에서도 가장 먼저 발달하고, 사춘기에 접어들면 완전히 제 기능을 갖추게 된다. 반면 전두엽처럼 비교적 늦게 진화한 뇌 부위는 십대 시절이 끝날 때까지 성장을 멈추지 않는다. 전전두피질은 가장 마지막에 발달하는 뇌 부위에 해당한다.

이러한 발달 과정은 성인보다 위험하고 충동적인 행동을 할 가능성이 훨씬 더 높은 사춘기 청소년들의 행동을 이해하는 열쇠가 된다. 미국 고등학생의 절반 이상이 불법 약물에 손댄 적이 있다고 하고, 정부가 공식적으로 파악한 성병 환자의 절반 역시 청소년들이었다. 21세 이하들의 사망 원인 가운데 가장 큰 비중을 차지하는 것은 자동차 사고다. 이처럼 우울한 통계 수치는 스스로를 통제하지 못하는 뇌의 징후를 그대로 보여준다. 십대 청소년의 감정 두뇌는 최대 속도로 작동하지만(미친 듯이 날뛰는 호르몬은 어쩔 도리가 없으므로), 이런 감정을 조절하는 정신 근육은 아직 만들어지는 과정에 있다. 코넬 대학교 신경과학자들의 최근 연구에 따르면 사춘기 청소년의 뇌 속에는 섹스, 마약, 로큰롤처럼 보상 체계와 관련된 측좌핵이 그런 유혹에 저항하는 뇌 부위인 전전두피질보다 훨씬 더 활발히 활동하고 성숙해 있는 것으로 나타났다. 십대 청소년들이 그릇된 결정을 내리는 이유는 말 그대로 덜 합리적이기 때문이다.*

ADHD를 앓는 사춘기 청소년과 아동을 대상으로 한 연구는 전전두피질의 독특한 역할을 강조한다. 우리는 너무나 오랫동안 이성의 목적이 인간을 나쁜 길로 이끄는 감정을 제거하는 데 있다고 여겨왔다. 마부(이성)가 말(감정)을 완벽히 통제할 수 있다고 믿는 플라톤의 이성 모델에 영향을 받은 탓이다. 하지만 이제 우리는 인간의 감정을 잠재우는 것이 불가능하다는 사실을 깨달았다. 적어도 직접적으로는 말이다. 십대 청소년들은 모두 섹스를 원하고, 네 살짜리 아이들은 모두 마시멜로를 먹고 싶어 하며, 불길이 덤벼드는 것을 본 소방대원들은 모두 도망치고 싶어 한다. 인간의 감정은 두뇌에 깊이 뿌리박혀 있고, 지시를 무시하는 경향이 있다.

물론 인간이 변연계의 꼭두각시에 불과하다는 말은 아니다. 어떤 사람들은 편도체가 활성화되어 있음에도 프레이밍 효과를 꿰뚫어 볼 수 있고, 네 살짜리 아이들 중에도 두 번째 마시멜로를 기다리는 방법을 알아낸 경우가 있다. 우리는 전전두피질 덕분에 충동을 억제해 어떤 감정이 유익하고 어떤 감정이 무시되어야 하는지 알 수 있다.

20세기 심리학의 고전적인 실험 가운데 하나인 '스트룹 과제(Stroop Task)'를 살펴보자. 컴퓨터 화면에 파란색, 초록색, 빨간색이라는 세

* 십대들의 비합리적인 뇌를 보완하는 방법이 있다. 일례로 웨스트버지니아주는 18세 이하 청소년들 가운데 학교를 중퇴한 경우 운전면허를 취소했는데, 그 결과 정책 시작 첫해의 중퇴율이 3분의 1로 떨어졌다. 십대들은 고등학교 졸업장이 주는 장기적 이득은 의식하지 못하면서도 운전면허를 잃는다는 단기적 처벌은 제대로 인식한 것이다. 이 밖에도 뉴욕시의 학교들은 학기말고사 점수가 향상된 학생들에게 일정액을 지급하는 정책을 최근 시범 삼아 실시했는데 초기 결과는 매우 고무적이었다. 이러한 인센티브 프로그램은 당장의 보상에 초점을 맞춤으로써 아이들과 십대 청소년들의 미성숙한 전전두피질을 보완하는 데 도움이 되었다.

단어가 무작위로 나타났다 사라진다. 각 단어의 글자색은 서로 다르고, 단어가 의미하는 색과 일치하지도 않는다. '빨간색'이라는 단어가 초록색으로 화면에 나타나기도 하고, '파란색'이라는 단어가 빨간색으로 나타나기도 한다. 이 실험은 참가자가 단어의 뜻을 무시하고 글자색에만 초점을 맞춰야 하기 때문에 매우 어렵다. 예를 들어 '초록색'이라는 단어가 떠도 그 글자가 파란색으로 나타났다면 '파란색'이라고 표시된 버튼을 눌러야 한다.

왜 이렇게 단순한 실험이 그토록 어렵게 느껴졌을까? 단어를 읽는 것은 정신적 노력 없이 자동적으로 일어나지만 단어의 색을 말하는 것은 의도적인 생각을 필요로 하기 때문이다. 두뇌는 친숙한 단어를 읽는 자동적인 동작을 멈추고, 지금 본 것이 무슨 색이었는지 의식적으로 생각해야 한다. 스트룹 과제를 수행하는 사람의 뇌를 fMRI로 촬영하면 뇌가 명백한 대답을 무시하려고 애쓰는 모습을 관찰할 수 있다. 이러한 줄다리기에 관여하는 가장 중요한 피질 부위가 바로 전전두피질이다. 전전두피질은 첫 번째 인상이 틀릴 수도 있다는 가능성이 존재할 때 이를 거부하게 해준다. 감정 두뇌가 그릇된 결정을 부추긴다면 이성 두뇌에 의지하는 쪽을 선택할 수 있다. 전전두피질을 이용해 협곡의 가파른 언덕을 뛰어 올라가라고 말하는 편도체를 묵살할 수 있는 것이다. 와그 닷지가 살아남았던 이유는 무서워하지 않았기 때문이 아니다. 그 역시 다른 대원들처럼 공포를 느꼈지만, 그 공포심이 자신을 구해줄 수 없다는 사실을 깨달았기 때문에 생존할 수 있었다.

03

스스로를 관리감독하고 의사결정 과정을 통제할 수 있는 능력이야말로 인간의 두뇌가 지닌 가장 신비로운 재능 가운데 하나다. 이러한 정신 작용을 '실행 제어(executive control)'라고 부르는데, 그 이유는 CEO가 명령을 내리듯 생각의 방향이 위에서 밑으로 향하기 때문이다. 스트룹 과제에서 본 것처럼 이러한 사고 과정은 전전두피질에 의지한다.

하지만 여전히 의문이 남는다. 전전두피질은 어떻게 그렇게 막강한 파워를 갖고 있을까? 전전두피질이라는 특정 부위가 어떻게 뇌의 나머지 부분을 통제할 수 있을까? 이에 대한 답은 세포 구조에 있다. 전전두피질의 구조를 자세히 관찰해보면 그 기능을 설명해줄 뇌신경 형태를 파악할 수 있기 때문이다.

MIT의 신경과학자인 얼 밀러(Earl Miller)는 이 세포를 이해하는 데 자신의 연구인생을 모두 걸었다. 그가 전전두피질에 흥미를 갖게 된 건 대학원 시절이었다. 그의 생각에 전전두피질이 다른 모든 것과 연관이 있는 것 같았기 때문이었다. 밀러는 "그토록 다양한 인풋과 아웃풋을 가진 뇌 영역은 전전두피질밖에 없다. 뇌는 어떤 부분이든 모두 전전두피질과 관련돼 있다."라고 말했다. 그는 10년 넘게 원숭이의 뇌를 구성하고 있는 세포를 주의 깊게 관찰한 끝에 전전두피질이 단순히 정보를 수집하는 역할에만 그치지 않는다는 사실을 발견했다. 전전두피질은 지휘봉을 휘두르며 연주자들에게 지시를 내리는 오케스트라의 지휘자와 같았다. 밀러는 2007년 〈사이언스(Science)〉 지에 발표한 논문을 통해 개별 신경세포 수준에서 이루어지는 '실행 제어'의 증거를 처음으로 제시했다. 이것은 전전두피질의 세포들이 뇌세포 전체의 활동을 직접 조절하는 모습이었다. 그는 전전두피질이라는 지휘자의 행동을 지켜보았다.

하지만 전전두피질은 무척 다양한 재능을 갖고 있기에 그저 명령을 내리는 지휘자에 그치지만은 않는다. 다른 피질 부위는 특정 종류의 자극에만 반응을 보이는데, 일례로 시각피질은 시신경을 통해 전달되는 정보만을 처리할 뿐이다. 그러나 전전두피질의 세포는 매우 유연해서 어떤 종류의 데이터가 주어지든 모두 처리할 수 있다. 예를 들어 한 여학생이 시험을 보면서 처음 보는 수학 문제 때문에 고민하고 있다면, 그 학생의 전전두피질 신경세포는 그 문제에 대해 생각하고 있는 것이다. 그러다 그녀의 관심이 바뀌어 다음 문제를 생각하기 시작하면 이 '과제 의존적인' 세포 역시 자연스럽게 초점을 바꾼다. 전전두피질은 그녀가 어떠한 형태의 문제도 다양한 각도에서 의식적으로 분석할 수 있게 해준다. 그녀는 가장 확실하거나, 감정이 가장 중요하다고 여기는 사실에 반응하는 대신, 정답을 찾도록 도와주는 사실에 집중한다. 덕분에 우리는 전전두피질의 실행 제어를 이용해 창의성을 발휘하거나 오래전 풀었던 같은 문제를 새로운 방식으로 생각해볼 수 있다. 예를 들어 소방관 와그 닷지는 불길을 따돌리는 대신 불길이 산꼭대기까지 소방대원들을 따라잡을 것이라는 사실을 파악하고 전전두피질에 의지해 새로운 해결책을 찾았다. 닷지가 감정에 이끌려 빤한 반응을 보였다면 해결책을 찾지 못했을 것이다. 밀러의 지적대로 닷지는 전전두피질의 기능이 뛰어났다.

일명 '촛불 문제(candle problem)'로 알려진 고전적인 심리학 문제를 생각해보자. 실험 참가자는 성냥갑 하나, 양초 몇 개, 압정이 들어 있는 종이상자 하나를 받는다. 그리고는 양초가 잘 탈 수 있도록 코르크판에 양초를 붙이라는 지시를 받는다. 이 경우 대부분의 사람들은 흔히 다음 두 가지 방법으로 문제를 해결하려 한다.

첫 번째 방법은 압정으로 양초를 코르크판에 고정하는 것이다. 하지만 그러면 양초가 산산이 부서진다. 두 번째 방법은 성냥으로 양초 바닥을 녹여 촛농으로 양초를 코르크판에 부착하는 것이다. 하지만 촛농이 양초를 지탱하지 못해 결국 양초는 바닥으로 떨어지고 만다. 이쯤 되면 사람들은 대개 그만두고 실험 진행자에게 시간만 낭비하는 어리석은 실험이라면서 포기를 선언한다. 이 실험에서 제대로 된 해결책을 찾아내는 사람은 전체의 20%에도 미치지 못한다. 정답은 양초를 녹여 촛농으로 압정이 들어 있는 종이상자에 초를 붙인 다음,

압정을 이용해 그 상자를 코르크판에 박는 것이다. 종이상자가 단순히 압정을 담는 그릇이라는 생각을 넘어 그것이 가지는 기능까지 생각해내지 못하면, 참가자는 획기적인 해결책을 찾아내기까지 실패를 되풀이하며 양초만 계속 버릴 수밖에 없다.

전두엽이 손상된 사람들은 촛불 문제와 같은 퀴즈를 결코 풀 수 없다. 게임의 규칙을 이해한다 해도 초기의 (잘못된) 해결방법을 벗어나 창의적으로 생각하지 못하기 때문이다. 전두엽이 손상된 환자들은 자신이 당연하게 생각했던 방식이 계속 실패해도 직관에 반하는 새로운 방법을 생각해낼 수 없다. 이러한 환자가 양초 실험에 참가하면 새로운 방법을 시도하거나 추상적인 사고에 의존하지 못하고, 양초가 바닥날 때까지 고집스럽게 압정으로 양초를 코르크판에 박을 뿐이다.

노스웨스트 대학의 인지심리학자 마크 융비먼(Mark Jung-Beeman)은 전전두피질이 이끄는 우리의 뇌가 어떻게 창의적인 해결책을 찾아내는지 연구하는 데 15년을 바쳤다. 그는 획기적인 아이디어가 뇌의 어디에서 나오는지 알고 싶어 했다. 융비먼의 실험은 다음과 같았다. 그는 실험 참가자에게 파인(pine), 크랩(crab), 소스(sauce)라는 세 단어를 제시하고 이것들과 함께 쓰여 하나의 단어나 구를 만들 수 있는 단어를 생각해보라고 했다(이 경우에는 '애플'이 정답이다. 파인애플, 크랩애플, 애플소스를 만들 수 있기 때문이다). 이런 유형의 언어 퍼즐이 흥미로운 이유는 순간의 번뜩임으로 정답에 도달하는 경우가 많기 때문이다. 이른바 '아하!'를 체험하는 것이다. 와그 닷지가 어떻게 해서 불길을 피하는 방법을 고안해냈는지 설명할 수 없는 것처럼, 사람들은 합성어를 만드는 데 필요한 단어를 어떻게 찾아냈는지 알지 못한다.

그럼에도 융비먼은 번뜩이는 순간을 위해 우리 마음이 스스로 준비하고 있다는 사실을 발견했다. 모든 성공적인 통찰에 앞서 일련의 피질 활동이 일어났기 때문이다(융비먼은 "기회는 준비된 생각에게 호의를 베푼다."라는 루이 파스퇴르의 말을 즐겨 인용한다). 문제를 해결하는 과정에서 처음으로 활성화되는 뇌 부위는 전전두피질이나 전대상피질 등 '실행제어(executive control)'와 관계된 영역이었다. 뇌는 관계가 없는 생각들을 쫓아내고 그 대신 '만능대응형' 세포들이 과제에 집중할 수 있게 한다. "쓸데없는 몽상에서 깨어나 조금 전까지 풀려고 했던 문제는 잊어버려라. 번쩍이는 통찰력은 백지 상태를 필요로 한다." 융비먼의 조언이다.

융비먼의 실험에서 참가자의 뇌는 하향식 통제를 실행한 뒤 연상 작용에 들어가기 시작했다. 뇌는 모든 관련된 영역에서 통찰력을 구하고, 해답에 이르는 연상 작용을 찾기 위해 필요한 두뇌 영역을 선택적으로 활성화했다. 융비먼이 제시한 낱말 퍼즐 덕분에 실험 참가자들의 뇌에서는 우반구의 상측두회처럼 언어와 관련된 부위가 추가적으로 활성화되었다(우반구는 영감으로 이어지는 창의적인 연상 작용을 만들어내는 데 특히 뛰어나다). 융비먼은 "뇌가 생각해내는 가능성은 대부분 그다지 유용하지 못하다. 때문에 계속해서 답을 찾고, 필요하다면 전략을 바꿔 다른 곳에서 답을 구하는 실행제어 영역이 중요하다."라고 말했다.

하지만 갑자기 정답이 떠올랐을 때, 즉 '애플'이라는 단어가 전두엽에 전달되었을 때 문제가 해결되었음을 알리는 즉각적인 자각이 나타난다. "그렇게 번뜩이는 순간의 묘미는 참가자들이 깨달음에 이르자마자 바로 그것이 분명한 정답이라고 말한다는 점이다. 그들은 자기가 문제를 해결했다는 사실을 즉시 알아챘다."

이러한 인식 행위는 전전두피질에서 일어난다. 참가자가 스스로 해답을 찾지 못해 정답을 알려주면 그 순간 그의 전전두피질은 반짝인다. 물론 참가자가 통찰력을 발휘해 정답을 찾고 나면, 과제 해결을 담당하는 전두엽의 뇌세포는 즉시 다음 과제에 착수한다. 정신이 다시 깨끗해지며 백지 상태가 되는 것이다. 뇌는 또 다른 문제의 해답을 찾기 위해 스스로 채비를 갖추기 시작한다.

1989년 7월 19일 오후였다. 유나이티드 항공 소속 232기가 덴버의 스테이플턴 공항을 이륙해 시카고로 향했다. 비행 조건은 최적이었다. 천둥번개를 동반한 폭풍우가 아침에 지나갔고, 하늘은 구름 한 점 없이 푸르렀다. 이륙한 지 약 30분 뒤 비행 고도가 1만 1,280m에 이르자 앨 헤인즈 기장은 안전벨트 지시등을 껐다. 그는 비행기가 착륙할 때까지 안전벨트 지시등을 다시 켜는 일은 없을 것이라고 생각했다.

첫 구간의 비행은 매우 순조로웠다. 따뜻한 점심식사가 승객들에게 제공되었다. 비행기는 부조종사 윌리엄 레코즈의 감독 아래 자동조종장치로 전환되었다. 헤인즈 기장은 커피 한 잔을 마시고 비행기 아래 펼쳐진 아이오와의 옥수수밭을 바라보았다. 그는 전에도 이와 똑같은 항로를 수십 차례나 비행했었다. 헤인즈 기장은 유나이티드 항공사에서 가장 경험이 많은 조종사 중 한 명으로, 그의 비행시간은 3만 시간이 넘었다. 하지만 그는 바둑판처럼 네모반듯하게 펼쳐진 농장들을 볼 때마다 늘 감탄해 마지않았다.

이륙한 지 한 시간쯤 지난 오후 3시 16분, 비행기 뒤쪽에서 들려오는 커다란 폭발음이 조종실의 평화로운 분위기를 송두리째 흔들었다. 비행기 동체는 크게 흔들리면서 오른쪽으로 기울었다. 헤인즈가 맨 처음 떠올린 것은 비행기가 산산조각 나면서 거대한 불길 속에서 죽을 것 같다는 생각이었다. 하지만 굉음은 몇 초 뒤 사라졌고 다시 정적이 찾아왔다. 비행기는 여전히 공중을 날고 있었다.

헤인즈와 부조종사 레코즈는 즉시 여러 장치와 다이얼을 점검하며 어디가 잘못됐는지 원인을 찾기 시작했고, 이내 비행기 뒤쪽에 있는 중간 엔진이 작동하지 않는다는 사실을 발견했다(위험하긴 해도 이런 결함이 참사로 이어지는 일은 드물었다. DC-10 기종은 양쪽 날개에 각각 하나씩 총 두 개의 엔진을 장착하고 있기 때문이다), 헤인즈는 비행 교본을 꺼내 엔진 고장 시의 대처법이 나와 있는 부분을 찾기 시작했다. 첫 번째 조치는 엔진에 연료 공급을 차단해 엔진 화재의 위험을 최소화하라는 것이었다. 헤인즈와 레코즈는 그렇게 하려고 했지만, 연료 레버가 꼼짝도 하지 않았다.

폭발음이 일어나고 나서 몇 분이 지났다. 레코즈가 비행기를 조종하고 있었다. 헤인즈는 여전히 연료 라인을 수리하는 일에 몰두했다. 그는 속도가 약간 더디더라도 예정대로 시카고까지 무사히 비행을 마칠 것이라고 생각했다. 바로 그 순간 레코즈가 그를 바라보며 끔찍한 이야기를 전했다. "더 이상 비행기를 제어할 수 없습니다." 헤인즈가 돌아보니 레코즈는 왼쪽 보조날개를 완전히 작동시킨 가운데, 조종간을 기기판에 닿을 정도로 앞으로 힘껏 밀고 있었다. 평상시 그런 식의 조종간 작동은 비행기를 하강시키면서 왼쪽으로 돌릴 때 사용하는 방법이었다. 하지만 비행기는 오른쪽으로 기운 채 가파르게 상승하고 있었다. 비행기가 훨씬 더 기운다면 확 뒤집힐 상황이었다.

무엇이 비행기를 통제불능 상태로 만들었을까? 헤인즈는 전기 회로에 문제가 생겼을 거라고 잠시 생각했지만 전기 회로판은 정상으로 보였다. 기내의 컴퓨터들도 이상이 없었다. 그러나 유압관(油壓管) 세 개의 압력을 점검해보니 세 개 모두 제로를 향해 압력이 급감하고 있었다. 헤인즈는 당시를 이렇게 회고했다. "가슴이 철렁 내려앉았습니다. 끔찍한 순간이었죠. 처음으로 이것이 진짜 대참사라는 걸 실감했습니다." 비행기 제어 역할을 담당하는 유압 체계는 방향타에서부터 윙플랩에 이르기까지 비행기의 모든 것을 조정하는 데 사용되고, 어느 비행기에나 완전히 독립적인 복합 유압 체계가 설치되어 있다. 즉, 한 곳이 망가지더라도 보조 체계가 그 자리를 메우게 되어 있는 시스템이라, 세 개의 유압관이 동시에 망가질 가능성은 거의 없다. 공학자들은 그런 일이 발생할 확률은 약 10억 분의 1에 불과하다고 말한다. "우리는 그런 상황에 대비하는 훈련을 받은 적이 없었습니다. 비행 교본을 들여다봤지만 유압관들이 완전히 망가진 상황에 대해서는 아무 언급이 없었습니다. 그런 상황이 일어날 리 없었으니까요." 헤인즈의 말이다.

하지만 정확히 그러한 상황이 DC-10 기종에서 일어났다. 어떤 이유에서인지 엔진이 폭발할 때 유압관 세 개가 모두 망가져버린 것이다(나중에 조사자들은 엔진 팬 디스크가 파손되면서 튀어나온 금속 파편들이 모든 유압관이 설치되어 있는 꼬리 부분에 날아들었다는 사실을 발견했다). 그때 헤인즈는 비행기의 유압관이 모두 망가진 단 한 건의 사례를 기억해냈다. 1985년 8월 도쿄에서 오사카로 향하던 일본 항공 소속 123기

(보잉 747)가 급격한 감압 때문에 수직 안정판이 날아가면서 비슷한 참사를 겪었다. 그 비행기는 30분 넘게 하강 표류를 계속하다가 결국 산 위로 떨어졌다. 500명 이상이 목숨을 잃으면서 이 일은 역사상 가장 처참한 비행기 추락 사고로 기록되었다.

객실에 있는 승객들은 공포에 떨고 있었다. 모두가 폭발음을 들었고, 비행기가 통제를 벗어나 위태로운 비행 중임을 느꼈다. 유나이티드 항공의 비행 교관 데니스 피치도 객실 중앙에 타고 있었다. "비행기가 산산이 부서지는 것 같은 소리였어요." 그는 끔찍한 폭발음이 들리자 즉시 눈으로 비행기의 날개들을 살펴보았다. 비록 조종사들이 비행기의 경사각을 바로잡지 못하는 이유를 알 수는 없었지만, 기체가 손상을 입은 것 같지는 않았다. 피치는 자신이 도울 일은 없는지 일단 조종실 문을 두드렸다. 그는 조종사들에게 DC-10 기종을 다루는 법을 가르쳤기 때문에 비행기의 안팎을 꿰뚫고 있었다.

"놀라운 광경이었습니다. 두 조종사가 조종 장치 앞에 앉아 있는데, 팔뚝의 힘줄은 불끈 솟아 있고, 손가락은 관절마다 조종간을 붙잡느라 허옇게 변해 있더군요. 그러나 아무 소용이 없었어요." 피치는 당시를 회상했다. 유압관 세 개가 모두 망가졌다는 조종사들의 말을 들은 그는 큰 충격에 빠졌다. "이런 상황에 대처하는 방법은 없었습니다. 그 말을 듣는 순간 오늘 오후에 죽겠구나 하는 생각이 들더군요."

그러는 동안 헤인즈 기장은 비행기를 다시 제어할 수 있는 방법을 필사적으로 모색했다. 그는 무전기로 유나이티드 항공의 시스템 기체 관리(SAM)에 연락을 취했다. SAM은 비행 중 발생하는 위급 상황에 대처하는 방법을 알려주기 위해 특별 훈련을 받은 비행기 기술팀이다. "나는 그 사람들은 분명 이 긴박한 상황에서 벗어날 수 있는 방법을 알고 있을 것이라 생각했어요. 그게 그들의 일이잖아요. 안 그런가요?"

그러나 SAM의 기술자들은 아무런 도움이 되지 못했다. 그들은 유압관이 모두 망가졌다는 사실을 믿지 못했다. "SAM은 틀림없이 압력이 좀 남아 있을 거라고 하면서 유압관을 다시 점검해보라는 말만 되풀이했어요. 나는 전혀 남아 있지 않다, 세 개의 관 모두가 텅 비어 있다고 그들에게 거듭 설명했지요. 그들은 비행 교본을 다시 확인해보라고 했지만 비행 교본에는 관련 내용이 없었어요. 결국 나는 우리 스스로 문제를 해결할 수밖에 없다는 사실을 깨달았습니다. 우리를 위해 비행기를 착륙시켜줄 사람은 아무도 없었으니까요."

헤인즈는 유압이 없어도 작동 가능한, 몇 개 되지 않는 조종 장치를 머릿속에 나열해보았다. 사실 도움이 될 거라 생각했던 조종 장치는 단 하나, 즉 남아 있는 엔진 두 개의 속도와 힘을 조종하는 추진 레버(thrust lever)뿐이었다(추진 레버는 비행기에 있어 가속 페달에 해당한다). 하지만 조종이 불가능한 상태에서 추진 레버가 무엇을 할 수 있단 말인가? 그것은 핸들 없이 자동차의 엑셀 페달만 마구 밟아대는 것과 같을 텐데 말이다.

그때 헤인즈에게 한 가지 아이디어가 떠올랐다. 추진 레버만으로 비행기를 조종하는 것이었다. 처음에는 미친 짓이라는 생각이 들었지만, 자꾸 생각해보니 그렇게 이상한 일만도 아니었다. 포인트는 추진력의 차이에 있다. 추진력은 비행기를 앞으로 나아가게 하는 힘이기 때문에 조종사들은 통상적으로 엔진 간의 추진력에 차이가 발생하지 않도록 했다. 하지만 헤인즈는 한쪽 엔진을 공회전 시키면서 다른 쪽 엔진의 출력을 높인다면, 비행기가 공회전 시킨 쪽으로 돌게 될 것이라고 생각했다. 간단한 물리학 법칙에 기반한 아이디어이긴 했지만, 실제로 효과가 있을지 그는 자신할 수 없었다.

하지만 더 이상 지체할 시간이 없었다. 비행기의 경사각은 38도에 근접하고 있었고, 45도가 되면 비행기는 거꾸로 뒤집혀 죽음의 회전무를 펼칠 터였다. 헤인즈는 오른쪽 엔진의 추진력을 높이며 왼쪽 엔진은 공회전시켰다. 처음에는 아무런 변화가 없었으나 오른쪽 날개가 아주 천천히 수평을 되찾더니 이내 비행기가 똑바로 날기 시작했다. 헤인즈의 필사적인 아이디어가 효과를 발휘한 것이다.

헤인즈의 비행기는 서쪽으로 약 145km 떨어져 있는 지방 공항인 아이오와의 수시티(Sioux City)에 착륙하라는 지시를 받았다. 엔진 추진력에 변화를 주는 것 외에는 아무것도 할 수 없는 상황에서 조종사들은 비행기를 오른쪽으로 돌렸다. 최초의 엔진 폭발이 있은 뒤 약 20분이 경과한 시점이었다. 헤인즈와 승무원들은 통제불능 상태의 비행기를 제어할 수 있는 방법을 찾은 것 같았다. 헤인즈는 "마침내 무언가 일이 풀린다는 느낌이었어요. 엔진 폭발이 일어난 후 처음으로 비행기를 무사히 착륙시킬 수 있다는 생각이 들었죠."라고 말했다.

하지만 그들이 자신감을 조금씩 얻기 시작하는 순간 비행기가 갑자기 격렬하게 위아래로 흔들리기 시작했다. 이런 현상을 항공 용어로 '휴고이드 운동(phugoid pattern, 항공기·로켓·미사일이 세로로 오랫동안 진동하는 것)'이라고 부른다. 정상적인 비행 상황에서는 휴고이드

운동을 제어하는 게 어렵지 않다. 그러나 해당 비행기는 유압이 전혀 없는 상황이었기 때문에 헤인즈와 조종사들은 상하로 요동치는 기체를 조절할 수 없었다. 조종사들은 이를 해결하지 못하면 일본 항공 123기와 똑같은 운명을 맞이할 것이라는 사실을 깨달았다. 비행기는 위아래로 몸부림치며 계속해서 하강했다. 그대로 가다가는 곧 옥수수밭에 처박히고 말 것이었다.

그런 상황에서 어떻게 상하 요동을 제어할 수 있단 말인가? 언뜻 생각하면 해결책은 분명하다. 기체 앞부분이 아래로 향하면 대기 속도가 증가하므로 그럴 때 조종사는 추진력을 줄여 비행기의 속도를 낮춰야 하고, 반대로 기체가 위로 향하면 대기 속도가 감소하므로 추진력을 높여 비행기의 속도가 떨어지는 것을 막아야 한다. 헤인즈는 "대기 속도계를 보면서 균형을 맞추는 게 조종사의 본능"이라고 말했다. 그러나 그런 본능적인 반응은 헤인즈가 취해야 할 조치와 정반대였다. 비행의 공기역학은 상식과 모순된다. 만일 헤인즈가 처음에 느낀 충동대로 행동했더라면, 비행기는 통제 불가능한 상태로 급격히 추락했을 것이다.

헤인즈는 그렇게 하는 대신 문제를 신중하게 분석했다. "추진 레버를 어떻게 조종하느냐에 따라 비행기에 무슨 일이 일어날지 생각하려 했어요. 그렇게 하는 데는 몇 분이 걸렸지만 덕분에 큰 실수를 피할 수 있었습니다." 헤인즈는 기체 앞부분이 아래로 기울어지면 대기 속도가 올라간다는 사실을 파악하고, 오히려 추진력을 키워 남아 있는 두 엔진의 힘으로 비행기를 위로 올리고자 했다. DC-10 기종의 엔진은 날개 밑에 달려 있기 때문에 엔진 추진력을 높이면 비행기를 위로 끌어올릴 수 있다. 다시 말해 헤인즈는 비행기가 하강할 때는 속도를 높이고, 비행기가 상승할 때는 속도를 낮추어야 했다. 헤인즈가 가까스로 비행기를 제어할 수 있었던 것은 바로 직감에 상반되는 아이디어 덕분이었다. "가장 어려웠을 때는 기체의 앞부분이 위로 올라가기 시작하면서 대기 속도가 떨어질 때였습니다. 그러면 곧바로 추진력을 떨어뜨려야 했지요. 하지만 그렇게 하기는 그리 쉽지 않습니다. 하늘에서 곧바로 추락할 것 같은 느낌이 드니까요."

그러나 그 방법은 효과가 있었다. 조종사들은 비행기를 그럭저럭 수평으로 유지할 수 있었고, 위아래로 요동치는 것까진 어쩔 수 없었지만 추락만큼은 막을 수 있었다. 조종사들은 이제 마지막 과제인 수시티 공항에 조심스레 하강할 수 있는 방법을 알아내는 데 집중했다. 헤인즈는 착륙에 어려움이 뒤따를 것으로 예상했다. 무엇보다도 조종사들은 하강 속도를 조절할 수 없었다. 왜냐하면 비행기의 하강타(비행기 꼬리날개에 있는 장치로 고도를 조절하는 데 사용됨)가 말을 듣지 않았기 때문이다. 헤인즈와 조종사들은 어쩔 수 없이 DC-10 기종에서 사용하는 주먹구구식 공식에 의지해야 했다. 즉, 고도를 305m 낮추려면 약 5km의 거리가 필요하다. 공항까지의 거리는 97km 정도 남아 있고 현재 고도는 9,144m이므로 공항 활주로에 접근하는 동안까지는 몇 차례 원을 그리며 날아야 한다는 계산이 나왔다. 하강을 서두르다가는 간신히 유지하고 있는 안정 상태가 깨질 위험이 있었다. 조종사들은 북서쪽에 있는 수시티를 향해 나아가는 동안 여러 차례 오른쪽으로 선회했고, 선회할 때마다 비행기의 고도는 조금씩 낮아졌다.

비행기가 공항에 가까워지자 그들은 비상 착륙을 위한 마지막 채

비를 갖추었다. 남아 있는 연료를 모두 버리고 출력을 서서히 떨어뜨린 것이다. 승무원들은 승객들에게 충격에 대비해 머리를 무릎에 단단히 갖다 대라고 지시했다. 헤인즈는 멀리 활주로와 소방차들을 보았다. 조종사들은 40분 동안 통제불능 상태로 비행을 했지만 바퀴를 내리고 기수를 들어 올린 채 활주로 중앙에 착륙하는 데 성공했다. 믿기 어려운 조종 기술이었다.

하지만 불행히도 조종사들은 비행기의 속도까지 제어할 수는 없었다. 게다가 비행기가 활주로에 닿는 순간 브레이크도 말을 듣지 않았다. "통상 DC-10 기종은 약 140노트의 속도로 착륙하지만 당시 우리 비행기의 속도는 215노트였고 가속이 붙었습니다. 또 정상 상태에서는 활주로에 내려앉는 순간의 하강률이 최대 1분당 약 60~90m지만 우리 비행기의 하강률은 무려 1분당 560m였던 데다가 계속 증가하고 있었습니다. 통상적으로는 활주로를 따라 직선으로 하강했을 테지만, 당시 우리 비행기는 뒤에서 불어오는 바람 때문에 좌우로 흔들리고 있었습니다."

이는 곧 비행기가 활주로에 가만히 멈춰 설 수 없었음을 뜻했다. 비행기는 옥수수밭을 가로질러 미끄러지면서 여러 조각으로 부서졌고, 조종실은 연필심 부러지듯 동체에서 떨어져 나와 비행장 가장자리까지 데굴데굴 굴러갔다(조종사 전원이 의식을 잃고 쓰러져 생명이 위태로운 중상을 입었다). 동체에서는 화재가 발생했고 유독성의 시커먼 연기가 객실을 가득 채웠다. 연기가 사라졌을 때는 승객 112명이 이미 목숨을 잃은 후였다.

하지만 조종사들의 조종 기술, 즉 통제불능 상태의 비행기를 제어

했던 능력은 184명의 승객을 사고에서 구했다. 또한 비행기가 공항 근처에 추락했기 때문에 응급 요원들이 부상자들을 처치하고 신속히 화재를 진압할 수 있었다. 국립교통안전이사회는 공식 보고서에서 다음과 같이 결론지었다. "조종사들의 행동은 높이 칭찬받을 만하고, 이성적인 기대 수준을 훨씬 상회했다." 유나이티드 항공 232기 조종실에서 탄생된 비행 통제법은 현재 조종사 교육의 표준이 되었다.

04

조종사들의 행동에서 가장 주목할 부분은 계속해서 감정을 억제했다는 점이다. 비행기 조종이 완전히 불가능한 상태에서 평정을 유지하기란 쉽지 않다. 실제 헤인즈는 비행기를 구할 수 있을 것이라 기대하지 않았다고 훗날 털어놓았다. 그는 비행기가 결국 통제에서 벗어나 뱅글뱅글 돌다가 위아래로 심하게 요동치며 땅에 처박히고 말 것이라 생각했다. 헤인즈는 "아직도 그런 상황에서는 살아남기 어려울 것이라 확신한다."라고 말했다.

하지만 헤인즈는 두려움이 공포로 변하도록 두지 않았다. 그는 도저히 일어나서는 안 될 상황에 직면해 극한의 압박을 받았음에도 냉정을 유지했다. 그런 억제력은 헤인즈 역시 와그 닷지처럼 전전두피질로 감정을 다스렸기 때문에 가질 수 있었다. 유압관 세 개가 망가진 후, 헤인즈는 자신의 훈련된 본능으로는 비행기를 착륙시킬 방법을 알아낼 수 없음을 깨달았다. 감정은 흐릿한 레이더 신호들 틈에서 미사일을 감지해내는 것처럼 경험에 기초한 유형을 찾아내는 데 능숙하다. 하지만 전에 한 번도 경험해보지 못한 문제에 직면했을 때는, 다시 말해 도파민 신경세포가 무엇을 해야 할지 우왕좌왕할 때는 감정을 철저히 배제해야 한다. 조종사들은 그런 상태를 '의도적 평상심'이라 부른다. 심리적 압박감이 높은 상황에서 평상심을 유지하려면 의식적인 노력이 필요하기 때문이다. 헤인즈 역시 이를 인정했다. "마음의 평정을 유지하는 것이 우리가 해야 하는 가장 어려운 일 가운데 하나였습니다. 우리는 생각을 하나로 모아 집중해야 한다는 것을 알고 있었어요. 하지만 그러는 게 늘 쉽지만은 않죠."

그러나 공포를 억제하는 것은 단지 첫걸음에 불과하다. 헤인즈와 동료들은 수시티에 비행기를 착륙시키기 위해 전례가 없던 문제를 해결할 방법을 뭐가 됐든 찾아야 했다. 그는 추진력의 차이를 이용하는 방법을 생각해냈다. 그런 비행 제어법은 과거에 한 번도 시도된 적이 없었다. 헤인즈는 시뮬레이터를 통해서도 그런 기술을 연습한 경험이 없었을 뿐 아니라 오직 엔진만을 사용해 동체를 돌리는 가능성 역시 생각해본 적이 없었다. 심지어 시스템 관리 전문 기술자들도 아무런 방법을 찾지 못했다. 하지만 폭발 이후의 두려운 순간에서도 헤인즈는 중앙 엔진과 유압관이 망가진 사실을 계기판에서 확인하고, 비행기를 계속 공중에 떠 있게 하는 방법을 떠올릴 수 있었다.

이러한 결정 과정은 좀 더 자세히 살펴봐야 할 가치가 있다. 이를 통해 전전두피질이 그런 곤란한 상황을 처리하는 과정을 정확히 이해할 수 있기 때문이다. 델타 항공에서 인적 요인의 분석을 담당하는 스티븐 프레드모어는 유나이티드 항공 232기에서 일어난 의사결정 과정을 매우 자세히 연구했다. 그는 조종실의 음성 녹음기에 포착된 34분간의 대화를 사고 단위, 또는 정보의 조각들로 잘게 쪼개는 데서부터 연구를 시작했다. 프레드모어는 이런 사고 단위의 흐름을 분석함으로써 사건의 진행 과정을 조종사들의 관점에서 재구성할 수 있었다.

프레드모어의 연구는 용기와 팀워크에 관한 흥미진진한 이야기와도 같았다. 헤인즈가 유압이 모두 떨어졌다는 사실을 발견한 직후, 항공 관제사들은 수시티로 가는 가장 좋은 항로에 대해 조종사들과 의논하기 시작했다. 헤인즈의 충고는 간단했다. "어찌 됐든 도시는 피하자고." 어떤 순간에는 조종사들이 분위기를 밝게 하려고 애썼던 흔적도 보였다.

피치: 할 말이 있는데…… 이거 끝나면 맥주나 한잔하죠.
헤인즈: 글쎄, 난 술을 안 좋아하지만 지옥에 맥주가 있다면 그렇게 하지.

조종사들은 극도의 심리적 스트레스 상황에서도 농담을 주고받으며 어려운 결정을 내리고 있었다. 수시티를 향해 하강하는 동안 조종실에서 교환된 사고 단위의 숫자는 1분당 30회가 넘었고, 1분당 거의 60회에 달한 적도 있었다. 이는 1초마다 새로운 정보가 하나씩 오갔다는 뜻이다(정상적인 비행 상태에서 사고 단위 숫자는 1분당 10회를 넘는 경우가 드물다). 이들 정보 가운데 일부는 매우 중요했기 때문에 어떤 경우 조종사들은 비행기의 고도를 유심히 관찰했다. 개중에는 조종간이 부러진다면 어떻게 이어 맞춰야 할 것인가와 같은 그다지 중요하지 않은 정보도 있었다.

조종사들은 가장 중요한 자료에 신속히 관심의 초점을 맞춤으로써 이토록 수많은 잠재 정보를 다룰 수 있었고, 반드시 생각해야 할 것만 생각했기 때문에 주의를 흩뜨릴 수 있는 잠재 요인들을 최소화할 수 있었다. 예를 들어 헤인즈는 조종실에서 추진 레버를 제외하면 보조날개, 하강타, 윙플랩 등 다른 조종 장치는 사실상 소용이 없다는 것을 깨닫고, 엔진으로 조종할 수 있는 가능성에만 즉시 관심을 집중했다. 비행기가 일단 수시티 공항에서 32km 떨어진 지점에 접근하면서 착륙까지 약 12분 정도가 남자 헤인즈는 착륙에만 온 신경을 집중하기 시작했다. 그는 의도적으로 다른 모든 것을 무시했다. 프레드모어에 따르면 이들 조종사가 성공을 거둔 결정적 요인은 업무의 우선순위를 올바로 결정할 수 있었던 능력이었다.

물론 단지 문제를 생각하는 것만으로는 충분하지 않았다. 헤인즈는 완전히 새로운 비행기 제어법을 고안해 문제를 해결해야 했는데, 여기서 바로 전전두피질의 독특한 장점이 등장한다. 전전두피질은 뇌에서 추상적 원리를 생각해낼 수 있는 유일한 부위다. 헤인즈의 경우, 엔진 추진력에 관한 물리학적 사고가 그 예에 해당했다. 그는 물리학을 낯선 상황에 적용함으로써 완전히 기본으로 돌아가 돌파구를 찾았다. 헤인즈가 엔진을 이용해 기울어진 기체를 바로잡을 수 있다고 상상할 수 있었던 것은 상황을 논리적으로 분석했기 때문이다. 그는 머릿속으로 공기 역학을 계산했다.

최근 들어서야 과학자들은 전전두피질이 어떻게 이런 일을 해낼 수 있는지 알아냈다. 핵심 요소는 '작업기억(working memory)'이라 알려진 특별한 종류의 기억 능력이다. 우리의 뇌는 흡수한 정보를 단기간 유지하면서 처리하고 분석하는데, 그 사이 다른 피질 부위에서 새로운 정보가 흘러들어오면 이미 입력된 정보와 결합해 '작업'한다. 그렇기 때문에 어떤 정보가 지금 해결하려고 하는 문제와 관련이 있는지 결정할 수 있다.

예를 들어 전전두피질의 신경세포는 자극에 반응해 일단 흥분을 하면 자극이 사라진 후에도 몇 초간 흥분 상태를 지속한다는 연구결과가 있다. 이렇게 남아 있는 떨림 때문에 뇌는 서로 무관해 보이는 감각과 생각이 겹쳐지는 상황에서 창조적인 연관 관계를 만들어낼 수 있다(과학자들은 관련된 정보가 새로운 방식으로 구성된다는 의미로 이를 '문제해결의 재구성 단계'라고 부른다). 헤인즈가 추진 레버를 생각하면서 동시에 비행기를 돌릴 수 있는 방법을 생각할 수 있었던 이유도 여기에 있다.

일단 여러 생각이 겹치는 상황이 되면, 피질 세포는 전에 한 번도 존재한 적이 없었던 관계를 만들기 시작해 완전히 새로운 네트워크로 그 생각들을 연결시킨다. 그렇게 해서 새로운 시각이 도출되면 전전두피질이 이를 확인하고, 우리는 이것이 바로 찾고 있던 답이라는 사실을 곧바로 깨닫는다. "엔진의 추진력을 다르게 해야 한다는 아이디어가 어디서 나왔는지 나도 모르겠어요. 갑자기 난데없이 문득 떠올랐던 것이니까요." 헤인즈는 이렇게 답했지만, 뇌의 관점에서 새로운 아이디어란 예전에 갖고 있던 생각들이 동시에 나타났을 뿐이다.

작업 기억과 전전두피질의 문제해결 능력은 인간의 지성 가운데서도 매우 중요한 측면에 해당한다. 수많은 연구결과에 따르면 작업기억 테스트 점수와 일반지능 테스트 점수는 밀접한 관련이 있다. 전전두피질이 좀 더 많은 정보를 좀 더 오래 간직해둘 수 있다면 뇌세포는 유용한 연상 작용을 더 잘할 수 있다. 아울러 이성 두뇌는 무익한 관계를 만들어내는 무관한 생각들을 철저하게 걸러내야 한다. 어떠한 생각을 선택해야 할지에 대해 제대로 훈련받지 못한다면 효과적으로 문제를 숙고할 수 없을 것이다. 헤인즈와 조종사들은 그런 훈련을 철저히 받았기에 문제를 해결할 수 있었다. 뇌로 들어오는 모든 생각에 압도당해 어쩔 줄 모른다면, 어떤 생각이 진정한 해결책인지 알아낼 수 없을 것이다.

비행기가 위아래로 격하게 흔들렸던 상황으로 돌아가보자. 그때 헤인즈의 본능은 비행기가 상승할 때는 속도를 높여 대기 속도를 유지해야 한다고 지시했으나 그는 이러한 접근법이 가져올 결과를 몇 초간 생각했다. 비록 비행기를 어떻게 착륙시켜야 할지는 아직 몰랐지만 그는 다른 걱정스러운 요소는 모두 배제한 채 추진 레버와 상하로 요동치는 기체 사이의 관계만을 생각했고, 바로 그 순간 그는 이런 상황에서 본능을 믿었다가는 끔찍한 실수를 저지를 수 있다는 사실을 깨달았다. 작업기억이 만들어낸 명확한 분석 덕분에 그는 새로운 해결책, 곧 비행기가 상승할 때는 속도를 줄여야 한다는 생각을 떠올릴 수 있었다. 그와 같은 결정이야말로 합리성의 본질이다.

비행기 사고가 있고 나서 몇 달 후 덴버에 있는 유나이티드 항공사 훈련센터는 항공기 제조사인 '맥도널 더글러스'의 테스트 조종사를 비롯한 수많은 조종사들에게 유압이 없는 상태에서 DC-10 기종의 착륙 방법을 찾으라는 과제를 제시했다. 센터에서는 7월의 그날, 유나이티드 항공 직원들이 직면했던 상황을 그대로 재현한 비행 시뮬레이터를 사용했다. 헤인즈는 "다른 조종사들도 우리가 했던 그대로 수시티 공항에 비행기를 착륙시키려 했지만, 운이 없었던지 그들의 비행기는 늘 공항 밖에서 충돌했다."라고 말했다. 실제로 비행 시뮬레이터를 통해 DC-10 기종을 착륙시키려고 노력했던 조종사들은 57회나 착륙을 시도했지만 계속 실패했다.

헤인즈는 겸손한 사람이라 '행운과 팀워크' 덕분에 승객 대부분이 목숨을 건질 수 있었다고 말한다. 하지만 비행기가 수시티 공항의 활주로에 착륙할 수 있었던 것은 그가 행운을 창조해냈기 때문이다. 그가 독특할 정도로 유연한 뇌세포인 전전두피질을 활용한 덕분에 비행기는 거의 확실시됐던 대재앙을 피할 수 있었다. 냉정을 유지하고 의도적인 노력을 기울여 상황을 분석한 덕분에 그는 당시 상황에서 꼭 필요한 통찰력을 얻을 수 있었다. 헤인즈는 "나는 천재가 아니지만, 그와 같은 위기 상황이 확실히 내 정신을 날카롭게 만든 것은 사실"이라고 말했다.

전전두피질의 합리성 덕분에 비행기가 옥수수밭에 추락하는 것을 피했지만, 그렇다고 합리성이 만사형통의 해결책은 아니다. 생각이 너무 많아도 문제가 될 수 있기 때문이다. 다음 장에서는 사람들이 전전두피질을 잘못 사용할 때 무슨 일이 일어나는지 살펴보자.

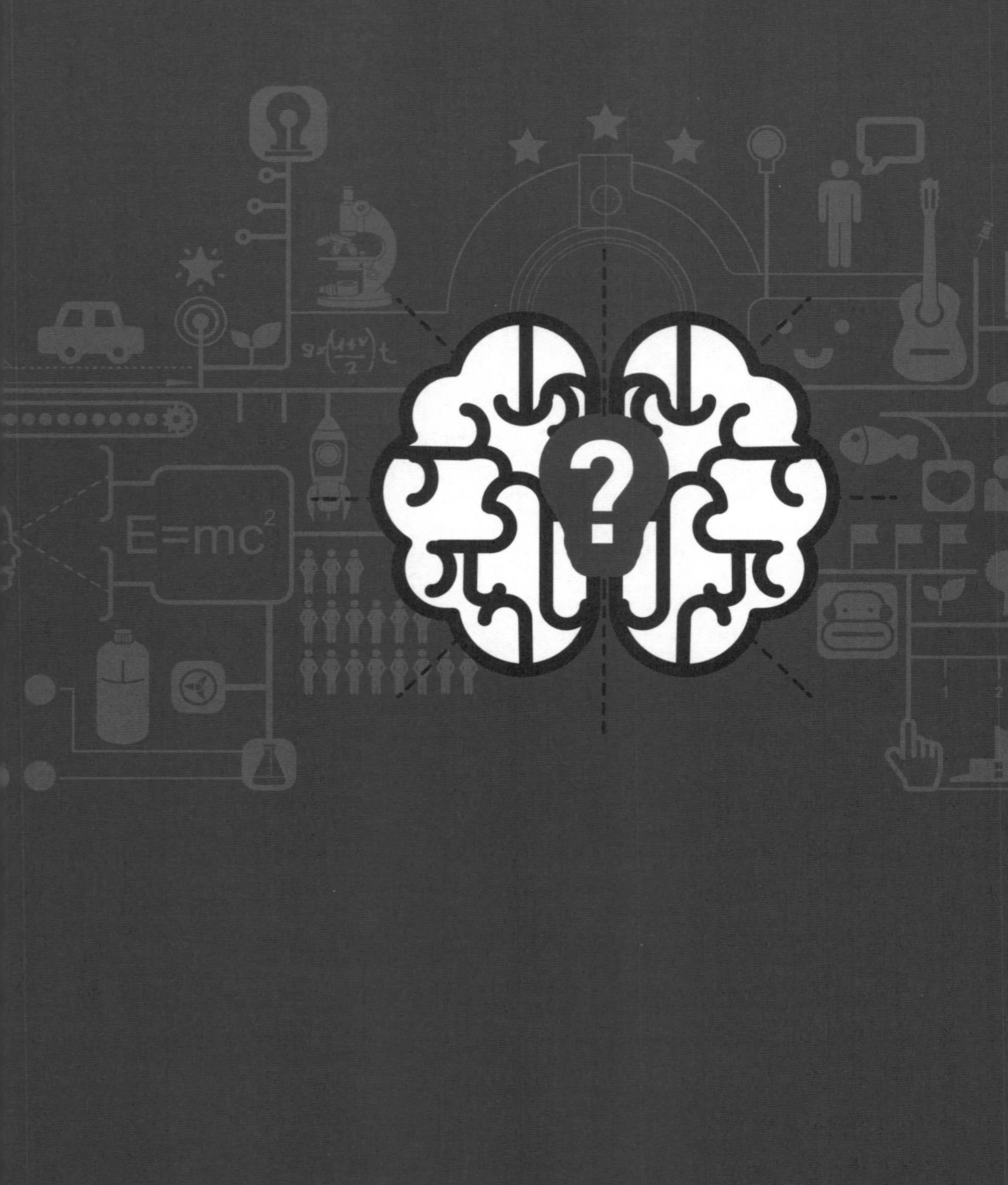
E=mc2

5

생각이 너무 많아도 문제

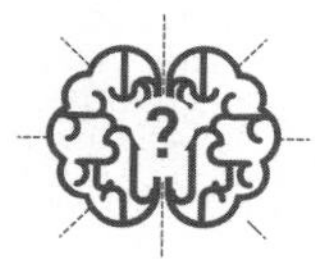

소방관 와그 닷지, 정규방송 전 프로그램을 모니터하는 TV 포커스 그룹, 사고가 난 유나이티드 항공 232기가 주는 교훈은 무엇일까? 바로 이성적 사고가 문제를 해결했다는 점이다. 전전두피질은 그런 상황에서 창의적인 답을 찾고 통찰을 발휘해 올바른 결정을 내리도록 설계되었다. 이러한 스토리 구조는 '신중함은 항상 더 좋은 결과를 낳는다'는 통념에 자연스럽게 들어맞는다. 일반적으로 우리는 어떤 일을 조심스럽게 살펴서 하면 부주의한 실수를 피하기 때문에 더 좋은 결과를 얻을 수 있다고 믿는다. 소비자들은 늘 최고의 물건을 찾기 위해 여러 가게를 비교하고, 주식 투자를 할 때도 투자 결정에 앞서 해당 회사에 대해 가능한 많이 알고자 한다. 의사들은 금전적 혹은 체력적으로 환자에게 부담이 될지라도 병의 원인 규명을 위해 다수의 검사를 실시한다. 다시 말해 사람들은 이성적으로 심사숙고해 내린 결정이 충동에 근거한 결정보다 늘 더 낫다고 믿는다. 표지만 보고 책을 판단하거나 첫 만남에서 청혼을 하지 않는 것 역시 이 때문이다. 우리는 미심쩍을 때면 신중한 분석에 의지하거나 전전두피질의 이성 회로를 활용한다.

이성에 대한 이러한 믿음을 이해하기는 어렵지 않다. 플라톤 이후로 우리는 통계적 등식과 경험적 증거에 의해 지배되는 완전히 이성적인 세상을 바로 완벽한 세계, 즉 지상낙원이라 확신해왔다. 그런 세상에서는 사람들이 신용카드 빚을 지거나 서브프라임 주택자금 대출을 받지 않을 것이며, 편견이나 선입견은 없고 오로지 냉정하고 엄격한 사실만 존재할 것이다. 이것이 철학자들과 경제학자들이 꿈꾸는 유토피아다.

하지만 매우 흥미롭게도 의사결정이라는 새로운 과학(뇌를 이루는 물질을 면밀히 조사하는 데 뿌리를 둔 과학)이 제시하는 데이터는 기존의 믿음과 정면으로 충돌한다. 고대의 가설은 말 그대로 가설, 즉 검증되지 않은 이론이자 근거 없는 추측에 불과하다는 사실이 밝혀졌다. 어쨌든 플라톤은 실험을 하지 않았으니 이성 두뇌가 모든 문제를 해결할 수 없다거나, 전전두피질이 심각한 한계를 지니고 있다는 사실을 알아낼 방도가 없었다. 때로는 합리성이 우리를 엉뚱한 곳으로 이끌기도 하는데, 이것은 엄연한 뇌의 현실이다.

오페라 슈퍼스타 르네 플레밍(Renee Fleming)에게 문제의 징후가 처음 나타나기 시작한 것은 시카고 리릭 오페라에서 여느 때와 마찬가지로 모차르트의 '피가로의 결혼'을 공연할 때였다. 플레밍은 모든 오페라를 통틀어 가장 사랑받는 곡 중 하나인 3막의 아리아 '도베 소노(Dove sono)'를 부르고 있었다. 처음에 플레밍은 모차르트의 애처로운 멜로디를 언제나처럼 완벽하게 불렀다. 그녀는 힘들이지 않고 고음을 냈고, 그녀의 목소리는 거의 완벽에 가까운 음높이를 유지하며 격렬한 감정을 잡아냈다. 대부분의 소프라노 가수들은 모차르트의 '파사지오(passaggio, 음역 사이에서 음색이 바뀌는 부분)' 때문에 애를 먹지만 플레밍은 달랐다. 전날 밤 공연에서도 그녀는 오랫동안 기립박수를 받았다.

하지만 그날 밤 아리아의 가장 어려운 부분인, 목소리의 떨림을 최대한 올려 바이올린 연주와 조화시키는 지점에 도달했을 때 플레밍은 갑자기 자신에 대한 의심이 들면서 실수를 할 것만 같은 생각에 휩싸였다. 후에 그녀는 회고록에 "나는 충격에 사로잡혔다. 그 아리아는 결코 쉬운 곡은 아니었지만, 분명 내가 수없이 불렀던 곡이었다."라고 썼다. 사실 플레밍은 그 전에도 이 곡을 수백 번이나 부른 경험이 있었고, 오페라 가수로 큰 성공을 거둔 것도 10년 전 휴스턴 오페라 극장에서 백작 부인 역을 맡으면서부터였다. 백작 부인이 행복의 상실을 의심하는 내용을 담은 비극의 아리아 '도베 소노'는 플레밍의 첫 번째 앨범에 수록되었고, 곧 그녀의 대표곡이 되었다. 플레밍 역시 그 곡을 "내 대표작"이라고 말했다.

하지만 이제 그녀는 거의 숨을 쉴 수조차 없었다. 횡격막이 죄어오면서 목소리에서 힘이 빠져나가는 게 느껴졌으며, 목구멍이 좁아지고 맥박이 빠르게 고동치기 시작했다. 플레밍은 가능할 때마다 몰래 호흡을 고르며 곡의 남은 부분을 끝까지 불러 기립박수를 받기는 했다. 하지만 그녀는 충격에 휩싸였다. 그녀의 자신감에 무슨 일이 일어난 걸까? 왜 제일 좋아하던 아리아가 그녀를 그토록 초조하게 만들었을까?

머지않아 플레밍의 문제는 만성이 되었다. 몸에 밴 것처럼 당연하게 불렀던 노래였음에도 갑자기 부르기 어려워졌고, 공연할 때면 늘 불안감과 싸워야 했다. 머릿속에서는 실수를 하면 안 된다는 목소리가 그녀를 괴롭혔다. "내 마음은 내 안의 부정적인 소리로 마구 흔들렸어요. 귀에서는 '그렇게는 안 돼…… 이렇게 하면 안 되지……. 호흡이 빡빡해…… 혀가 뒤에 있잖아…… 입천장이 내려앉았어…… 입술이 평평해…… 어깨 힘을 빼!'라는 속삭임이 들렸죠." 상태는 더욱 나빠져 플레밍은 오페라를 그만둘 생각에까지 이르렀다. 그녀는 세상에서 가장 재능 있는 오페라 가수 중 한 명이었지만 더 이상 공연을 할 수 없었다.

연기자들은 이렇게 실패감을 느낄 때 '질식한다(choking)'라고 표현한다. 압박으로 인한 두려움이 너무 커 산소를 들이마시기조차 어렵기 때문이다. 연기자를 무력하게 만드는 이 질식 현상의 원인이 바로 '자신의 생각'에서 비롯된다는 점은 소름끼치도록 흥미롭다. 예를 들어 플레밍은 모차르트 오페라의 고음을 낼 수 있을지를 놓고 지나치게 걱정한 나머지 결국 고음을 내는 데 실패했다. 적합한 발성 기법을 놓고 마음속에서 고민하다 보니 목소리가 아예 나오지 않았고, 필요한 속도와 기교로 노래를 부르는 것 역시 불가능해졌다. 그녀의 생각이 스스로 파업을 일으킨 것이다.

무엇이 질식 현상을 일으킬까? 질식 현상은 실패에 대한 막연한 불안감이나 과도한 감정의 분출 때문에 생기는 것 같지만, 실은 '특정한 정신적 오류'에 그 원인이 있다. 즉, 너무 많은 생각이 문제다. 그런 현상은 대개 다음과 같이 진행된다. 공연을 앞두고 초조한 마음이 생기면 자연히 남의 시선을 많이 의식하게 된다. 연기자는 자기 자신에게 초점을 맞추기 시작하면서 실수를 해서는 안 된다는 강박에 사로잡히며, 자기도 모르게 가장 훌륭한 공연을 위한 행동들을 세심히 살피기 시작한다. 데뷔 이래 한 번도 하지 않았던 생각들, 예를 들면 혀의 위치나 서로 다른 음높이를 표현할 때의 입 모양 등 여러 발성 기법에 대해 플레밍의 신경이 쏠렸던 것이 그 예다. 이런 식의 사고는 연기자에게 치명적이다. 오페라 가수는 노래하는 법을 잊어야 한다. 투수가 자신의 동작에 너무 많이 집중하다 보면 빠른 공을 통제하는 것이 불가능해진다. 연극배우 역시 대사를 지나치게 의식하면 무대 위에서 몸이 얼어붙고 마는데, 이런 경우에는 자연스러움은 물론 우아한 재능까지 사라지고 만다.

스포츠 역사에서 가장 유명한 질식 현상을 살펴보자. 장 방 드 벨드(Jean Van de Velde)는 1999년 브리티시 오픈 골프대회 마지막 홀에서 그만 무너지고 말았다. 그때까지만 해도 방 드 벨드는 거의 무결점에 가까운 골프 실력을 자랑했다. 그는 18홀에 들어서며 3타를 앞서고 있었는데, 이는 그가 설혹 더블보기(해당 홀의 규정 타수보다 2타 많은 타수로 홀인)를 하더라도 우승할 수 있다는 뜻이었다. 앞서 두 라운드에서 그는 모두 버디(해당 홀의 표준 타수보다 1타가 적은 타수로 홀인)를 기록했다.

당시 방 드 벨드는 18번째 코스에 남겨진 유일한 선수였다. 그는 다음 몇 타가 그저 괜찮은 실력의 PGA 선수였던 자신의 인생을 엘리트 골프의 그것으로 영원히 바꾸어놓을 것임을 확신했다. 이제 그는 안전하게 치기만 하면 됐다. 그러나 18홀에서 연습 삼아 스윙을 하는 동안 방 드 벨드는 초조함을 드러냈다. 바람이 거센 스코틀랜드 날씨였음에도 그의 얼굴에 맺힌 땀방울이 햇빛에 반짝거렸다. 그는 연신 땀을 닦아낸 후, 티 앞에 두 발을 고정시키고 골프채를 뒤로 치켜들었다. 스윙 자세가 어색해 보였다. 양쪽 골반이 몸과 따로 돌아갔고, 그 결과 드라이버 앞면이 공을 정확하게 맞히지 못했다. 그는 멀리 날아가는 흰색 점을 바라보더니 이내 고개를 숙였다. 공을 너무 오른쪽으로 치는 바람에 페어웨이에서 18미터 정도 벗어난 지역에 떨어뜨렸던 것이다. 그다음 공도 너무 오른쪽으로 치고 말았기에 공은 관람석을 맞고 튀어나와 무릎 높이로 풀이 자란 땅에 떨어졌다. 세 번째 타구는 더 가관이었다. 스윙 자세가 완전히 흐트러지는 바람에 공을 맞히지 못할 뻔했다. 공은 한 무더기의 풀과 함께 공중으로 날아올랐고, 짧은 거리만을 이동한 채 그린 바로 앞 워터헤저드에 빠지고 말았다.

방 드 벨드는 얼굴을 찡그린 채 더 이상 자신의 몰락을 지켜볼 수 없다는 듯 뒤돌아섰다. 벌점을 받고 나서도 그의 공은 여전히 홀에서 55m 떨어진 위치에 있었다. 자신 없는 스윙은 너무 약했고, 공은 제발 아니길 바랐던 벙커에 떨어졌다. 그곳에서 그는 공을 간신히 그린 위로 올려놓았고, 일곱 차례나 실수를 연발한 끝에 겨우 라운드를 마쳤다. 방 드 벨드는 브리티시 오픈 골프대회의 우승 기회를 놓치고 말았다.

방 드 벨드의 실패 원인은 18홀에서의 압박감이었다. 스윙 자세를 놓고 이것저것 생각하기 시작하는 순간 그의 스윙은 흐트러졌다. 마지막 일곱 번의 스윙만 보면 방 드 벨드는 전혀 다른 사람처럼 보였다. 그는 자신감을 잃었다. PGA 투어에서 활약하는 프로 선수라기보다 커다란 핸디캡을 가진 초보자처럼 주의 깊게 생각하며 골프채를 휘둘렀다. 그는 갑자기 공을 치는 원리에 집중하며, 손목을 너무 비틀거나 골반을 열지 않기 위해 신경을 썼다. 어린 시절 스윙 자세를 배운 이후로 플레이 중에는 한 번도 생각해본 적이 없었던 문제에 골몰하면서 그는 관중들 앞에서 주저앉고 말았다.

시카고 대학교 심리학과 시안 베일록(Sian Beilock) 교수는 질식 현상의 원인을 파헤쳐왔다. 그녀는 골프장에서의 퍼팅을 가지고 실험을 했다. 처음 퍼팅을 배울 때는 잔디밭의 경사, 공이 움직일 거리, 잔디 표면의 상태 등 고려해야 할 게 너무 많다. 그다음에는 퍼팅 동작을 모니터하고 매끄럽게, 또 똑바로 공을 쳐야 하니 초보 선수에게 있어 골프 퍼팅은 마치 복잡한 수학 문제처럼 너무나 어려워 보인다. 하지만 정신을 집중하면 최소한 처음에는 성공할 수 있다. 베일록에 따르면 골프 초보자의 경우에는 동작에 의도적으로 관심을 기울일 때 공을 좀 더 잘 칠 수 있다. 퍼트의 원리를 깊이 생각하면 할수록 공을 홀에 집어넣을 수 있는 확률이 더 높아지고, 경기에 집중하면서 타구의 역학 구조에 좀 더 관심을 기울일수록 실수를 많이 줄일 수 있는 것이다.

그러나 경험이 약간 쌓인 뒤에는 모든 것이 달라진다. 골퍼가 퍼트하는 법을 배우고 난 뒤, 즉 필요한 동작을 익힌 후에 타구를 분석하는 것은 시간 낭비에 불과하다. 뇌는 이미 무엇을 해야 할지 알고 있기 때문이다. 뇌는 자동적으로 그린의 기울기를 계산하고, 가장 좋은 퍼팅 각도와 공을 때리는 강도를 정한다. 실제로 베일록은 능숙한 골퍼가 퍼트에 신경을 쓰기 시작하면 공을 잘못 칠 가능성이 높아진다는 사실을 발견했다. "전문 골퍼를 실험실에 불러와 스윙 자세 중 특정한 부분에 관심을 집중하라고 했더니 엉망진창으로 하더군요. 수준이 높아졌을 때는 모든 기술이 자동화된 상태나 다름없어요. 모든 동작에 일일이 관심을 기울일 필요가 없다는 뜻이죠."

베일록은 이것이 사람들이 질식 현상을 경험할 때 나타나는 결과라고 여긴다. 행동을 감시하는 뇌 부위(전전두피질에 집중되어 있는 네트워크)가 고민 없이 일상적으로 이루어지는 결정에 간섭하기 시작하고, 몇 년 동안 고된 연습을 통해 연마한 기술을 비판한다. 질식 현상의 가장 나쁜 점은 실력의 급격한 퇴보다. 실패가 한두 번 쌓이면 스트레스가 점점 더 커진다. 방 드 벨드도 브리티시 오픈에서 실패를 경험한 뒤 내리막길을 걸었다. 그는 1999년 이후로 메이저 토너먼트에서 10위 안에 든 적이 한 번도 없었다.*

지나치게 많은 생각이 초래할 수 있는 폐해를 생생하게 보여주는 예에 해당하는 질식 현상은 우리가 잘못된 뇌 부위에 의존할 때 어떤 일이 일어나고 어떻게 이성이 망가지는지 보여준다. 오페라 가수나

---

* 후속 연구에 따르면 능숙한 골퍼들은 스윙 동작의 세밀한 역학 구조가 아닌, 자신이 의도했던 동작의 전반적인 측면에 관심을 기울이는 것으로 드러났다. 심리학자들은 이를 '전체를 아우르는 단서가 되는 단어(holistic cue word)'라고 부른다. 예를 들어 골퍼는 손목이나 팔꿈치의 정확한 위치가 아니라 '부드러운(smooth)' 또는 '균형 잡힌(balanced)'과 같은 형용사에 관심을 쏟아야 한다. 실험결과에 따르면 이렇게 전체를 아울러 생각하는 프로 골퍼들은 타구를 의식적으로 통제하려 애쓰는 골퍼들보다 훨씬 더 좋은 실력을 발휘하는 것으로 나타났다.

골퍼들의 경우 그런 의도적인 사고 과정은 오랫동안 훈련된 근육의 움직임을 방해해 몸이 주인을 배신하게 만든다.

생각이 너무 많은 데서 비롯하는 문제는 육체를 사용하는 사람들에게만 한정되지 않는다. 스탠퍼드 대학교 심리학과 교수 클로드 스틸(Claude Steele)은 불안이 시험 점수에 미치는 영향을 조사했다. 스틸은 스탠퍼드 대학교 2학년생들로 구성된 한 집단에 GRE(대학원 진학 시험) 문제를 제시하고, 이 시험의 목적은 타고난 지능의 측정이라고 말했다. 그러자 백인 학생들이 흑인 학생들에 비해 월등히 높은 점수를 얻은 것으로 나타났다. 흔히 '성취 격차'로 알려져 있는 이러한 차이는 SAT에서부터 IQ테스트까지 다양한 공인시험에서 소수인종 학생들의 점수가 낮은 경향이 있음을 보여주는 방대한 자료들과도 일맥상통한다.

스틸은 이번에는 다른 집단의 학생들을 대상으로 동일한 실험을 실시했다. 이 학생들에게는 지성 능력을 테스트하는 목적이 아니라 단지 연습 삼아 시행해보는 시험일 뿐이라고 말했다. 그 결과 백인 학생들과 흑인 학생들의 점수가 거의 같았다. 즉, 성취 격차가 발생하지 않은 것이다. 스틸의 설명에 따르면 점수 차이가 벌어진 이유는 그가 '고정관념의 위협'이라고 부르는 효과 때문이다. 흑인 학생들은 지능을 테스트하려는 시험이라는 말을 듣는 순간 '흑인은 백인보다 덜 지성적'이라는 근거 없고 잘못된 고정관념을 의식하기 시작했다(스틸은 《종형 곡선(The Bell Curve)》이 출간된 직후 이 실험을 실시했는데, 여성이 '남성과 여성의 인지 차이'를 측정한다는 가정하에 수학 시험을 치를 때나 백인 남성이 아시아인들이 학업성취도가 뛰어나다는 고정관념에 노출되었을 때에도 동일한 효과가 나타났다). 스탠퍼드 대학교 2학년생들은 부정적인 고정관념으로 불안감을 느낀 탓에 자신의 능력에 훨씬 못 미치는 결과를 보여줬다. 스틸은 고정관념의 위협 효과에 대해 다음과 같이 설명했다.

"고정관념의 위협하에서는 사람들이 신중하고 비판적인 경향을 보인다. 그런 상태에 있는 사람들과 대화를 나눠보면 '자, 여기선 신중해야 해. 일을 망쳐서는 안 돼.'라며 자기 암시를 거는 듯한 느낌을 받는다. 그들은 그런 전략을 취하기로 결정한 후, 마음을 차분히 가라앉히고 시험을 치른다. 하지만 그렇게 할수록 인간에게 도움을 주는 직관, 즉 신속한 사고 과정으로부터 멀어질 것이기 때문에 이는 공인시험에서 높은 점수를 받을 수 있는 좋은 방법이 아니다. 잘했다고 생각하고 잘하려고 노력하지만 결과는 그렇지 않다."

르네 플레밍, 장 방 드 벨드, 스탠퍼드 대학교 학생들의 사례는 합리적 사고가 역효과를 낳을 수도 있다는 교훈을 준다. 이성은 강력한 인식 수단이지만 전전두피질에만 지나치게 의존하는 것은 위험하다. 이성 두뇌가 정신을 장악하면 사람들은 결정을 내리는 데 있어 온갖 종류의 실수를 저지르는 경향이 있다. 골프공을 잘못 치고, 시험에서 잘못된 답을 고른다. 감정의 지혜, 즉 도파민 신경세포 속에 아로새겨진 지식을 무시하고 설명이 가능한 일에만 집중하기 시작하면(감정이 가지는 문제 가운데 하나는 느낌이 정확할 때조차 분명하게 설명하기 힘들다는 점이다.) 우리는 최선이라고 느끼는 대안 대신 아무리 나쁜 생각이라 해도 최선으로 '들리는' 대안을 선택하고 만다.

01

〈컨슈머리포트(Consumer Reports)〉 지는 상품을 시험할 때 엄격한 원칙을 따른다. 첫째, 각 분야의 전문가들을 불러 모은다. 승용차를 시험할 때는 자동차 전문가에게 의뢰하고, 오디오 스피커를 시험할 때는 음향에 조예가 깊은 사람들을 모셔오는 식이다. 잡지사의 직원들은 해당 카테고리의 관련된 상품들을 모두 모아놓고 브랜드 이름을 감추는 작업을 한다. 객관성을 추구하기 위해서다.

1980년대 중반 〈컨슈머리포트〉는 딸기잼의 맛을 테스트하기로 했다. 여느 때와 같이 편집진은 여러 명의 음식 전문가들을 초대했다. 그들은 모두 '훈련된 미각 토론자들'이었다. 전문가들은 서로 다른 45종의 딸기잼을 시식하며 당도, 향, 씹히는 느낌, 잘 발리는 정도 등 총 16개 항목에 점수를 매겼고, 합산 점수에 따라 딸기잼의 순위가 정해졌다.

몇 년 뒤 버지니아 대학교 심리학자 티모시 윌슨(Timothy Wilson)은 학부 학생들을 대상으로 이 딸기잼 맛 테스트를 실시해보았다. 학생들과 전문가들의 기호가 똑같았을까? 최고의 딸기잼에 관한 의견은 모두 일치했을까?

윌슨의 실험은 간단했다. 그는 〈컨슈머리포트〉 평가에서 1등, 11등, 24등, 32등, 44등에 오른 딸기잼을 놓고 학생들에게 순위를 매겨보라고 했다. 학생들의 선호도는 전문가들과 거의 흡사했다. 두 집단 모두 노츠베리팜과 알파베타를 가장 맛이 좋은 딸기잼으로 선정했고, 페더웨이트 딸기잼은 근소한 차이로 3위가 되었다. 두 집단의 결과는 애크미와 소럴릿지를 가장 맛이 없는 딸기잼으로 결정하는 데서도 일치했다. 윌슨은 학생들과 〈컨슈머리포트〉 전문가들의 선호도를 비교해본 결과, 두 집단의 상관계수가 0.55라는 사실을 발견했다. 다소 인상적인 결과였다. 이는 잼을 판단하는 문제와 관련해서는 우리 모두가 타고난 전문가라는 뜻이다. 우리의 뇌는 가장 큰 즐거움을 제공하는 상품을 자동적으로 선택할 수 있다.

여기까지는 윌슨이 진행한 실험의 전반부일 뿐이다. 그는 딸기잼 맛 테스트를 다른 그룹의 학생들에게 실시하면서 '왜' 그 브랜드의 딸기잼을 선호했는지 설명하라고 했다. 학생들은 잼을 맛보면서 질문지를 채워나갔다. 윌슨은 학생들로 하여금 처음 느낀 인상을 분석하고 감정적으로 마음에 들었던 것을 굳이 설명하게끔 문항을 만들었는데, 이러한 추가 분석은 잼에 대한 판단력을 심하게 왜곡시켰다. 이 테스트에 참여했던 학생들은 〈컨슈머리포트〉에서 최악의 잼으로 뽑힌 소럴리지 딸기잼을 전문가들이 최고로 뽑았던 노츠베리팜 딸기잼보다 더 좋아했다. 전문가와 학생들의 상관계수는 0.11로 급격하게 떨어졌다. 이는 딸기잼에 대해 고심하고 분석했던 학생들의 견해와 전문가들이 매긴 순위가 아무런 관계가 없다는 뜻이다.

윌슨은 딸기잼에 대한 '지나치게 많은 생각'은 실제로 중요하지도 않은 온갖 요소에 관심을 기울이게 만든다고 주장한다. 최고의 잼은 가장 긍정적인 느낌과 관련이 있음에도 사람들은 본능적인 이끌림에 귀 기울이는 대신 이성 두뇌가 이 잼을 저 잼보다 더 좋아하는 이유를 찾게 한다. 예를 들어 어떤 사람은 잼이 발리는 정도에 대해 실제 아무 관심이 없음에도 애크미 잼이 특별히 바르기가 편하다는 이유로 높은 점수를 줄 수 있다. 또 어떤 사람은 전에는 잼의 씹히는 느낌에 대해 한 번도 생각해본 적이 없지만 노츠베리팜 잼이 덩어리가 씹혀 나쁜 것처럼 느낄 수 있다. 하지만 덩어리가 씹힌다는 사실이 잼을 싫어하는 그럴 듯한 이유처럼 '들리고', 결국 그 사람은 이러한 복잡한 논리를 반영해 자신의 선호도를 바꿔서 노츠베리팜 잼보다 애크미 잼을 더 좋아하도록 스스로를 설득한다.

이 실험은 이성 두뇌에 늘 의존하는 데 따르는 위험성을 보여준다. 지나치게 많은 분석이라는 것도 있을 수 있으니까 말이다. 잘못된 순간에 너무 많은 생각을 하면 인간은 실질적인 선호도를 평가하는 데 있어 훨씬 뛰어난 감정의 지혜를 외면하는 우를 범해서 진정으로 자신이 원하는 것을 파악하는 능력을 상실하고 만다. 그 결과 최악의 딸기잼을 선택하기에 이르는 것이다.

윌슨은 딸기잼 실험에 크게 고무되었다. 실험결과는 신중한 자기분석이 지혜에 이른다는 서구 사상의 기본 신조와 모순되는 듯 보였다.

소크라테스는 "고민하지 않는 삶은 가치가 없다."라는 유명한 말을 남겼지만, 분명 딸기잼에 대해서까지 생각하지는 않았을 것이다.

사실 식품에 특수한 면이 있긴 하다. 사람들은 자신이 선호하는 것을 설명하는 데 매우 서툴기 때문이다. 그래서 윌슨은 또 다른 실험 하나를 구상했다. 여대생들에게 모네의 풍경화와 반 고흐의 보랏빛 백합, 세 장의 유머러스한 고양이 포스터 등 총 다섯 장의 그림 포스터를 제시하고 가장 마음에 드는 것을 고르게 하는 실험이었다. 그러나 윌슨은 실험에 앞서 참가자들을 두 집단으로 나누었다. 첫 번째 집단에게는 생각할 필요를 주지 않은 채 그냥 각각의 포스터에 1부터 9까지 점수를 매기라고 주문했고, 두 번째 집단에게는 생각해야 할 의무를 부여했다. 점수를 매기기 전, 윌슨은 각각의 포스터를 좋아하는 혹은 싫어하는 이유를 묻는 질문지를 나누어주었다. 실험이 끝난 후 참가자들은 각기 자신이 좋아하는 포스터를 들고 집으로 돌아갔다.

두 집단의 여대생들이 내린 선택 결과는 매우 달랐다. 생각할 필요 없이 그저 점수를 매겼던 참가자들의 95%는 모네나 반 고흐의 그림을 골랐다. 그들은 본능적으로 순수미술 작품을 선호했다. 하지만 자신의 결정에 대해 고심하고 점수를 매겼던 참가자들은 미술 작품을 선호하는 사람들과 유머러스한 고양이 포스터를 선호하는 사람들의 비중이 거의 똑같았다. 무엇이 그런 차이를 만들어냈을까? 윌슨은 이와 같이 설명한다. "모네의 그림을 보면 대부분의 사람들이 긍정적인 반응을 보인다. 하지만 자신이 느끼는 것에 대한 이유를 생각해보라고 하면 몇 가지 컬러가 마음에 들지 않는다거나 건초 더미라는 주제가 지루하다는 등 설명하기 쉬운 말을 찾게 된다." 결국 여대생들은 설명할 거리가 더 많다는 이유만으로 우스꽝스러운 고양이 포스터를 선택한 것이다.

몇 주 뒤 윌슨은 어느 집단이 더 나은 결정을 내렸는지 알아보기 위해 실험 참가자들과 후속 인터뷰를 진행했다. 말할 것도 없이, 감정에 이끌려 포스터를 고른 참가자들이 자신의 선택에 훨씬 더 만족하는 것으로 나타났다. 고양이 포스터를 선택한 참가자들의 75%는 자신의 선택을 후회했지만, 미술 작품 포스터를 고른 참가자들은 아무도 후회하지 않았다. 감정에 귀를 기울인 여대생들이 이성의 힘에 의존했던 여대생들보다 훨씬 더 나은 결정을 내린 것이다. 자신이 원하는 포스터에 대해 더 많이 생각한 사람일수록 더 잘못된 선택을 했고, 자기분석은 결국 자기인식의 저하로 나타났다.

이러한 결과는 단지 샌드위치에 바를 잼이나 값싼 포스터를 고르는 문제처럼 사소한 결정을 내릴 때만 해당되는 것이 아니다. 주택 구입 같이 좀 더 중요한 결정을 내려야 할 때도 너무 많은 생각은 문제가 된다. 네덜란드 라드바우드 대학의 심리학자 아프 데익스테르후이스(Ap Dijksterhuis)는 사람들이 부동산을 구입할 때도 종종 딸기잼을 잘못 고르는 것과 같은 '비중의 실수(weighting mistake)'를 저지른다고 지적했다.

다음의 경우를 생각해보자. 두 종류의 집이 있다. 하나는 출퇴근 시 10분이 걸리는 도심에 위치한 방 세 개짜리 아파트고, 다른 하나는 출퇴근 시 45분이 걸리는 교외 지역의 방 다섯 개짜리 저택이다. "사람들은 오랫동안 고민하다가 결국에는 대부분 큰 집을 선택하곤 합니다.

성탄절에 할머니나 할아버지가 오시면 욕실이 세 개거나 남는 방이 있어야 한다는 걸 중시하면서요. 하지만 매일 2시간가량 운전해야 한다는 건 정말 말이 안 돼요."

흥미로운 사실은 사람들이 고민을 하면 할수록 여분의 공간을 더 중요하게 여긴다는 점이다. 사람들은 온갖 시나리오(생일파티, 추수감사절 저녁식사, 자녀의 출산 등)를 상상하며 교외의 저택이 필요하다는 생각을 밀어 넣고, 욕실이 하나 더 있다는 점에 매료된 나머지 출퇴근 시간을 점점 사소한 문제라 생각하게 된다. 하지만 데익스테르후이스가 지적한 대로 그러한 추론은 역효과를 초래한다. "여분의 욕실은 1년에 고작 2~3일만 쓰는 불필요한 자산일 뿐이지만, 긴 출퇴근 시간은 분명 지속적으로 큰 부담이 됩니다."

최근 연구결과에 따르면 1시간 이상 걸려 출근 또는 퇴근하는 사람이 출퇴근 거리가 짧은 사람과 같은 수준의 '만족스러운 삶'을 누리려면 40%의 돈을 더 벌어야 하는 것으로 나타났다. 심리학자 대니얼 카너먼과 경제학자 앨런 크루거(Alan Krueger)가 텍사스에 거주하는 직장여성 900명을 대상으로 한 조사에 따르면, 출퇴근은 단연코 그들의 하루 중 가장 기쁘지 않은 시간이었다. 그럼에도 미국의 직장인 가운데 20% 가까이가 출근 또는 퇴근하는 데만 45분 이상을 소비하고 있다는 우울한 통계가 있다(미국인의 350만 명 이상은 출퇴근에 매일 3시간 이상을 쓰고 있고, 이런 사람들의 증가 추세 또한 빠르다). 아프 데익스테르후이스에 따르면 이들이 스스로 어려움에 빠진 이유는 거주지 선택 시 그와 관련된 변수를 제대로 따져보지 못했기 때문이다. 자신의 선호도를 의식적으로 분석하며 딸기잼을 맛본 사람들이 잼의 발리는 정도와 씹히는 맛처럼 쓸데없는 요소에 넘어갔던 것처럼, 이것저것 따져 주택을 구입하는 사람들도 욕실의 크기와 숫자처럼 덜 중요한 세부 사항에 관심을 기울였다(출퇴근 시 교통체증에 따른 짜증처럼 미래에 생길 감정을 계산하는 것보다는 욕실 숫자와 같은 정량적 요소를 고려하는 게 더 쉽다). 미래의 주택 구입자들은 매일 자동차로 1시간 이상을 허비할지라도 교외의 큰 주택에 사는 것이 행복할 것이라 예상했지만 그것은 틀린 생각이었다.

잘못된 딸기잼을 고르게끔 자기 자신을 설득하는 동안 뇌 안에서는 실제로 어떤 일이 일어날까? 이러한 정신적 과정을 들여다볼 수 있는 가장 좋은 방법은 '위약 효과', 즉 플라시보(placebo) 효과다. 35~75%에 달하는 사람들이 설탕 같은 가짜 치료약을 처방받은 후 병세가 나아졌다는 연구결과에서 보듯 플라시보 효과의 강력한 힘은 오랫동안 인정받았다. 몇 년 전 컬럼비아 대학교 신경과학자 토어 웨이저(Tor Wager)는 플라시보 효과의 발생 원인을 알아내고자 했다. 무지막지하지만 간단했던 그의 실험 내용은 대학생들을 fMRI 기계에 넣고 전기 충격을 가하는 것이었다(참가자들은 학부 학생이 받을 수 있는 수준으로는 충분한 보상을 받았다). 그다음 그들 중 절반에게는 그저 핸드크림일 뿐 진통 성분이 전혀 들어 있지 않은 가짜 진통완화 크림을 발라주었다. 그런데도 그것을 바른 참가자들은 통증이 상당히 완화되었다고 말했다. 플라시보 효과가 고통을 지워버린 것이다. 웨이저가 이러한 심리 과정을 제어하는 뇌의 특정 부위를 관찰해보니 플라시보 효과는 전적으로 신중한 사고를 관장하는 전전두피질에 의존한다는 사실이 드러났다. 통증 완화 크림을 발랐다는 말을 듣는 순간, 참가자들의 전두엽은 뇌섬과 같이 고통에 반응하고 감정을 주관하는 부위의 활동을 억제시켰다. 그들은 크림을 바르면 고통이 덜할 것이라 '기대했기' 때문에, 실제 고통을 덜 느꼈다. 그들의 예측이 자기만족적인 예언이 된 셈이다.

스스로를 단련하는 강력한 원천에 해당하는 플라시보 효과는 전전두피질의 힘으로 가장 기본적인 몸의 신호조차 바꿀 수 있다는 사실을 보여준다. 전전두피질이 진통 완화 크림처럼 고통을 덜어주는 이유를 발견하면, 그 이유는 강력한 왜곡을 낳는다. 그런데 고통을 일시적으로 덜어주었던 그 고마운 이성 두뇌가 안타깝게도 일상생활에서는 수많은 결정에 그릇된 영향을 미치기도 한다. 고통의 신호를 꺼주는 전전두피질이 가장 좋은 포스터를 선택하게 이끄는 감정을 무시하게 만들기도 하는 것이 그 예다. 이러한 상황에서는 의식적인 사고가 올바른 의사결정을 방해한다.

작지만 재치 있는 실험 하나를 예로 들어보자. 스탠퍼드 대학의 신경과학자 바바 시브(Baba Shiv)는 실험 참가자들에게 각성 효과와 활력을 느끼게 하는 에너지 음료 '소브 아드레날린 러시'를 주었다(그 음료수에는 병에 쓰인 대로 '뛰어난 기능'을 제공하는 설탕과 카페인이 함유되어 있었다). 일부 참가자들은 정가에 음료수를 샀고, 나머지 참가자들은 할인가에 샀다. 그들은 음료수를 마신 후 여러 개의 낱말 퍼즐을 과제로 받았는데, 시브는 할인가에 음료수를 샀던 참가자들이 정가에 샀던 참가자들보다 낱말 퀴즈를 약 30%나 못 풀었다는 사실을 확인했다. 음료수는 모두 동일했지만 참가자들은 할인가에 산 음료수가 정가에 산 음료수보다 효과가 훨씬 덜할 것이라고 확신했다. 시브는 "우연이나 요행에 의한 결과가 아니라는 점을 확실히 하려고 실험을 여러 번 되풀이했지만 결과는 매번 같았다."라고 말했다.

왜 값이 싼 에너지 음료가 덜 효과적인 것으로 나타났을까? 시브는 플라시보 효과에서 답을 찾는다. 사람들은 동일한 제품일지라도 가격이 싼 상품은 효과가 덜할 것이라 '기대'하기 때문에, 일반적으로 그것은 덜 효과적인 상품이 '된다.' 일반 두통약보다는 유명 회사의 두통약이 더 좋은 효과를 내고, 블라인드 테스트에서는 아무런 차이를 말할 수 없는데 값싼 콜라보다 코카콜라가 더 좋은 맛을 내는 이유도 이 때문이다. "'저렴한 상품은 질이 떨어진다'는 생각처럼 사람들은 세상에 대한 일반적인 믿음을 갖고 있다. 사람들은 특정 상품에 대해 특정한 기대를 나타내고, 일단 기대심리가 발동하면 실제 우리의 행동에 영향을 미치기 시작한다." 이성 두뇌는 현실 감각을 왜곡시켜 여러 대안을 제대로 평가할 수 있는 능력을 마비시킨다. 그 결과 우리는 감정 두뇌에서 나오는 믿을 만한 의견에 귀를 기울이는 대신, 우리 자신의 잘못된 추측을 따르는 것이다.

칼텍과 스탠퍼드 대학의 연구자들은 최근 이런 사고 과정의 신비를 벗겨냈다. 그들은 20명을 대상으로 와인 시음회처럼 실험을 구성했다. 참가자들은 다섯 종류의 카베르네 소비뇽 와인을 시음했는데, 시음용 와인을 구별할 수 있는 유일한 기준은 5달러부터 90달러에 이르기까지 각각의 병에 쓰인 가격표뿐이었다. 과학자들은 참가자들에게 다섯 가지 와인이 서로 다르다고만 말했을 뿐, 실제로는 세 가지 종류의 와인만 사용되었다는 사실을 밝히지 않았다. 즉, 실험자들은 일부 똑같은 와인에 가격표만 달리 붙인 뒤 내놓은 것이다. 일례로 값싼 캘리포니아 카베르네 한 병에는 5달러의 가격표(실제 소매가격)를, 다른 한 병에는 그보다 아홉 배나 부풀린 45달러의 가격표를 붙여놓았다. 참가자들은 fMRI 기계 안에서 모든 종류의 와인을 맛보았다.

예상대로 참가자들은 값비싼 와인의 맛이 더 좋다고 일관되게 말했다. 그들은 10달러짜리 포도주보다 90달러짜리 와인을 더 좋아했고, 45달러짜리 카베르네가 5달러짜리 싸구려 와인보다 훨씬 더 낫다고 생각했다. 참가자들이 fMRI 기계 안에서 플라스틱 관을 통해 와인을 시음하는 동안, 과학자들은 각기 다른 와인에 대해 참가자들의 뇌가 어떤 반응을 보이는지를 살펴보았다. 실험을 진행하는 동안 다양한 뇌 부위가 활성화되었는데 오직 한 부위만 와인 자체가 아니라 그 '가격'에 반응하는 듯 보였다. 바로 전전두피질이었다. 일반적으로 값이 비싼 와인을 대할 때 전전두피질은 더 적극적으로 반응했다. 과학자들은 이 뇌 부위의 활동이 참가자들의 선호를 움직여, 실제로는 똑같은 와인임에도 90달러짜리 카베르네가 35달러짜리 카베르네보다 더 맛이 좋은 것처럼 보였다고 주장한다.

물론 참가자들의 와인 선호도는 말이 되지 않았다. 그들은 가격 대비 성능이 좋은 상품을 선택하며 이성적으로 행동하기보단 똑같은 상품에 더 많은 돈을 지불했다. 과학자들은 스탠퍼드 대학교 와인 동호회 사람들을 대상으로 동일한 실험을 했으나 결과는 똑같았다. 블라인드 테스트에서 이 '반(半) 전문가'들도 가격표에 이끌려 잘못된 선택을 했다. 연구를 주관한 칼텍의 신경과학자 안토니오 랭글(Antonio Rangel)의 분석은 다음과 같다. "우리는 기대감이란 게 얼마나 강력한지 알지 못한다. 기대감은 우리 경험의 모든 측면을 실제로 바꿀 수 있다. '와인은 비쌀수록 맛있다'는 식의 그릇된 가설에 기대감이 근거한다면 매우 잘못된 결과가 나올 수 있다."

이러한 실험은 많은 경우 우리가 구매하려는 상품에 대해 덜 알고 있을 때 오히려 더 나은 결정을 내릴 수 있다는 점을 제시한다. 가게에 들어가면 우리는 정보에 압도당해서, 간단해 보이는 상품을 구매할 때조차도 갑자기 인식의 혼동이 생긴다. 잼이 놓인 통로에 있다고 가정해보자(일반적인 슈퍼마켓에는 200종 이상의 잼과 젤리가 진열되어 있다). 진열대에 눈길을 주는 순간 온갖 종류의 의문이 떠오른다. 부드럽게 씹히는 딸기잼을 사야 할까, 아니면 설탕이 덜 들어 있는 딸기잼을 사야 할까? 가격이 비싼 것이 더 맛있을까? 유기농 딸기잼은 어떨까? 의사결정의 합리적 모델은 '가장 좋은 상품을 찾기 위해서는 모든 정보를 빠짐없이 고려하고, 진열된 다른 브랜드를 주의 깊게 분석해야 한다'고 주장한다. 즉, 전전두피질을 이용해 물건을 골라야 한다는 것이다. 그러나 이 방법은 역효과를 불러일으킬 가능성이 있다. 슈퍼마켓에서 너무 많은 생각을 하다 보면 스스로 속아 넘어가 잘못된 이유로 잘못된 상품을 선택할 수 있기 때문이다. 〈컨슈머리포트〉부터 와인 평론가 로버트 파커(Robert Parker)에 이르기까지, 훌륭한 비평가들이 항상 정보를 숨긴 채 상품 비교를 하는 이유가 바로 여기에 있다. 그들은 결정에 오류를 일으키는 기만적인 생각들을 피하고자 한다. 전전두피질은 잼이나 에너지 드링크나 와인을 고르는 데 소질이 없다. 이런 결정은 골프 스윙과 비슷하기 때문에, 자연스럽게 결정을 내리는 감정 두뇌를 사용하는 것이 가장 좋은 방법이다.

쇼핑을 할 때 이러한 '비합리적' 접근 방식을 사용하면 많은 돈을 절약할 수 있다. 랭글과 그의 동료들은 뇌 영상 실험을 마친 뒤 참가자들에게 다섯 가지 와인을 다시 맛보라고 주문했다. 과학자들은 이번에는 가격 정보를 제공하지 않았다. 그저 90달러짜리 와인이 최고라고 했던 참가자들이 이번에는 선호를 완전히 바꾸었다. 시음이 철저히 블라인드로 진행되자 참가자들은 더 이상 전전두피질의 편견에 영향을 받지 않게 되었고, 그 결과 가장 싼 와인이 가장 높은 순위에 올랐다. 그 포도주는 비싸지는 않았지만, 맛은 최고였던 셈이다.

02

두뇌가 무한한 힘을 가진 신체조직이고 어떠한 제약도 없는 슈퍼컴퓨터라면 이성적인 분석은 항상 바람직한 의사결정 전략이 될 것이다. 정보는 무조건 칭찬받아야 하고, '플라톤의 마부'처럼 모든 것을 알고 있는 이성의 의견을 무시하는 것은 어리석은 짓이다.

하지만 뇌의 생물학적 현실은 그렇지 못하다. 뇌는 온갖 종류의 결함을 안고 있는 기계처럼 지극히 제한되어 있다. 이것은 특히 전전두피질과 밀접하게 관련되어 있는 이성에 딱 들어맞는 이야기다. 심리학자 조지 밀러는 〈마법의 숫자 7±2(The Magical Number Seven, Plus or Minus Two)〉라는 유명한 논문에서 뇌가 한 번에 처리할 수 있는 데이터는 약 일곱 개뿐이라는 사실을 보여주었다. 밀러는 "신경 체계의 구조상 뇌에는 한계가 있을 수밖에 없고, 이런 한계는 처리할 수 있는 용량을 일반적인 범위 안에 가두어놓는다."라고 설명했다. 이성을 관장하는 신경 회로는 우리가 생각하라고 명령하는 것을 생각한다. 즉, 우리 자신은 이 회로를 통제할 수 있는데, 문제는 이 신경 회로가 뇌에서 차지하는 비중이 비교적 작다는 것이다. 마음이라는 광대한 메인프레임 안에서 이런 회로들은 단지 몇 개의 마이크로칩에 불과하기 때문에, 슈퍼마켓에서 잼을 사는 것처럼 단순해 보이는 선택조차도 전전두피질을 혼란에 빠뜨릴 수 있다. 그릇된 결정은 전전두피질이 잼에 관한 온갖 정보에 겁을 먹는 바로 그 순간에 이루어진다.

다음 실험을 생각해보자. 당신은 지금 탁자 하나와 의자 하나만 있는 빈 방에 앉아 있다. 하얀 실험복을 입은 과학자가 들어와 자신은 장기기억력 연구를 하고 있다고 말한다. 그는 일곱 자리 숫자를 알려주며 그 숫자를 기억하라고 지시하고선 당신에게 복도를 지나 기억력 테스트를 실시할 방까지 걸어 내려가라고 주문한다. 검사실로 가는 길에 당신은 실험참가자들을 위한 다과 테이블을 마주하게 되는데, 테이블 위에 놓인 진한 독일식 초콜릿 케이크 한 조각과 과일 샐러드 한 그릇 중 하나를 고를 수 있다. 당신이라면 무엇을 선택하겠는가?

실험을 한 번 더 해보자. 당신은 지난번과 똑같은 방에 앉아 있다. 똑같은 과학자가 똑같은 설명을 되풀이한다. 전과 다른 점이라면 일곱 자리 숫자 대신 두 자리 숫자를 기억하라는 지시가 주어진다는 것밖에는 없다. 훨씬 더 쉬운 과제다. 그런 다음 복도를 거닐고, 전처럼 케이크와 과일 가운데 하나를 선택할 수 있는 기회를 접한다.

당신은 아마 기억해야 할 숫자의 개수가 당신의 선택에 영향을 미치지 않을 것이고, 당신이 초콜릿 케이크를 골랐다면 그건 그저 그것을 원했기 때문일 거라고 생각할 것이다. 하지만 당신의 생각은 틀렸다. 이 실험을 진행한 과학자가 거짓말을 했기 때문이다. 그는 장기기억력을 연구한 게 아니라 자제력에 관해 연구하고 있었다.

과학자들은 두 집단에게 행한 기억력 실험의 결과를 통해 사람들의 행동에 놀라운 변화가 있었음을 확인했다. 일곱 자리 숫자를 기억해야 했던 사람들의 59%가 케이크를 선택한 데 비해, 두 자리 숫자를 기억해야 했던 사람들은 37%만이 케이크를 선택했다. 어려운 기억력 과제를 맡은 사람들은 뇌가 산만해져 유혹을 이기지 못하고 고칼로리의 디저트를 선택할 확률이 훨씬 더 높았다(어른에게 있어 독일식 초콜릿 케이크는 네 살짜리 아이 앞에 놓인 마시멜로와 다름없다). 다섯 개의 숫자가 늘어난 것이 참가자들의 자제력에 큰 영향을 미쳤던 것이다.

두 집단의 행동이 그렇게 다르게 나타난 이유는 무엇일까? 이 실험을 고안한 스탠퍼드 대학의 과학자들은 참가자들이 일곱 자리 숫자를 기억하는 데 온갖 노력을 기울이느라 정상적으로 감정적 충동을 조절하는 뇌 부위의 인지 능력에 신경 쓸 겨를이 없었기 때문이라고 분석한다. 작업 기억과 합리성은 모두 전전두피질이 관장한다. 전전두피질이 많은 정보를 기억하려고 애쓰는 동안에는 충동을 억제하는 능력이 약화된다. 이렇듯 이성의 기반은 한계가 명확하기 때문에 숫자 몇 개만 추가해도 극도의 결함을 드러낼 수 있다.

전전두피질의 결함은 기억 용량이 초과될 때만 나타나는 것이 아니다. 또 다른 연구는 전두엽이 제 기능을 발휘하려면 많은 양의 에너지가 필요하기 때문에 혈당이 조금만 떨어져도 자제력을 잃을 수 있다는 사실을 보여주었다. 플로리다 주립대의 심리학자 로이 바우마이스터(Roy Baumeister)가 진행한 실험을 예로 들어보자. 실험에 참여한 학부생들은 화면 하단에서 무작위로 돌아다니는 단어들을 무시한 채 비디오를 시청해야 했다. 눈에 띄는 자극에 관심을 기울이지 않으려면 의식적인 노력이 필요하기 때문에 이는 정신적으로 매우 힘든 과제였다. 그리고 참가 학생들의 절반에게는 설탕을 넣은 레모네이드를, 나머지 절반에게는 인공감미료를 넣은 레모네이드를 제공했다. 바우마이스터는 포도당이 혈관에 들어가 뇌로 확산될 때까지(약 15분) 기다린 뒤 학생들에게 아파트를 결정하도록 했다. 그 결과 진짜 설탕이 아닌 인공감미료가 첨가된 레모네이드를 마신 학생들은 본능과 직감에 의존해 잘못된 선택을 하는 경향이 두드러졌다. 바우마이스터는 그 이유가 학생들의 이성 두뇌가 지쳤기 때문이라고 판단했다. 그들의 뇌는 원기를 회복시켜줄 설탕을 필요로 했지만, 받은 것이라곤 칼로리 제로인 감미료였으니 말이다. 이 연구결과는 우리가 배가 고프고 피곤할 때 종종 짜증을 내는 이유를 설명하는 데 도움이 된다. 이런 상황에서 우리의 뇌는 사소한 불쾌감에서 촉발되는 부정적 감정을 억제하는 능력이 저하된다. 기분 나쁜 상태는 사실 전전두피질이 지쳤기 때문에 일어나는 현상이다.

이들 연구의 요지는 이성 두뇌의 결함과 약점이 우리의 행동에 부단히 영향을 미치기 때문에 지나고 보면 매우 어리석어 보이는 결정을 내리도록 유도한다는 것, 한마디로 이성 두뇌는 불완전한 기계일 뿐이라는 것이다. 이러한 실수는 자제력을 잃는 데서 그치지 않는다.

2006년 펜실베이니아 대학의 심리학자들은 호화로운 아파트 건물에서 엠앤엠즈 초콜릿을 가지고 실험을 진행했다. 그들은 초콜릿을 담은 커다란 그릇 하나와 작은 국자 하나를 놓아두었다. 다음 날 그들은 그릇에 초콜릿을 다시 채워 넣고 그 옆에 전보다 훨씬 더 큰 국자를 놓았다. 세븐일레븐 편의점에서 파는 초대형 탄산음료 '빅걸프'나 맥도널드의 슈퍼사이즈 프렌치프라이를 먹어본 사람이라면 그 결과에 그다지 놀라지 않을 것이다. 국자의 크기가 커지자 사람들은 초콜릿을 66%나 더 많이 퍼갔다. 사람들은 물론 첫날에도 초콜릿을 원하는 만큼 가져갔지만, 그릇이 커지면 더 많이 먹듯이 국자의 크기가 커지자 더 많은 초콜릿을 가져갔던 것이다.

초콜릿을 담는 국자에서 얻을 수 있는 진짜 교훈은 사람들이 계량하는 것에 취약하다는 점이다. 사람들은 자기가 먹을 초콜릿의 숫자 대신 국자의 사용 횟수를 센다. 과학자들은 대부분의 사람들이 국자를 한 번 사용하는 데 그쳤고, 한 번 퍼담은 양만큼만 먹는다는 사실을 발견했다. 저녁을 먹을 때도 똑같은 현상이 나타난다. 사람들은 접시에 담긴 것은 모두 먹어치우는 경향이 있는데, 접시 크기가 두 배로 커져도 음식을 깨끗이 먹어치운다(미국인의 그릇 사이즈는 지난 25년간 40%가 커졌다). 코넬 대학교의 마케팅 전공 교수 브라이언 완싱크(Brian Wansink)가 실시한 실험의 예에서 보듯, 사람들이 먹는 양은 그릇의 크기에 달려 있다. 완싱크는 바닥이 뚫린 수프 그릇을 준비하고, 숨겨둔 관을 통해 계속해서 수프를 밑에서 공급했다. 실험 결과 바닥이 뚫린 그릇을 사용한 집단은 일반 그릇을 사용한 집단보다 거의 70%나 더 많은 수프를 먹은 것으로 드러났다.

경제학자들은 이러한 생각의 속임수를 '멘탈 어카운팅(mental accounting, 심적 계산)'이라고 부른다. 사람들이 캔디 국자나 수프 그릇, 또는 예산표와 같이 특정한 계산의 관점에서 세상을 바라보는 경향이 있기 때문이다. 실제 엠앤엠즈 초콜릿 숫자를 세는 것보다 국자 수를 세는 게 더 편한 것처럼, 이러한 계산은 생각을 좀 더 빠르게 하는 데 도움이 될 수는 있지만 결국 왜곡된 결정을 낳고 만다.

시카고 대학의 경제학자 리처드 탈러는 이러한 비합리적 행동이 야기하는 결과를 최초로 연구한 사람이다. 그는 멘탈 어카운팅의 작용을 입증하기 위해 몇 가지 간단한 질문을 만들었다.

> 영화를 보기로 결정하고 입장권을 10달러에 구입했다고 가정해보자. 극장 안에 들어가려던 당신은 티켓이 없어졌다는 사실을 발견했다. 좌석 번호도 모르고 잃어버린 티켓은 보상받을 수도 없다. 당신은 다시 10달러를 내고 티켓을 구매하겠는가?

이러한 설문조사를 실시한 결과 '티켓을 재구매하겠다'고 답한 사람은 전체의 46%에 불과했다. 하지만 비슷한 상황에 대해 아래와 같이 질문을 던졌을 때의 결과는 사뭇 달랐다.

> 영화를 보기로 결정하고 극장에 간다고 가정해보자. 입장권은 10달러인데 아직 구입하지는 않았다. 그런데 극장 앞에서 10달러 지폐를 잃어버렸다는 사실을 알게 되었다. 당신은 10달러를 내고 영화 티켓을 구매하겠는가?

두 경우 모두 손실액은 동일하지만 '10달러를 잃어버렸어도 티켓을 사겠다'고 응답한 사람은 전체의 88%에 달했다. 이렇게 큰 차이가 나는 이유는 무엇일까? 탈러에 의하면 극장에 가는 것은 티켓값과 영화를 보는 경험을 맞바꾸는 거래 행위로 간주된다. 그래서 티켓을 두 번 사는 것은 영화가 너무 비싼 것처럼 느끼게 만든다. 왜냐하면 티켓 한 장의 가격이 20달러가 되기 때문이다. 반면 현금을 잃어버린 것은 영화와 관련된 심적 계산에 포함되지 않기 때문에, 아무도 10달러를 더 내는 것을 꺼리지 않는다.

물론 이러한 행동은 한심할 정도로 일관성이 없다. 티켓을 잃어버리면 구두쇠가 되고, 현금을 잃어버리면 헤픈 사람이 된다. 이런 모순된 결정은 고전 경제학의 중요한 원칙에 위배된다(고전 경제학에서 1달러는 언제나 1달러일 뿐으로, 돈은 완벽하게 재화로 대체 가능하다). 뇌가 심적 계산을 하기 때문에 우리는 같은 돈을 매우 다르게 취급하는 것이다.

또 다른 예를 들어보자. 탈러는 사람들에게 15달러짜리 계산기를 5달러 더 싸게 사기 위해 가던 길을 벗어나 20분 넘게 운전할 수 있겠느냐고 물었다. 그러자 응답자의 68%가 그러겠다고 답했다. 하지만 125달러짜리 가죽 재킷을 5달러 더 싸게 사기 위해 가던 길을 벗어나 20분 넘게 운전하겠느냐고 물었을 때는 응답자의 29%만 긍정적으로 답했다. 사람들은 운전 여부를 판단할 때 절대적인 돈의 양(5달러)이 아니라 결정을 둘러싼 특별한 심적 계산에 의존했다. 값싼 계산기를 구입하는 것처럼 적은 돈을 지불하는 경우에는 절약이라는 심적 계산이 활성화되어 차를 모는 번거로움을 상쇄했다. 하지만 그보다 훨씬 더 비싼 물건을 구입하는 경우에는 같은 5달러가 다른 돈처럼 보였다.

이러한 원리는 왜 자동차 영업사원들이 별로 필요하지도 않은 값비싼 옵션을 얹어 팔고, 어떻게 고급 호텔들이 땅콩버터 한 통에 6달러나 받을 수 있는지 설명해준다. 그 가격은 전체 구매 가격에 비하면 작은 부분에 불과하기 때문에, 우리는 보통 때라면 절대 사지 않을 물건을 결국 사고 마는 것이다.

뇌가 심적 계산에 의존하는 이유는 처리 능력에 한계가 있기 때문이다. 탈러는 "이러한 사고의 문제가 발생하는 이유는 컴퓨터의 CPU(중앙처리장치)에 해당하는 우리의 뇌가 느리고 불규칙한 데다, 우리 자체도 너무 바쁘기 때문이다."라고 말했다. 전전두피질은 한 번에 고작 일곱 가지 정도밖에 처리할 수 없기 때문에, 복잡한 삶을 좀 더 쉽게 다루기 위해 끊임없이 일을 하나로 뭉뚱그려 처리하려고 한다. 엠엔엠즈 초콜릿의 개수를 세기보다 국자를 사용하는 횟수를 생각하고, 자동차와 같은 특별한 상품을 구매할 때는 우리가 쓰는 돈을 조목조목 계산하기보다 덩어리로 생각하는 것이 그 예다. 즉, 우리가 잘못된 지름길에 의존하는 이유는 다른 식으로 생각할 수 있는 계산 능력이 부족하기 때문이다.

03

서구 사상의 역사는 합리성의 미덕을 매우 칭송한 나머지 그 한계를 생각하는 데는 무관심했다. 그러나 전전두피질은 그다지 영리하지 못하다. 숫자 몇 개를 추가하거나 사탕 국자 크기를 좀 더 키우는 게 전부인데도 이성을 관장하는 뇌 영역은 비합리적인 결정을 내리기 시작한다.

몇 년 전 댄 애리얼리(Dan Ariely)의 주도하에 MIT의 경제학자들은 경영대학원 학생들을 대상으로 경매 실험을 했다(이 실험은 나중에 MIT 최고경영자 교육 프로그램을 듣는 중역들과 매니저들에게도 실시되었는데 결과는 비슷했다). 연구자들은 값비싼 프랑스 와인부터 무선키보드, 초콜릿 등 여러 잡다한 물건을 경매에 내놓았다. 이 경매에는 한 가지 조건이 붙었는데, 학생들이 입찰에 참여하기 전 자신의 사회보장번호 끝 두

자리를 적어내야 한다는 것이었다. 그러고 나서 학생들에게 각각의 경매 물품에 대해 그 두 자리 숫자만큼의 돈을 지불할 것인지 결정하라고 했다. 예를 들어 사회보장번호가 55로 끝나는 학생이라면 그 학생은 와인 혹은 무선키보드가 55달러의 가치가 있는지 결정해야 했다. 마지막으로 학생들은 다양한 경매 상품에 지불할 수 있는 최대한의 금액을 적어 내라고 요구받았다.

인간이 철저히 이성적인 존재라면, 그래서 인간의 뇌에 한계라는 게 없다면 사회보장번호 끝 두 자리는 경매 입찰에 아무런 영향을 끼치지 말아야 한다. 사회보장번호가 낮은(예를 들면 10) 숫자로 끝나는 학생은 높은(예를 들면 90) 숫자로 끝나는 학생과 대략 비슷한 액수를 지불하려고 해야 한다. 하지만 결과는 그렇지 않았다. 무선키보드 입찰을 예로 들어보자. 사회보장번호 끝자리가 높은(80~90) 학생들은 평균 56달러를 입찰가로 써낸 반면 끝자리가 낮은(1~20) 학생들은 그보다 터무니없이 낮은, 평균 16달러를 입찰가로 제시했다. 다른 경매 물품에도 이런 현상은 비슷하게 나타났다. 평균적으로 사회보장번호 끝자리가 높은 숫자의 학생들은 낮은 숫자의 학생들보다 세 배나 더 높은 금액을 지불하려 했다. 물론 실험에 참가한 경영대학원 학생들은 사회보장번호 끝 두 자리가 경매와 아무런 관계가 없다는 사실을 깨닫고 있었기 때문에 그런 것은 입찰가에 아무런 영향을 미치지 말았어야 했다. 그러나 실제는 전혀 그렇지 않았다.

이런 현상은 '닻 내리기 효과(anchoring effect)'로 불리는데, 그 이유는 아무 의미도 없는 닻(이 경우에는 사회보장번호 끝 두 자리)이 다음번

결정에 큰 영향을 미칠 수 있기 때문이다.*

어쩌면 당신은 경영대학원 학생들의 비합리적인 입찰을 비웃었을지도 모르지만, 사실 닻 내리기 효과는 소비자들이 흔히 저지르는 실수기도 하다. 자동차 영업소의 가격표를 생각해보자. 창문에 굵은 글씨로 써서 붙여놓은 가격표의 금액을 그대로 지불하는 사람은 아무도 없다. 부풀린 가격표는 자동차 영업사원이 자동차의 실제 가격을 좋은 거래가처럼 보이게 하려고 내려둔 닻일 뿐이다. 소비자가 할인을 제안받으면 전전두피질은 자동차를 싸게 사고 있다고 확신한다.

요약하자면 닻 내리기 효과는 뇌가 상관없는 정보를 걸러내는 데 매우 무능하다는 사실을 보여준다. 자동차를 구입하려는 사람들은 MIT 대학원생들이 사회보장번호를 무시했어야 했듯이 판매자가 써놓은 가격을 무시했어야 했다. 문제는 이성 두뇌가 그러한 사실이 쓸모없다는 걸 알면서도 이를 무시하지 못한다는 데 있다. 그래서 손님이 자동차를 찾으면 단순한 판매 전략이긴 해도 정찰가가 비교 대상으로 제공된다. MIT의 경매 실험에 참여한 학생은 무선키보드 입찰가를 정할 때 자신의 사회보장번호를 염두에 두지 않을 수 없다. 이미 그 숫자는 의사결정과 관련된 거래내역서에 기록되었기 때문이다. 아

* 대니얼 카너먼은 '국제연합(UN) 게임'으로 알려진 실험에서 닻 내리기 효과를 최초로 입증했다. 그는 사람들에게 UN에서 아프리카 국가들이 차지하고 있는 비율을 추정해보라고 주문했는데, 그에 앞서 카너먼은 룰렛을 돌려 실험 참가자 앞에 무작위의 숫자를 제시했다. 룰렛에서 높은 숫자를 본 사람들이 낮은 숫자를 본 사람들보다 UN에서의 아프리카 국가들 비중을 훨씬 더 높게 추정한 것은 당연한 결과였다.

무 의미도 없는 이 숫자는 학생의 전전두피질에 각인되어 중요한 인지 공간을 차지했고, 그 결과 컴퓨터 액세서리에 얼마의 돈을 지불할지를 생각할 때 출발점으로 작용하게 된다. 애리얼리는 "이런 무의미한 숫자를 생각하지 말아야 한다는 사실을 알면서도 우린 어쩔 수 없이 그렇게 된다."라고 말했다.

전전두피질이 유약하다는 것은 우리가 쓸데없는 정보에 관심을 기울이지 않도록 정신을 바짝 차려야 한다는 점을 의미한다. 닻 내리기 효과는 부가적인 요소 하나가 추론 과정을 조직적으로 왜곡시킬 수 있다는 점을 보여준다. 우리는 무선키보드의 실제 가격과 같은 중요한 변수에 집중하는 대신 무의미한 숫자에 현혹되었고, 그 결과 너무 많은 돈을 낭비했다.

이러한 대뇌피질의 결함은 현대에 들어 더욱 악화되었다. 우리는 구글과 케이블 TV 뉴스와 무료 온라인 백과사전의 시대라 할 수 있는 정보 홍수 속에서 살고 있고, 이 모든 지식으로부터 단절되면 불안을 느낀다. 마치 검색엔진이 없으면 아무것도 결정할 수 없을 것처럼 말이다. 그러나 이러한 풍요로움에는 보이지 않는 비용이 따른다. 가장 중요한 문제는 인간의 뇌가 그렇게 많은 정보를 다루도록 설계되어 있지 않다는 점이다. 그 결과 우리는 계속해서 전전두피질이 다룰 수 있는 용량을 초과한 사실과 숫자들을 받아들이고 있는데, 이는 마치 구식 컴퓨터에 새 프로그램을 설치하는 것과 같다. 낡은 마이크로칩은 새 프로그램을 받아들이려 애쓰다가 결국 꺼져버릴 것이다.

1980년대 말 심리학자 폴 안드레슨(Paul Andreassen)은 MIT 경영대 학생들을 대상으로 간단한 실험을 실시했다(MIT 슬론 경영대 학생들은 불쌍하게도 실험 대상자로 인기가 높은데, 어떤 과학자는 이에 대해 "그들은 마치 행동경제학의 초파리나 다름없다."라는 농담을 하기도 했다). 안드레슨은 각 학생들에게 주식 투자 포트폴리오를 선택하라고 한 뒤 그들을 두 집단으로 나누었다. 첫 번째 집단의 학생들은 자신이 구입한 주식의 가격 변동만을 볼 수 있기 때문에 주식 가격의 등락 이유를 전혀 알지 못하는 상황에서 극도로 제한된 정보만을 가지고 주식 거래를 결정해야 했다. 반면 두 번째 집단에게는 계속해서 주식 정보의 흐름을 파악할 수 있는 기회가 주어졌다. 그들은 CNBC(미국의 경제·금융 전문 채널 -옮긴이 주)를 시청하고, 〈월스트리트 저널〉을 읽고, 전문가들에게 최근 주식 시장의 동향 분석을 의뢰할 수 있었다.

어느 집단의 투자 결과가 더 좋았을까? 놀랍게도 적은 정보만 가지고 있던 집단이 풍부한 정보를 제공받은 집단보다 두 배 이상의 수익을 올렸다. 과다한 뉴스에 노출된 상황은 오히려 정신을 산만하게 만들었고, 많은 정보를 접한 학생들은 가장 최근의 소문이나 내부자 정보에만 관심을 집중했다("정보의 풍요는 주의 결핍으로 이어질 것"이라던 허버트 사이먼의 예견은 정확했다). 온갖 종류의 정보를 접한 학생들은 정보가 부족한 학생들보다 주식을 사고파는 일이 훨씬 더 잦았다. 그들은 자신들이 가진 지식으로 주식 시장을 예측할 수 있다고 확신했지만 결과적으로 그 생각은 틀렸다.

지나치게 많은 정보의 위험성은 투자자들에게만 국한되지 않는다. 대학진학 상담사들을 대상으로 했던 또 다른 실험 한 가지를 살펴보자.

이들은 한 무리의 고등학생들에 관한 방대한 정보를 제공받았다. 연구자들은 상담사들에게 그 고등학생들이 대학에 들어갈 경우 그들이 1학년 때 받을 성적을 예측해보라고 했다. 상담사들은 학생들의 생활기록부, 시험 점수, 인·적성검사 결과, 대입논술 자료를 살펴보았고, 학생 개개인의 '학문적 재능'을 판단할 수 있도록 일대일 면담 기회도 얻었다. 이 모든 정보에 접근할 수 있었기 때문에 상담사들은 자신의 판단이 정확할 것이라 확신했다.

이들은 예측 결과를 두고 간단한 프로그램과 경쟁을 벌여야 했다. 바로 해당 학생의 고등학교 평균 성적과 한 차례의 공인시험 점수만을 기반으로 만든 기초적인 수학 공식이었다. 두 가지 조건 이외의 모든 것은 의도적으로 배제되었다. 그런데 놀랍게도 수학 공식을 통해 나온 예측 결과가 진학 상담사들이 내놓은 예측보다 훨씬 더 정확했다. 상담사들은 너무 많은 사실을 살펴보다가 정작 중요한 사실을 놓치고 말았다. 그들은 공허한 상관관계("이 학생은 대입 논술을 잘 썼으니 대학에서도 에세이를 잘 쓰겠지.")에 얽매여, 아무 관계도 없는 세부 사항("이 학생은 미소가 멋져.")에 흔들리고 말았다. 상담사들이 살펴본 추가 정보는 그들에게 큰 자신감을 주었지만, 실제로는 잘못된 예측을 하게 만들었다. 과도한 지식이 오히려 부정적인 결과를 낳은 셈이다.

문제는 반(反)직관적인 사고다. 사람들은 결정을 내릴 때 거의 항상 '정보는 많을수록 좋다'고 생각하고, 특히 현대의 기업들은 이런 생각에 얽매여 '의사결정권자의 정보 잠재력을 극대화'하는 '분석적인 업무 공간'의 구축에 막대한 자금을 쏟아붓는다. 오라클이나 유니시스 같은 기업의 세일즈 브로슈어에서 따온 이러한 경영 전략은 의사결정권자들이 더 많은 사실과 숫자를 접할수록 더 나은 결과를 얻을 수 있으며, 그릇된 결정은 무지에서 나온 결과라는 가설에 근거한다.

하지만 우리 뇌에는 한계가 있기 때문에 이런 접근 방식 역시 분명한 한계를 가질 수밖에 없다. 전전두피질은 한 번에 몇 가지 정보만을 처리할 수 있다. 누군가에게 엄청나게 많은 정보를 주면서 그 가운데 중요해 보이는 정보를 기초로 의사결정을 내리라고 하면 그 사람은 문제를 일으킬 수밖에 없다. 아마 월마트에서 필요 없는 물건을 구입하고, 사서는 안 될 주식을 살 것이다. 결정 과정에서의 이런 실패 확률을 줄이려면 우리는 전전두피질의 타고난 결함을 제대로 알아야만 한다.

요즘에는 허리 통증을 앓는 사람들이 많아졌는데, 이와 관련된 통계치 역시 점점 심각해지고 있다. 조사에 따르면 우리가 일생에 한 번 허리 통증을 겪을 경우는 70%, 최근 30일 내에 심각한 허리 통증을 겪은 경우도 30%에 이른다고 한다. 미국 경제활동인구의 1%가 허리 통증으로 꼼짝도 못한 채 드러누워 있어야 한다는 통계도 있다. 치료에 들어가는 비용도 꽤 비싼 편으로(매년 260억 달러 이상 지출), 현재 허리 통증 치료비는 전체 의료비 가운데 약 3%를 차지한다. 하지만 근로자들이 받는 산업재해 보상과 수당을 고려하면 비용은 훨씬 더 커진다.

요통이 유행처럼 번져 환자들이 급격히 늘어나기 시작한 1960년대 말만 해도 치료 방법은 전무했다. 허리는 작은 뼈들과 힘줄, 척추 디스크, 작은 근육 등으로 이루어진 매우 정교하고 복잡한 신체 부위다. 민감한 신경을 두툼하게 싸고 있는 척수는 특히 쉽게 상처를 입을 수 있다. 인간의 등에는 움직이는 부분이 많기 때문에 의사들은 통증을 일으키는 부위를 정확히 찾아내기도 어려웠다. 때문에 정확한 설명 없이 침대에 누워 휴식을 취하라는 처방과 함께 환자들을 집으로 돌려보낼 수밖에 없었다.

하지만 이 단순한 처방은 매우 효과적이었다. 허리에 아무런 처치를 하지 않았는데도 약 90%의 환자가 7주 이내에 몸이 저절로 치료되면서 염증이 가라앉고 신경이 진정되는 등 상태가 호전된 것이다. 다시 일터로 돌아간 환자들은 처음에 허리 통증을 유발했던 자세나 활동을 피하려고 애썼다.

이후 수십 년간 허리 통증과 관련된 이러한 손 놓기 식의 접근은 표준 의료행위로 인정받았다. 당시 요통은 '허리 좌상'이라는 모호한 카테고리 안에서 뭉뚱그려 다뤄졌고, 환자 대다수는 통증의 원인에 대해 제대로 된 진단결과를 듣지 못했음에도 짧은 시간 안에 상당한 수준의 개선을 경험했다. 스탠퍼드 대학교 정형외과 유진 캐리지(Eugene Carragee) 교수는 "당시의 요통 치료행위는 최소한으로 최대의 효과를 얻는 고전적인 방식이었다."라며 "의사들이 어떻게 개입해야 할지 몰랐기 때문에 진짜 의료적 처치를 하지 않았는데도 사람들의 병은 점점 나아졌다."라고 말했다.

그러나 1980년대 후반 MRI 기계가 도입되면서 모든 게 달라졌다.

MRI는 몇 년 안에 중요한 의료장비로 부상했다. MRI 덕분에 의사들은 신체의 내부를 놀랍도록 정확하게 관찰할 수 있었다. MRI는 강력한 자력을 이용해 몸 안의 양자 위치를 살짝 바꿀 수 있다. 인체 조직은 이러한 원자 조작에 대해 각기 조금씩 다르게 반응하는데, 이를 컴퓨터가 고해상도의 영상으로 바꾸어놓는다. 의사들은 MRI가 찍은 정확한 사진 덕분에 피부 아래 조직에서 무슨 일이 일어나는지 더 이상 상상할 필요 없이 모든 것을 볼 수 있었다.

의학 전문가들은 MRI가 요통 치료에 혁명을 가져올 것이라 기대했다. 이제 척추와 이를 둘러싼 부드러운 조직을 분명하게 볼 수 있으니, 손상된 신경과 구조상의 문제를 파악해 통증을 유발하는 원인에 대해 정확한 진단을 내릴 수 있을 것이라 생각했기 때문이다. 그다음엔 더 나은 치료법이 나올 차례였다.

그러나 불행히도 MRI는 허리 통증 문제를 해결하지 못했고, 이 새로운 기술은 문제를 더욱 악화시켰다. MRI는 그저 너무 많은 것을 보게 해주었을 뿐이다. 의사들은 정보에 압도되어 쓸데없는 것들로부터 중요한 것들을 구분해내기 위해 고군분투해야 했다. 비정상적인 척추 디스크에 대해 살펴보자. 엑스레이는 종양이나 척추뼈의 문제만을 드러낼 뿐이지만, MRI는 척추 디스크(척추뼈 사이에서 완충작용을 하는 연골)까지 꼼꼼하게 보여준다. MRI가 처음 도입된 이후 디스크 이상이라는 진찰 결과는 급격히 치솟기 시작했다. MRI 촬영 결과는 확실히 심각해 보였다. 허리 통증을 겪는 사람들은 디스크가 심각하게 퇴행한 것처럼 보였고, 다들 그 때문에 신경에 염증이 발생했다고 생각했다. 의사들은 통증을 잠재우기 위해 허가된 마취제를 사용하기 시작했는데, 그럼에도 통증이 지속되면 MRI 결과상 분명히 문제가 있어 보이는 디스크 조직을 외과 수술로 제거했다.

하지만 생생한 영상은 오히려 잘못된 결과를 가져왔다. 디스크 이상은 만성적인 허리 통증의 원인과는 거의 상관이 없다. 1994년 〈뉴잉글랜드 의학저널(New England Journal of Medicine)〉에 실린 연구결과는 충격적이다. 연구자들은 허리 통증이나 허리와 관련된 질환이 전혀 없는 사람 98명의 척추를 촬영한 다음 그 결과를 의사들에게 보내 진찰 소견을 물었다(당시 의사들은 그 98명에게 허리 통증이 전혀 없다는 사실을 알지 못했다). 그 결과 의사들은 그 정상인들의 3분의 2에 해당하는 사람들에 대해 허리 디스크가 부풀었다느니, 튀어나왔다느니, 추간판 헤르니아(척추뼈 사이에서 쿠션 역할을 하는 추간판이 피막을 찢고 이탈한 상태 –옮긴이 주)라느니 등 '심각한 문제'가 있다고 보고했다. MRI 촬영 결과 이들 가운데 38%는 복합 디스크 손상 증세, 90% 가까이 일종의 '퇴행성 디스크' 증상을 보였다. 이런 구조상의 비정상적인 상태는 종종 외과 수술을 정당화하는 데 사용되지만, 통증이 없는 사람들에게 외과 수술을 주장할 의사는 아무도 없을 것이다. 이 논문은 '허리 통증을 호소하는 사람들의 MRI 촬영 결과, 디스크가 부풀었거나 튀어나온 증상이 발견되는 것은 우연의 일치일 가능성이 높다'는 결론을 내렸다.

다시 말해 모든 것이 빠짐없이 보이면 의사들은 무엇을 봐야 할지 판단하기 어려워진다. MRI의 장점이라 할 수 있는, 조직의 작은 결함까지 낱낱이 찾아내는 능력은 의사들에게 오히려 부담으로 작용했다.

이른바 '결함'이라고 하는 많은 증상들이 실은 나이가 들며 나타나는 정상적인 현상의 일부일 뿐이었다. 스탠퍼드 의과대학 교수이자 대학병원 통증의학과 부과장으로 일하고 있는 션 맥케이(Sean Mackey)는 이에 대해 다음과 같이 말한다. "내가 하는 일 중 많은 부분이 MRI 영상을 사람들이 올바로 이해하도록 가르치는 것입니다. 의사들과 환자들은 사소한 디스크 문제에 너무 집중하기 때문에 통증의 원인이 될 수 있는 다른 가능성에 대해 생각하는 것을 멈춰버리죠. 나는 늘 환자들에게 '완벽하게 건강한 척추는 18세 청소년의 척추밖에 없다'는 점을 일깨워줍니다. MRI가 보여주는 것은 어쩌면 중요하지 않을 수도 있습니다."

MRI로 인해 빚어진 허리 통증에 대한 잘못된 설명은 그릇된 결정으로 이어졌다. 〈미국 의학협회지(Journal of the American Medical Association)〉에 실린 대규모 논문을 살펴보자. 연구자들은 무작위로 뽑은 허리 통증 환자 380명을 두 집단으로 나누어 각각 엑스레이 진찰과 MRI 진찰을 받게 했다.

어느 쪽의 치료 결과가 더 좋게 나왔을까? 더 선명한 영상이 더 나은 치료를 이끌었을까? 환자들의 치료 결과에는 아무런 차이가 없었고, 두 집단의 환자 대부분이 병세가 호전되었다. 더 많은 정보가 주어졌다고 해서 통증이 더 줄어들지는 않았던 것이다. 하지만 환자들을 치료한 방법을 살펴보니 극명한 차이점이 드러났다. MRI로 진찰을 받은 환자들의 50% 가까이가 디스크 이상이라는 결과를 얻었다. 이러한 진찰 결과는 집중적인 의학적 개입으로 이어졌다. MRI로 진찰을 받은 사람들은 병원을 방문한 횟수, 주사를 맞은 횟수, 물리치료를 받은 횟수가 훨씬 더 많았고, 외과 수술을 받은 경우도 두 배나 더 높았다. 그러나 이런 부가적인 처치는 많은 비용만 들었을 뿐, 눈에 띄는 효과로 이어지지는 않았다.

지나치게 많은 정보는 이렇듯 위험하다. 너무 많은 정보는 실제로 판단력을 저해한다. 전전두피질이 많은 양의 정보에 압도되면 사람들은 더 이상 상황을 올바르게 파악하지 못하기 때문에 상관관계와 인과관계를 혼동하고, 우연의 일치로부터 이론을 만들어내며, 의학적 설명이 그다지 의미가 없는데도 그에 집착한다. 의사들은 MRI를 통해 온갖 종류의 디스크 문제를 쉽게 관찰하고, 이성적으로 봤을 때 구조적으로 비정상적인 이러이러한 상태가 통증을 일으킨다고 결론을 내렸지만 대개의 경우 그 결론은 틀린 것으로 판명되었다.

의료 전문가들은 이제 의사들에게 허리 통증을 판단할 때 MRI 사용을 자제하라고 당부한다. 〈뉴잉글랜드 의학 저널〉은 최근 특수한 진료 상황에서 허리 촬영이 필요할 때만 MRI를 사용해야 한다는 글을 내놓았다. 예를 들면 내부 감염, 암, 지속적인 신경상의 결함이 강하게 의심되는 환자를 진찰할 때만 MRI를 사용하라는 이야기다. 미국 의사협회와 통증협회에서 최근 정한 진료 가이드라인을 보면 "불특정한 허리 통증을 호소하는 환자에게는 영상 촬영이나 다른 검진 방법은 사용하지 말 것을 강력히 추천한다."라고 쓰여 있다.

하지만 이런 명확한 권고가 있음에도 정보에 중독된 의사들은 그런 경향을 끊기 어려운 법이고, 그래서 요통 환자가 찾아오면 MRI 촬영부터 권한다. 2003년에 〈미국 의학협회지〉에 실린 한 보고서에 따르면 의사들은 MRI 남용을 비판하는 연구결과를 의식하면서도 자기 환자에게만큼은 아직 필요하다고 믿는 것으로 나타났다. 의사들은 통증의 이유를 찾길 원했다. 통증의 원인을 분명히 알아야 외과 수술로 고칠 수 있기 때문이다. 그러한 원인이 경험적으로 그다지 효과적이지 않다거나, MRI 기계가 보여주는 디스크 문제가 허리 통증을 일으키는 실질적 원인이 아니라는 사실이 그들에겐 그다지 중요하지 않은 듯했다. 의사들은 자료는 무조건 많을수록 좋다고 생각했기 때문에, 진단과 관련된 검진 방법을 모두 써보지 않는 것은 무책임한 행위라고 여겼다. '어쨌든 그렇게 하는 것이 합리적인 게 아닐까?' '의사라면 언제나 합리적인 결정을 내리기 위해 노력해야 하는 게 아닐까?' 이것이 그들의 생각이었다.

허리 통증의 원인을 진단하는 문제는 딸기잼 문제의 또 다른 버전이라 할 수 있다. 두 경우 모두에서 합리적인 의사결정 방식이 실수를 낳았다. 지나친 정보와 분석은 때때로 생각의 폭을 제한해 사람들이 실제 상황을 제대로 파악하지 못하게 만든다. 의사들은 병세가 저절로 나아져 통증이 줄어든 환자들의 비율 같은 가장 적절한 변수를 고려하는 대신, 부적절한 MRI 영상에만 집착하는 바람에 엉뚱한 길로 가고 말았다.

허리 통증을 치료할 때 이런 잘못된 접근 방식은 심각한 비용 문제를 발생시킨다. 뉴욕대 의과대학 재활학과 존 사노(John E. Sarno) 교수의 말을 들어보자. "현재의 상황은 부끄럽기 그지없다. 이러한 비정상 상태가 만성적인 통증을 유발하는 실질적인 원인이라는 증거가 절대적으로 부족함에도 의사들은 별 성과가 없는 구조 진단에만 몰두하고 있다. 의사들이 MRI 촬영 결과를 너무 맹신하는 것 같다. 뛰어난 지성을 가진 사람이라도 연관된 것을 떠나 너무 많은 것들에 대해 생각하게 되면 어리석은 결정을 내릴 수 있다는 사실이 놀랍기만 하다."

플라톤의 마부로 상징되는 이성의 힘은 미약하다. 전전두피질은 인류의 진화가 가져온 놀라운 발전의 결과물이지만 신중히 사용해야 한다. 전전두피질은 생각한 바에 대해 검토하고 느낀 바에 대해 평가할 수 있지만, 한편으로는 판단력을 마비시켜 자신이 오랫동안 불러온 오페라 가사를 까먹게 하거나 골프공을 헛치게 만들 수도 있다. 그림 포스터나 세부적인 MRI 영상에 대해 지나치게 생각하다 보면 이성 두뇌가 잘못된 방향으로 사용되기도 한다. 전전두피질은 혼자서 너무 복잡한 일을 처리할 수 없다.

지금까지 이 책에서는 우리 뇌 안에서 일어나는 결투 과정에 대해 살펴보았다. 이성과 감정은 각각의 장점과 약점을 동시에 가지고 있고, 우리는 상황에 따라 각기 다른 인지 전략을 필요로 한다. 우리가 어떤 결정을 내리느냐는 무엇을 결정하고 있느냐에 달려 있다.

하지만 우리가 가지고 있는 다양한 정신적 도구를 제대로 활용하는 법을 배우기 앞서 먼저 살펴봐야 할, 의사결정과 관련된 또 다른 영역이 있다. 공교롭게도 우리가 내리는 가장 중요한 의사결정의 일부는 다른 사람들을 어떻게 대하느냐와 연관되어 있다. 인간은 사회적 동물, 즉 사회적 행동을 형성하는 뇌를 부여받은 동물이다. 뇌가 그런 결정을 내리는 방식을 이해하면 인간의 본성을 이루는 가장 독특한 측면 가운데 하나인 도덕성에 관한 통찰력을 얻을 수 있을 것이다.

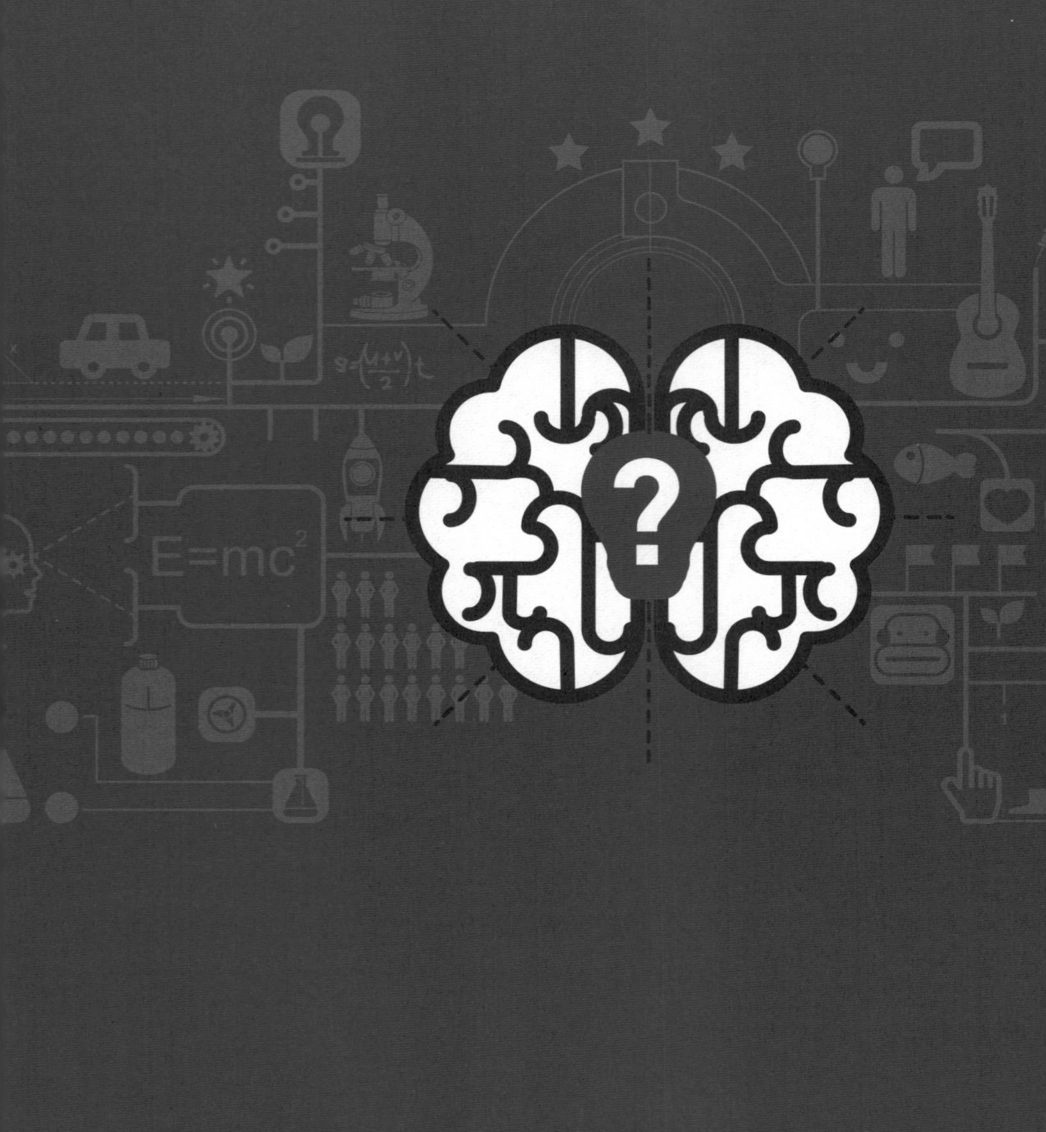

6

도덕적으로 생각하기

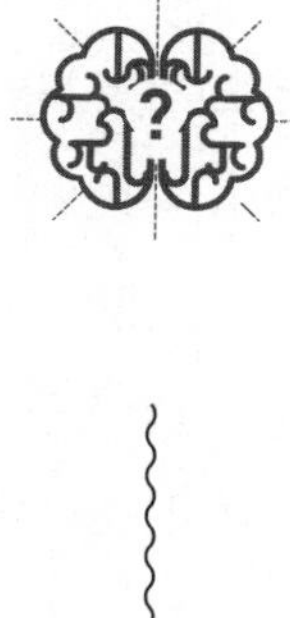

존 웨인 게이시(John Wayne Gacy)는 어렸을 때 동물 괴롭히기를 즐겨 했다. 그는 철사로 만든 덫으로 쥐를 잡는 데 그치지 않고 살아 있는 쥐의 배를 가위로 가르곤 했다. 핏물과 내장은 물론 비명 소리에도 눈 하나 깜짝하지 않았다. 그에게 사디즘(sadism)은 오락이었다.

이런 잔인함은 게이시의 어린 시절에서 발견되는 몇 가지 주목할 만한 사실들 가운데 하나였다. 그러나 그는 그 외의 면에서는 지극히 정상적인 어린 시절을 보냈다. 시카고 교외의 중산층 가정에서 성장한 그는 보이스카우트 단원이었고, 지역 신문을 배달했으며, 학교 성적은 좋았지만 대학 진학을 딱히 원하진 않았다. 훗날 게이시의 고등학교 친구들에게 그에 대해 물어보았더니 대부분이 특별히 기억할 만한 일이 없다고 대답했다. 그렇게 그는 군중들 속에 섞여 지냈다.

성인이 된 후 게이시는 건축업자로서 성공을 거두며 지역 사회의 유지가 되었다. 여름철이면 성대한 바비큐 파티를 열어 이웃들을 초대해 핫도그와 햄버거를 굽기도 했다. 병원에 입원해 있는 어린이들을 위해 어릿광대 복장을 하는가 하면, 지역 사회의 정치 활동에도 적극적이었다. 지역 상공회의소는 그를 '올해의 인물'로 선정하기도 했다. 그는 교외 지역에 거주하는 전형적인 가장이었다.

하지만 그렇게 정상적으로 보이는 생활은 치밀하게 꾸며진 연극에 불과했다. 어느 날 게이시의 아내는 거실 밑 좁은 공간에서 코를 찌르는 악취가 나는 것을 느꼈다. 게이시는 죽은 쥐나 하수구에서 나는 냄새일 것이라고 말했다. 그는 석회를 한 부대 사서 냄새를 없애려고 했지만 잘되지 않자 그 공간을 시멘트로 막아버렸다. 그런데도 악취는 가시지 않았다. 마루 밑에 뭔가 고약한 것이 있음이 분명했다. 그것은 시체가 썩는 냄새였다.

1980년 3월 12일 존 웨인 게이시는 33명의 소년을 살해한 혐의로 유죄 선고를 받았다. 그는 돈을 주고 소년들과 섹스를 했고, 거래가 뜻대로 되지 않을 때는 거실에서 그들을 살해했다. 어떤 소년은 가격을 올렸다는 이유로, 어떤 소년은 다른 사람에게 소문을 낼지도 몰라서, 어떤 소년은 지갑에 현금이 부족해서, 어떤 소년은 그것이 가장 쉬운 일처럼 생각되었기 때문에 죽였다. 게이시는 소년들의 입에 양말을 쑤셔 넣고 밧줄로 목을 졸라 살해한 뒤 한밤중에 시체를 치웠다. 게이시의 집을 수색하던 경찰은 차고 밑, 지하실, 뒤뜰 등 집 곳곳에서 유골들을 발견했다. 시체들은 불과 깊이 10cm 정도의 땅 밑에 얕게 묻혀 있었다.

01

존 웨인 게이시는 사이코패스였다. 정신과 의사들은 교도소 수감자 가운데 약 25%가 사이코패스의 성향을 띠고 있다고 추산한다. 하지만 사이코패스의 대다수가 살인을 저지르는 것은 아니다. 그들은 폭력적인 성향이 있고, 성욕 등의 목적을 위해 폭력을 사용하긴 하지만 그들의 신경학적 상태는 '특수 뇌 기능 장애'라고 정의하는 것이 가장 적합하다. 사이코패스는 때로는 끔찍하기도 한, 도덕적으로 아주 나쁜 선택을 하는 사람이다.

사이코패스가 판단을 하고 결정을 한다는 것은 얼핏 이상해 보인다. 우리는 존 웨인 게이시 같은 사람을 괴물이라 부른다. 잔혹하기가 이루 말할 수 없는, 소름끼치는 인간의 전형인 게이시는 소년들을 살해할 때마다 일말의 불안감도 없이 결정을 내렸다. '살인하지 말라'는 가장 오래된 도덕을 보란 듯이 무시했고, 후회를 하거나 양심이 더럽혀졌다는 느낌을 갖지도 않았다. 그런 일을 저지르고도 그는 어린아이처럼 편안히 잠을 잤다.

사이코패스는 도덕이라는 의사결정의 중요한 측면을 부각시킨다. 도덕은 콕 집어 말할 수 없는 모호한 개념이지만, 간단히 말해 그저 다른 사람을 대하는 방법에 관한 선택의 문제일 뿐이다. 도덕적으로 행동한다는 것은 옆에 있는 사람을 고려해 결정을 내린다는 것, 다시 말해 폭력을 피하고, 다른 사람들을 공정하게 대하고, 어려움에 처한 사람을 돕는 행위를 말한다. 보통의 사람들은 상대방의 감정을 헤아리면서 그들의 마음 상태에 공감한다. 이것이 바로 사이코패스에게는 없는 능력이다.

무엇이 이런 심각한 결함을 초래할까? 대부분의 심리검사에서 사이코패스는 작업 기억에도 문제가 없고, 언어 사용도 정상이며, 주의 지속 시간도 뒤처지지 않는 등 완벽히 정상인 상태로 나타난다. 사실 몇몇 연구결과에 따르면 사이코패스의 IQ와 추론 능력은 평균 이상이라고 한다. 그들의 논리는 흠잡을 데 없다. 하지만 이처럼 멀쩡한 지성 아래 '감정 두뇌의 손상'이라는 매우 위험한 문제가 숨어 있다.

게이시의 경우를 보자. 법원이 지정한 정신과 의사에 따르면 게이시는 후회나 슬픔, 또는 기쁨을 느끼지 못하는 것처럼 보였다. 그는 성질을 내거나 분노를 표출하지도 않았다. 대신 그의 내면에는 오로지 성적 충동과 무자비한 합리성만이 존재했다. 그는 아무것도 느끼지 못했지만 모든 것을 계획했다(게이시가 그토록 오랫동안 경찰의 수사망을 피할 수 있었던 것은 사전에 철저히 범행을 준비했기 때문이다). 미국 주간지 〈뉴요커(The New Yorker)〉의 알렉 윌킨슨 기자는 사형수 감방에 수감된 게이시와 장시간 인터뷰를 한 후, 섬뜩하리만큼 초연한 그의 태도에 대해 다음과 같이 묘사했다.

> 게이시는 자기 안에 존재하는 자아가 없는 것처럼 보인다. 나는 게이시가 스스로 배역을 만들어내고, 세심하게 그 배역을 연기한 배우 같다는 느낌을 종종 받았다. 그는 그 배역이 되고, 그 배역은 그가 된 듯했다. 그는 자신의 결백을 주장하기 위해 종종 논리에서 벗어나는 말을 하기도 했지만, 매우 침착하게 말을 이어갔기 때문에 합리적이고 이성적인 것처럼 들렸다. (……) 감옥에 있는 다른 살인자들에 비해 게이시는 평온해 보였다.

이런 식의 감정 결여는 사이코패스에게서 전형적으로 나타나는 모습이다. 강력한 전기 충격을 가하는 장면처럼 낯선 사람들이 고통을 당하는 영상을 보여주면 정상인은 손바닥에서 땀이 나고 혈압이 상승하는 등 자연스레 본능적인 감정 반응을 나타낸다. 하지만 사이코패스는 아무것도 느끼지 못해서, 마치 텅 빈 화면을 응시하고 있는 사람처럼 보인다. 대부분의 사람들은 '앉다' 또는 '걷다'처럼 중립적인 단어를 들을 때와 '죽이다' 또는 '강간하다'처럼 감정이 가득 찬 단어를 들을 때의 반응이 서로 다르지만 사이코패스에게는 모두 똑같이 들린다. 정상인은 거짓말을 하면 초조함과 같은 일반적인 증세를 드러낸다. 거짓말 탐지기는 그런 신호를 포착해내는 기계지만, 사이코패스는 거짓말 탐지기조차 한결같이 속일 수 있다. 그들은 그 무엇에도 불안을 느끼지 않으니 거짓말을 해도 불안해하지 않기 때문이다.

범죄학자들은 아내를 폭행하는 남편들을 관찰하며, 그들이 점점 폭력적으로 변할수록 혈압과 맥박은 오히려 떨어지는 현상을 발견했다. 매우 침착하게 폭력을 휘둘렀다는 이야기다.

미 국립정신건강연구소의 인지심리학자이자 《사이코패스: 정서와 뇌(Psychopath: Emotion and the Brain)》의 공동 저자인 제임스 블레어(James Blair)는 다음과 같이 말했다. "사이코패스는 감정에 근본적인 결함이 발생한 사람들이다. 정상인은 영화에서 무서운 얼굴을 보면 자연스레 두려운 감정이 일어나지만 사이코패스는 그런 감정을 전혀 느끼지 못한다. 그들은 무슨 일이 일어나고 있는지 이해하지 못하는 것처럼 보인다. 이러한 감정의 결핍 때문에 그들은 위험한 행동을 저지른다. 일반인이 도덕적 결정을 내릴 때 근거로 삼는 태초의 감정적 신호가 그들에게는 없다."

사이코패스의 뇌를 들여다보면 그러한 감정 결핍을 확인할 수 있다. 정상인의 뇌는 무서운 얼굴 표정을 보면 감정적인 부분을 관장하는 부위가 매우 활성화된다. 얼굴을 인지하는 과정은 피질 부위에서 일어난다. 무서운 얼굴은 곧 두려운 광경으로 다가오고, 우리는 다른 사람의 감정을 자연스레 내면화한다. 하지만 사이코패스의 뇌는 무서운 얼굴을 접해도 아무런 관심을 나타내지 않는다. 감정을 관장하는 뇌 부위가 전혀 동요하지 않고, 얼굴을 인지하는 체계는 아무 표정 없는 얼굴을 볼 때보다 훨씬 더 무관심하다. 사이코패스의 뇌는 무서운 표정을 오히려 지루해한다.

악(惡)이 발생하는 원리는 아직 완전히 밝혀지지 않았지만, 신경과학자들은 사이코패스의 뇌에서 몇 가지 특정 결함을 확인하기 시작했다. 가장 중요한 문제는 공포와 불안 같은 혐오스러운 감정을 전달하는 뇌 부위인 '편도체'의 손상인 듯 보인다. 그 결과 사이코패스는 다른 사람들을 불쾌하게 만드는 행위를 저질러도 자신은 전혀 불쾌한 느낌을 받지 못한다(사이코패스의 뇌 영상을 연구한 자료에 따르면 일반인들은 '도덕적인 죄'를 저지르려는 생각만 해도 편도체가 활성화되는 것으로 나타났다). 또한 공격을 당해도 당황하지 않으며, 공포도 전혀 무서워하지 않는다. 이러한 감정 결핍은 사이코패스가 잘못된 경험을 통해서 배우는 것은 아무것도 없음을 의미한다. 사이코패스는 석방 뒤의 재범률도 다른 범죄자들에 비해 네 배나 높다. 이들에게는 폭력이 전혀 문제가 되지 않는 데다가 누군가를 해친다는 것은 그저 자신이 원하는 것을 얻는 방법 중 하나로, 욕구를 채우는 지극히 합리적인 행위에 해당될 뿐이다. 감정의 결핍은 가장 기본적인 도덕 개념조차도 이해할 수 없게 만든다. 영국의 언론인 겸 소설가인 길버트 케이스 체스터턴(G. K. Chesterton)은 "미친 사람은 이성을 상실한 사람이 아니다. 그들은 이성을 제외한 나머지 모든 것을 잃어버린 사람이다."라고 말했다. 그의 말이 옳았다.

언뜻 생각하기에 도덕과 감정의 관계는 우리를 다소 불안하게 만들지도 모른다. 도덕적 결정은 확고한 논리와 법적 근거를 가정해야 한다. 옳은 일을 한다는 것은 냉정한 재판관처럼 서로 대립하는 여러 주장을 신중하게 비교해 판단한다는 뜻이다. 라이프니츠(Gottfried Leibniz)나 데카르트 같은 계몽주의의 대표 주자들은 감정으로부터 전적으로 자유로운 도덕 체계를 구축하고자 애썼다. 칸트도 올바른 행동은 이성적인 행동의 결과일 뿐이라고 주장했다. 그는 '부도덕이란 비논리의 결과'라고 하면서 "좀 더 자주, 좀 더 일관되게 생각할수록" 더욱더 도덕적인 결정을 내릴 수 있다고 말했다. 현대의 법률 체계는 아직도 이런 구시대적 가설에 매달려 '합리성의 결함'을 드러내는 사람에게는 너그러움을 베푼다. 이성 두뇌가 옳고 그른 것을 구별한다고 판단하기 때문에, 그런 결함이 있는 사람들은 법의학 측면에서 정신병자로 간주되어 형이 가벼워진다. 이성적 사고를 할 수 없다면 처벌을 받지 않아도 되는 셈이다.

하지만 도덕을 둘러싼 이 모든 구식 개념은 근본적인 오류를 바탕에 두고 있다. 신경과학은 이제 도덕적 결정의 기저를 들여다볼 수 있게 되었고, 도덕적인 게 이성적인 것은 아니라는 사실이 밝혀졌다. 이와 관련해 버지니아 대학교의 심리학자 조너선 헤이트(Jonathan Haidt)는 다음과 같이 말했다. "도덕적 판단은 미학적 판단과 같다. 우리는 그림을 보는 순간 그 그림이 마음에 드는지 안 드는지 바로 안다. 누군가가 왜 그런 판단을 내렸는지 설명하라고 하면 우리는 이런저런 이유를 이야기할 것이다. 도덕적 논쟁도 이와 매우 비슷하다. 두 사람이 어떤 문제에 대해 강하게 감정을 표출한다. 감정이 먼저고, 이유는 서로 논쟁을 하는 중에 만들어진다."

칸트와 그의 추종자들은 이성을 관장하는 뇌가 과학자처럼 행동한다고 생각했고, 이성을 사용하면 세상을 정확하게 볼 수 있다고 믿었다. 이는 도덕이라는 것이 객관적인 가치에 근거하며, 도덕적 판단은 곧 도덕적 사실을 나타낸다는 것을 의미한다. 하지만 인간의 정신은 이런 식으로 작동하지 않는다. 윤리적 문제에 부딪치면 무의식이 자동적으로 감정의 반응을 일으킨다(이것이 바로 사이코패스에게 없는 능력이다). 뇌는 순식간에 마음을 정한다. 우리는 무엇이 옳고 무엇이 그른지 바로 알아채는데, 이러한 도덕적 본능은 이성적인 것이 아니다. 인간의 도덕적 본능은 칸트를 들어본 적이 없어도 우리가 끔찍한 범죄를 저지르지 않게 막아주는 중요한 부분이다.

전전두피질의 이성 회로는 감정이 이미 도덕적 결정을 내리고 난 후에 작동한다. 사람들은 자신의 도덕적 직관을 정당화하기 위해 설득력 있는 이유를 생각해낸다. 도덕적 결정에 관한 한 인간의 합리성은 과학자라기보다 변호사에 가깝다. 우리 내면에 존재하는 변호사는 자동적인 반응을 합리적으로 보이도록 여러 증거를 수집해 정당성을 증명하고 날카로운 변론을 펼친다. 하지만 이런 합리성은 단지 겉모습, 즉 정교한 자기기만에 불과하다. 벤저민 프랭클린(Benjamin Franklin)은 자서전에서 "합리적인 존재가 되면 매우 편리하다. 왜냐하면 자신이 하려고 마음먹은 것에 대한 이유를 발견하거나 만들 수 있게 해주기 때문이다."라고 썼다.

도덕에 대한 일반적인 견해, 다시 말해 몇천 년간 이어져온 철학적 합의는 실제와 정반대인 셈이다. 우리는 도덕적 결정을 합리적인 사고의 부산물이라 생각하고, 인간의 도덕적 규칙을 십계명이나 칸트의 정언명령 같은 것에 근거한다고 여겼다. 그동안 철학자들과 신학자들은 윤리적 딜레마를 정확한 논리로 설명하기 위해 수많은 글을 써왔지만 그런 논증은 도덕적 결정의 핵심을 놓쳐버렸다. 논리와 적법성은 도덕적 결정과 아무런 관계가 없다.

심리학자 조너선 헤이트가 고안한 다음의 도덕과 관련된 시나리오를 생각해보자.

> 남매 사이인 줄리와 마크는 프랑스 남부로 휴가를 떠났다. 이들은 시골 풍경을 둘러보며 즐거운 하루를 보낸 뒤, 맛있는 저녁 식사를 하며 레드 와인 몇 병을 마셨다. 술기운이 무르익자 그들은 자연스럽게 섹스를 하기에 이르렀다. 줄리는 피임약을 복용한 상태였지만, 만일을 대비해 마크는 콘돔을 사용했다. 남매는 매우 즐거운 시간을 보냈지만 다시는 섹스를 하지 않기로 다짐하며 하룻밤의 정사를 비밀에 부치기로 약속했다. 시간이 지나 그들은 섹스가 두 사람을 더욱 친밀하게 만들었다는 사실을 알게 되었다. 여기서 줄리와 마크는 과연 나쁜 짓을 한 것일까?*

대부분의 사람들은 남매가 큰 죄를 저질렀다, 그들의 행동은 매우 잘못되었다는 반응을 제일 먼저 보일 것이다. 그런 엄격한 도덕적 판단을 내리게 된 이유를 헤이트가 묻자 대부분의 사람들은 유전적으로 결함이 있는 아이를 출산할 위험이 있다거나 섹스가 남매의 관계를 깨뜨릴 수 있다고 대답했다. 헤이트는 그들의 대답에 대응해 마크와 줄리는 이중으로 피임을 했고, 섹스가 그들의 관계를 오히려 향상시켰다고 예의 바르게 지적했다. 하지만 이러한 '사실'은 중요한 게 아니었다. 자신의 주장이 설득력이 없더라도 사람들은 여전히 남매끼리 섹스를 하는 것이 부도덕하다는 신념을 버리지 않았다.

* 헤이트의 또 다른 시나리오 중에는 미국 국기를 화장실 청소에 사용한 여성과 자동차 사고로 죽은 강아지를 먹은 가족의 이야기도 있다.

"실험에 참여한 사람들은 남매 간 섹스가 나쁘다는 이유를 계속해서 만들어냈다. 그들은 자신이 내놓은 이유가 설득력이 없으면 새로운 이유를 내세웠고, 그 이유도 설득력이 없으면 또 다른 이유를 들이댔다."

물론 사람들이 내세우는 이유는 결국 고갈되고 말았다. 사람들은 자신들이 열거하는 도덕적 정당성의 바닥을 드러냈고, 더는 이성적인 방어를 할 수 없었다. 그러자 그들은 "누이와 섹스를 하는 것은 어쨌건 나쁜 일이기 때문"이라거나 "혐오스럽기 때문"이라고 말하기 시작했다. 헤이트는 이런 상태를 '도덕적 말문 막힘(moral dumbfounding)'이라고 부른다. 사람들은 뭔가 도덕적으로 잘못된 일이라는 건 알지만, 아무도 그런 판단의 이유를 합리적으로 설명하지 못한다. 헤이트에 따르면 남매 간 섹스에 대한 이 짧은 이야기는 인간이 도덕적 결정을 내릴 때 일어나는 두 가지 별도의 과정을 보여준다. 먼저 감정 두뇌가 판단을 내린다. 감정 두뇌는 무엇이 옳고 무엇이 그른지를 결정한다. 줄리와 마크의 경우, 감정 두뇌는 아무리 많은 피임 방법을 사용했다고 해도 남매끼리의 섹스를 도덕적으로 용납할 수 없다. 반면 이성 두뇌는 그렇게 판단한 이유를 설명한다. 이성 두뇌는 이유를 제시하지만 그런 이유는 모두 사실보다 뒤에 오는 것이다.

사이코패스가 그토록 위험한 이유는 가장 먼저 도덕적 판단을 이끄는 '감정'이 결여되어 있기 때문이다. 감정이 있어야 할 자리가 위험하게도 텅 비어 있기 때문에 게이시와 같은 사람들에게 죄는 항상 감정적인 것이 아니라 지성적인 문제다. 결국 사이코패스의 머리 안에는 어떤 행위도 기꺼이 정당화하는 합리적인 변호사만 남아 있는 셈이다. 사이코패스가 끔찍한 범죄를 저지르는 이유는 감정이 그러한 행동을 말리지 않기 때문이다.

02

도덕적 판단은 매우 독특한 종류의 결정이다. 식료품 가게에서 상품을 고르거나 제일 좋은 딸기잼을 찾을 때 우리는 자신의 즐거움을 극대화하려고 노력한다. 스스로를 즐겁게 하기 위해 즐거운 것에만 신경 쓰면 되는데, 이런 경우에는 이기심이 가장 좋은 전략이다. 이때는 자신이 진정 원하는 것이 무엇인지 알려주는 안와전두피질의 성격 급한 세포들에게 귀를 기울여야 한다.

하지만 도덕적 결정을 내릴 때는 이러한 자기중심적인 전략이 역효과를 가져온다. 도덕적 결정은 다른 사람들을 배려할 것을 요구하기에 탐욕스러운 짐승처럼 행동하거나 분노를 폭발시켜서는 안 된다. 탐욕과 분노는 타락으로 이어지고, 결국 감옥행을 유도한다. 올바르게 행동한다는 것은 감정 두뇌를 사용해 상대방의 감정을 비춰보면서 그 사람을 배려한다는 뜻이다. 즉, 나의 이기심이 다른 사람의 이기심과 균형을 맞춰야 한다.

도덕의 진화는 완전히 새로운 의사결정 체계를 요구했다. 인간의 정신은 다른 사람들을 해치지 않게 할 구조를 발전시켜야 했고, 인간의 뇌는 단지 더 많은 쾌락을 추구하는 데만 관심을 쏟기보다 낯선 사람들의 고통과 곤경에 민감해져야 했다. 이 새로운 신경 구조는 아주 최근에 발달한 생물학적 적응의 결과다. 모든 포유동물은 도파민 체계에 의존하기 때문에 인간도 쥐와 똑같은 보상 경로를 따른다. 그러나 도덕 회로는 사회성이 가장 높은 영장류에게서만 발견된다. 물론 사회성이 가장 높은 영장류는 인간이다.

뇌 스캐너를 이용해 도덕적 결정을 내릴 때의 상황을 관찰하는 것은 도덕적 행동의 근원이 되는 두뇌 회로의 독특한 작용을 알아보는 좋은 방법이다. 하버드 대학교의 신경과학자인 조슈아 그린(Joshua Greene)이 실시한 실험을 살펴보자. 그린은 실험 참가자들에게 제어가 안 되는 전차, 거대한 몸집의 남자, 다섯 명의 공사현장 인부와 관련된 몇 가지 질문을 던졌다(이상한 조합처럼 들리겠지만, 이 이야기는 실제 유명한 철학적 사고 퍼즐에 바탕을 두고 있다). 첫 번째 시나리오는 다음과 같다.

> 당신은 브레이크가 고장 나서 제어가 불가능한 전차의 운전사다. 지금 당신의 전차는 최고 속력으로 선로가 갈라지는 지점에 접근하고 있다. 아무런 조치를 취하지 않으면 전차는 왼쪽 선로에 접어들 것이고, 뒤이어 선로 공사를 하고 있는 인부 다섯 명을 해칠 것이다. 하지만 스위치를 움직여

전차 바퀴를 오른쪽으로 돌리면 인부 한 사람이 있는 선로로 방향을 틀 것이다. 당신이라면 어떻게 하겠는가? 기꺼이 스위치를 움직여 전차의 경로를 바꾸겠는가?

이러한 가상의 상황에서, 실험 참가자의 약 95%가 전차의 방향을 바꾸는 것은 도덕적으로 허용 가능하다고 답했다. 답변의 근거는 단순한 계산에 기반한다. 사람들을 덜 죽이는 게 더 낫다고 생각하기 때문이다. 어떤 도덕 철학자들은 전차의 방향을 바꾸지 않는 것은 부도덕한 행위라고 주장하기도 했다. 가만히 있다가는 네 사람이 더 죽는다는 이유에서다. 하지만 다음의 시나리오는 어떤가?

당신은 전차 선로 위 육교에 서 있다. 통제가 안 되는 전차가 선로 공사를 하고 있는 인부 다섯 명을 향해 질주하고 있는 모습이 보인다. 전차를 멈추지 않으면 다섯 명이 모두 죽을 판이다. 육교 위 당신 옆에는 몸집이 큰 남자가 있다. 그는 난간에 몸을 기댄 채 인부들을 향해 돌진하는 전차를 지켜보고 있다. 살짝 밀기만 하면 그 남자는 선로 위에 떨어질 것이고, 그는 몸집이 매우 크기 때문에 전차가 인부들을 죽이는 것을 막을 수 있다. 당신이라면 그를 육교에서 밀어 떨어뜨릴 것인가? 아니면 다섯 명이 죽게 내버려둘 것인가?

물론 다섯 사람을 살리려면 한 사람이 죽어야 한다는 잔인한 현실은 그대로 남아 있다. 도덕적 결정이 완벽히 합리적이라면 우리는 두 가지 상황에 똑같이 대처할 것이다. 전차의 방향을 바꾼 것처럼 덩치 큰 남자를 육교 아래로 주저 없이 밀어뜨려야 한다. 하지만 자진해서 누군가를 선로 위로 떨어뜨릴 사람은 거의 없다. 결정은 똑같은 결과를 낳지만 전자에게는 도덕적이라는 평을 듣고, 후자에게는 살인자라는 오명이 남는다.

그린은 남자를 미는 것이 잘못이라고 느끼는 까닭은 자신의 몸을 이용해 다른 사람의 몸을 다치게 하는 것은 '직접적 살인'이기 때문이라고 주장하면서, 이런 경우를 '직접적 도덕 상황'이라고 부른다. 다른 사람과 직접 관계되기 때문이다. 반면 전차 방향을 다른 쪽으로 돌리는 상황은 다른 사람을 직접 해치는 것이 아니라 그저 전차 바퀴의 위치를 바꾸는 것일 뿐이다. 그 결과로 발생한 죽음은 간접적으로 보이고, 이런 경우는 개인과 상관없는 도덕적 결정이다.

이 실험은 개인이 직접 관여하는 결정과 그렇지 않은 결정 사이의 흐릿한 도덕적 구분이 뇌 안에서 일어난다는 걸 보여준다는 점에서 흥미롭다. 우리가 어떤 문화권에 살고 있고, 무슨 종교를 믿는지는 그다지 중요하지 않다. 전차를 소재로 만든 두 가지 시나리오는 상황에 따라 뇌의 활성화 형태가 어떻게 달라지는지 보여준다. 첫 번째 시나리오에서 실험 참가자에게 전차의 방향을 바꿔야 하느냐고 물었을 때는 이성적인 의사결정을 관장하는 뇌 영역이 활동에 들어갔다. 네트워크로 연결된 뇌 영역들은 여러 대안을 분석해 내린 결론을 전전두피질로 보냈고, 실험 참가자는 가장 뛰어난 대안을 선택했다. 뇌는 곧바로 다섯 사람을 죽이는 것보다 한 사람을 죽이는 것이 더 낫다고 인식했다.

하지만 자진해서 덩치 큰 남자를 선로 쪽으로 밀겠느냐고 참가자들에게 물었을 때는 또 다른 뇌 영역들이 활성화되었다. 상측두구(superior temporal sulcus), 후측대상회(posterior cingulate gyrus), 내측전두이랑(medial frontal gyrus) 같은 뇌 부위는 다른 사람의 생각과 감정을 해석하는 기능을 담당한다. 그 결과 실험 참가자들은 선로로 떨어져 죽을 사람의 심정을 자동적으로 상상했다. 그들은 상대방의 마음을 생생하게 떠올리며 그를 밀어 떨어뜨리는 것은 비록 다섯 사람의 목숨을 구할지라도 중대한 범죄 행위라고 결론지었다. 실험 참가자는 그런 결정을 내리게 된 이유를 설명하지 못했고, 그 내면에 존재하는 '변호사'는 일관되지 못한 논리에 혼란스러워했다. 하지만 그들의 확신은 결코 흔들리지 않았다. 누군가를 다리에서 밀어 떨어뜨리는 것은 잘못이라고 느꼈기 때문이다.

찰스 다윈(Charles Darwin)의 진화론은 종종 자연선택의 비도덕성을 강조한다. 우리 모두는 토머스 홉스(Thomas Hobbes)가 주장한 대로 이기적인 유전자의 지시에 따라 '만인의, 만인에 대한 투쟁'을 벌이는 늑대와 같다. 하지만 우리의 심리적 현실이 그렇게 절망적인 것만은 아니다. 우리는 천사는 아니지만 그렇다고 타락하지도 않았다. 조슈아 그린의 설명을 들어보자. "우리의 원시 조상들은 몹시 사회적인 삶을 살았고, 그런 삶은 혐오스러운 행동을 자제하는 정신 구조로 발전했다. 그렇지 않았다면 우리는 혐오스러운 행동을 일삼는 데 재미를 붙였을 것이다. 이 근본적인 인류의 도덕성은 때로 탈세와 같은 이해 못할 판단을 내리기도 하지만, 다른 사람을 낭떠러지에서 밀어 떨어뜨리는 것이 잘못된 것임은 분명히 알고 있다." 그린의 말대로 개인이 직접 개입하는 형태의 도덕적 위반행위는 이해하기 쉽게 '내가 너를 해치는 행위'로 정의될 수 있다.

어찌 보면 이는 신을 모독하는 생각이다. 기독교인들은 하느님이 도덕을 만들었다고 믿고 있다. 하느님은 시나이(Sinai) 산에서 도덕에 대한 가르침을 새긴 돌을 모세에게 주었다[도스토옙스키(Dostoevsky)는 "하느님이 없다면 우리는 도덕적으로 혼란에 빠지고 말 것이다. 모든 것이 허용되기 때문이다."라고 말했다]. 하지만 이러한 이야기의 인과관계를 따지자면 한참을 거슬러 올라가야 한다. 도덕적 감정은 모세가 등장하기 전부터 존재하며 원시 인류의 뇌 속에 깊이 각인되어 있었고, 종교는 단지 이러한 직감을 성문화(成文化)해 그동안 발전되어온 윤리 개념을 간단한 법률 체계로 바꾸어놓은 것이다. 십계명을 생각해보자. 하느님은 우상을 숭배하지 말라거나 안식일을 지키라는 등의 종교적 의무를 열거한 뒤 도덕과 관련된 계명을 말하기 시작했다. 그중 첫 번째로 나오는 '살인하지 말라'는 원시 시대부터 내려온 도덕의 기본이다. 이어서 다른 사람에게 해를 끼치는 것에 대해 도덕적으로 금지하는 계명이 뒤따른다. 하느님은 단지 거짓말을 하지 말라고 하지 않고, 이웃에 대한 거짓 증언을 하지 말라고 했다. 또한 그저 추상적으로 질투하지 말라고 한 것이 아니라 이웃의 아내나 노예, 소나 나귀를 탐하지 말라고 했다. 구약성서의 하느님은 우리의 가장 강력한 도덕적 감정이 개인과 직접적으로 관련된 도덕 시나리오에 반응해 나온다는 사실을 이해하고, 모든 계명을 그런 식으로 표현했다. 십계명의 세부 내용은 오랜 세월을 거쳐 진화해온 도덕적 뇌의 세부 구조를 반영한다.

이러한 타고난 감정은 너무나도 강력해 가장 비도덕적인 상황에서조차 도덕적으로 행동하게 만든다. 전쟁을 벌이는 군인들의 행동을 생각해보자. 전쟁터에서는 다른 사람을 죽이는 것이 의무다. 살인죄가 용맹한 행동으로 바뀌는 것이다. 하지만 그러한 폭력적인 상황에서도 군인들은 종종 도덕적 본능을 물리치느라 애를 먹는다. 예를 들어 제2차 세계대전 당시 미군 준장이었던 S. L. A. 마셜은 한바탕 전투를 치른 직후 수천 명의 장병을 대상으로 설문조사를 벌였다. 결과는 놀라웠다. 자신이 공격받는 상황에서도 적에게 실제로 총을 쏘았던 장병들은 20%가 채 되지 않았던 것이다. 이에 대해 마셜은 "살인의 두려움 때문"이라고 말했다. 자신이 죽는 것보다 다른 사람을 죽이는 것이 더 두렵기 때문에 전쟁에서 패배를 경험한다는 이야기다. 장병들은 다른 사람을 직접 해쳐야 하는 상황에 직면했을 때, 다시 말해 자신이 직접 관여된 도덕적 결정을 내려야 했을 때, 감정 때문에 말 그대로 무기력 상태에 빠져들었다. 마셜은 "가장 중요한 전투의 순간에 장병들은 '양심적 병역 거부자'가 된다."라고 말했다.

1947년 이런 조사 결과가 발표되자 미군은 이 문제를 심각하게 받아들여, '발사 비율'을 높이기 위한 훈련 방법을 그 즉시 전면 개편했다. 신병들은 총에 맞으면 뒤로 넘어지는 실물과 똑같은 표적을 향해 총을 쏘며 끊임없이 살인 연습을 했다. 데이브 그로스먼 중령은 "이런 환경에서 훈련을 실시하는 이유는 반사적이며 즉각적으로 총을 쏠 수 있는 능력을 기르기 위해서다. (……) 장병들은 자동적인 반응이 나올 때까지 살인 행위에 무감각해져야 한다."라고 했다. 아울러 미군은 전쟁 중 살인행위에 개인이 개입한 정도를 모호하게 느끼도록 고공 폭격과 장거리 포격 같은 전술에 힘을 쏟기 시작했다. 1만 2,192m 상공에서 폭탄을 투하하는 것은 전차의 바퀴를 돌리는 것과 같아서, 사람들은 그렇게 발생한 죽음에 대해서는 무심하다.

이러한 새로운 훈련 기법과 전술은 놀라운 결과를 가져왔다. 마셜은 설문조사 결과를 발표하고 몇 년 뒤 한국 전쟁에 참전했는데, 이번에는 총을 쏜 장병이 전체의 55%에 달했다. 이 비율은 베트남전에서 더욱 증가해 거의 90%에 육박했다. 미군은 가장 개인적 판단이 필요한 도덕적 상황을 개인적 판단과 무관한 반사 작용으로 바꾸었다. 장병들은 총을 발사할 때 더 이상 부정적인 감정을 느끼지 않았으며, 그로스먼 중령의 말대로 '살인 기계'가 되었다.

03

도덕적 의사결정의 핵심에는 동정심이 자리 잡고 있다. 우리가 폭력을 싫어하는 이유는 폭력이 사람을 해친다는 사실을 알고 있기 때문이고, 다른 사람을 공정하게 대하는 이유는 부당한 대우를 받았을 때의 심정을 이해하기 때문이며, 우리가 고통을 거부하는 이유는 고통당하는 것이 어떻다는 것을 상상할 수 있기 때문이다. 인간의 생각은 자연스레 우리를 속박해 "남에게 대접을 받고자 하는 대로 너희도 남을 대접하라."라는 누가복음의 구절을 따르게 만든다.

동정심을 느낀다는 것은 생각만큼 그리 단순하지 않다. 다른 사람의 감정에 공감하기 전에 먼저 그들이 어떤 감정을 느끼고 있는지 알아야 하기 때문이다. 이는 우리가 다른 사람의 마음속에서 일어나고 있는 것을 분석해, 우리의 감정 두뇌가 그들의 감정 두뇌의 활동을 모방할 수 있어야 한다는 의미다. 때로 우리는 얼굴 표정을 통해 다른 사람의 생각을 읽을 수 있다. 어떤 사람이 눈살을 찌푸리며 어금니를 꽉 깨문다면 우리는 자동적으로 그의 편도체가 흥분했다는, 즉 그가 화가 났다는 결론을 내린다. 미소를 지을 때 생기는 입 주변 근육을 어떤 사람이 움직였다면, 우리는 그가 지금 행복하다고 생각한다. 물론 항상 표정만으로 상대의 마음을 읽는 것은 아니다. 전화를 하거나 이메일을 쓰거나 멀리 있는 사람을 생각할 때면 우리는 '이런 상황에서 나라면 어떻게 느낄까?'라고 상상하며 상대를 헤아리니 말이다.

다른 사람의 생각을 얼마나 정확하게 파악하는가와 상관없이 그 결과는 도덕적 결정에 지대한 영향을 미친다. 예를 들어 실험경제학의 단골 소재인 최후통첩 게임을 생각해보자. 게임의 규칙은 단순하지만 공평하지는 않다. 실험 진행자는 사람들을 둘씩 짝지어 그중 한 명에게 10달러를 준다. 10달러를 어떻게 나눌지는 전적으로 돈을 가진 사람이 결정한다. 돈을 갖지 않은 사람은 상대방의 제안을 받아들여 각자 일정액씩 나눠 가질 수도 있고, 제안을 거부할 수도 있다. 단, 거부할 경우에는 둘 다 한 푼도 가질 수 없다.

1980년대 초 경제학자들은 이 게임을 도입하며 늘 똑같은 결과, 즉 돈을 가진 사람은 최소한의 금액인 약 1달러를 제안하고, 상대방은 그 제안을 받아들일 것이라 예상했다. 어쨌든 제안을 거절하면 두 사람 모두 손해를 볼 수밖에 없고, 1달러라도 건지는 편이 한 푼도 못 받는 것보다 낫기 때문이다. 따라서 이러한 거래 조건은 인간의 타고난 이기심과 합리성을 여실히 보여주는 기회였다.

하지만 연구자들의 예상은 완전히 빗나갔다. 돈을 받는 사람은 자존심을 억누르고 작은 이익을 챙기는 데 만족하지 않고 상대방이 어떤 액수를 제안해도 부당하다고 여기며 모두 거절했다. 더욱이 돈을 가진 사람은 상대방의 이러한 반응을 미리 내다보고 대개 5달러에 가까운 금액을 제안하곤 했다. 그 누구도 믿기 어려운 결과였다.

다른 과학자들이 실험을 되풀이했을 때도 결과는 마찬가지였다. 일본, 러시아, 독일, 프랑스, 인도네시아 할 것 없이 세계 어디에서 게임을 벌여도 모두 똑같이 비슷한 형태의 불합리성이 관찰되었다. 게임이 어디에서 이루어지든, 돈을 가진 사람은 거의 늘 공정한 제안을 했던 것이다.

돈을 가진 사람은 왜 그런 관대한 제안을 하는 것일까? 이에 대한 답은 동정심이라는 행동과 도덕적인 결정을 내리는 독특한 두뇌 회로에서 찾을 수 있다. 이 문제에 맨 처음 주목한 사람은 18세기 철학자 애덤 스미스(Adam Smith)였다. 스미스는 《국부론(The wealth of Nations)》으로 가장 잘 알려져 있지만, 그가 가장 자부심을 느낀 자신의 저서는 도덕의 심리학을 파헤친 《도덕감정론(The Theory of Moral Sentiments)》이었다. 친구였던 데이비드 흄처럼 스미스 역시 도덕적 결정은 감정적 본능에 좌우된다고 믿었다. 사람들은 본질적으로 비합리적인 이유 때문에 선할 수밖에 없다.

스미스에 따르면 이러한 도덕적 감정의 근원은 상상력이었다. 사람들은 다른 사람의 생각을 비춰보기 위해 상상력을 동원했다(거울은 스미스가 활동하던 1700년대 중반에 널리 보급되며 인기를 얻기 시작한 가정용 물건이었는데, 스미스는 도덕에 대해 다룬 자신의 글에서 거울을 중요한 비유로 사용했다). "우리는 다른 사람이 무엇을 느끼는지 즉각적으로 경험할 수 없기 때문에 그가 어떻게 느끼는지 생각할 수 없다. 하지만 우리 자신이 그 사람과 똑같은 상황에 놓였을 때 어떤 기분일지를 상상하면 그 심정을 다소나마 헤아릴 수 있다." 이러한 비춰보기 과정은 다른 사람들에 대한 본능적인 동정심으로 이어진다. 스미스가 '동료의식(fellow-feeling)'이라고 불렀던 이것은 도덕적 결정의 근간을 이룬다.

스미스의 생각은 옳았다. 최후통첩 게임에서 돈을 가진 사람이 공정한 제안을 하는 이유는 돈을 받는 사람이 부당한 제안을 받았을 때의 심정을 상상할 수 있기 때문이다(이 게임을 컴퓨터로 하면 사람들은 결코 관대하지 않다). 돈을 가진 사람은 낮은 액수를 제시하면 상대방을 화나게 만들어 결국 둘 다 아무것도 가지지 못할 것임을 알고 있다. 따라서 그는 욕심을 억제하고 10달러를 나누는 쪽을 선택한다. 다른 사람의 감정을 헤아리는 능력이 공정함을 이끈 것이다.

동정심에 기반을 둔 본능은 또한 이타주의의 핵심 동기가 되기도 한다. 자선단체에 돈을 기부하거나 낯모르는 사람을 돕는 것과 같은 이타적인 행위 뒤에는 동정심이 자리한다. 최근 〈네이처 신경과학(Nature Neuroscience)〉 지에는 컴퓨터가 간단한 비디오게임을 하는 모습을 지켜보는 사람들의 뇌 영상을 분석한 실험결과가 실렸다. 듀크 대학의 과학자들이 실시한 이 실험에서 참가자들은 컴퓨터가 돈을 벌기 위해 이 게임을 하고 있다는 설명을 들었다. 그러자 그들의 뇌는 자동적으로 컴퓨터를 목적과 감정을 지니고 있는 '의식적인 존재'로 인식하기 시작했다(인간의 정신은 다른 사람의 생각을 파악하는 데 무척 열심이다. 사람들이 종종 컴퓨터나 동물 인형 같은 무생물에 감정을 입혀 생각하는 이유가 여기에 있다). 일단 그런 현상이 발생하자 상측두구를 비롯해 다른 사람의 감정을 이론화하고 공감하도록 도와주는 뇌 부위가 활동을 개시했다. 참가자들은 본인이 보고 있는 것이 컴퓨터라는 사실을 알고 있으면서도 컴퓨터가 느끼는 감정을 상상하지 않을 수 없었다.

이제부터가 흥미로운 대목이다. 과학자들은 실험을 하는 동안 뇌의 활성화 정도가 개인별로 많은 차이를 보인다는 점에 주목했다. 어떤 사람은 동정심을 관장하는 뇌 부위가 매우 활성화된 반면, 어떤 사람은 다른 사람의 감정을 헤아리는 데 다소 무관심해 보였다. 그러고 나서 과학자들은 "낯선 사람이 무거운 물건을 나르는 것을 도와주겠느냐?" 또는 "친구에게 차를 빌려주겠느냐?"처럼 이타적인 행동에 관한 질문을 참가자들에게 던졌다. 그러자 뇌의 활성화 정도와 설문조사 결과의 상관관계가 확실하게 드러났다. 동정심을 관장하는 뇌 부위가 더욱 활성화되었던 사람일수록 이타적으로 행동할 확률이 훨씬 더 높았던 것이다. 그들은 다른 사람의 감정을 열심히 상상했기 때문에, 비록 본인이 손해를 보더라도 다른 사람을 좀 더 기분 좋게 해주고 싶어 했다.

여기에 이타주의의 훌륭한 비밀이 숨어 있다. 이타주의가 사람의 기분을 좋게 만든다는 점이 그것이다. 우리의 뇌는 자선행위를 즐거워하도록 설계되어 있다. 다른 사람에게 친절을 베풀면 스스로도 기분이 좋아진다. 최근 수십 명의 사람들에게 128달러를 주고 그 돈을 가질지 자선단체에 기부할지 결정하라고 한 후 이들의 뇌를 촬영한 실험이 진행되었다. 돈을 기부하기로 선택한 사람들은 보상 체계와 관련된 뇌 부위가 활성화되면서 이타심이 주는 기분 좋은 감정을 경험했다. 몇몇 참가자들은 실제 현금을 받을 때보다 이타적 행동을 하는 동안 보상 체계와 관련된 뇌 부위가 더욱 활성화되었다. 뇌의 관점에서 보면 말 그대로 받는 것보다 주는 것이 더 나은 셈이다.

신경과학자들이 뇌를 연구하는 방법 중 하나로 뇌에 문제가 생겼을 때 일어나는 현상을 관찰하는 것이 있다. 예를 들어 과학자들은 사이코패스를 연구함으로써 도덕적 감정의 중요성을 깨달았고, 파킨슨병을 앓고 있는 환자를 연구함으로써 도파민의 중요한 역할을 알게 되었으며, 전두엽에 종양이 생긴 환자를 통해 이성적 사고의 기저를 들여다볼 수 있었다. 누군가의 불행이 조사도구로 사용되었다는 점이 비정하게 느껴질 수도 있지만 이것이 매우 효과적인 방법이었음에는 틀림없다. 손상된 뇌 덕분에 정상적인 뇌의 기능을 이해할 수 있게 되었기 때문이다.

인간의 뇌에서 작동하는 공감 회로와 관련해서도 과학자들은 자폐증 환자를 연구함으로써 엄청난 양의 정보를 얻을 수 있었다. 레오 캐너(Leo Kanner) 박사가 1943년 11명의 아이들에게 처음으로 자폐증 진단을 내렸을 때, 그는 그 증상을 '극도의 고립상태[extreme aloneness)'라고 표현했다(자폐증은 영어로 'autism'인데, 'aut'는 그리스어로 'self'를 의미한다. 즉, 자폐증은 '자기 자신에게 들어가는 상태(the state of being unto one's self)'라고 해석할 수 있다]. 자폐증은 160명 중 한 명 꼴로 나타나며, 자폐증에 걸리면 감정적으로 고립되어 대부분의 사람들이 당연시하는 많은 사회적 상호작용에 참여하지 못한다. 케임브리지 대학교의 심리학자 사이먼 배런 코헨(Simon Baron-Cohen)의 지적처럼 자폐증을 앓는 사람들은 '심맹(mind-blind)'으로, 다른 사람의 감정과 정신 상태를 이해하는 데 큰 어려움을 겪는다.*

과학자들은 오랫동안 자폐증을 뇌 발달 과정에서 나타나는 질병으로 의심해왔다. 아직도 몇 가지 풀어야 할 점이 있지만, 생후 1년 동안 대뇌피질이 제대로 연결되지 못했기 때문이라는 것이 일반적으로 여겨지는 자폐의 이유다. 최근에는 '거울 뉴런'이라 불리는 세포가 뭉쳐 있는 작은 부위가 자폐증과 관련이 있는 것처럼 여겨지고 있다. 이 신경세포는 이름 그대로 다른 사람의 움직임을 거울처럼 비춘다. 다른 사람이 미소를 짓는 모습을 보면 우리의 거울 뉴런은 마치 우리가 미소를 짓는 것처럼 활기를 띠고, 다른 사람이 얼굴을 찌푸리거나 인상을 쓰거나 우는 모습을 볼 때도 그와 똑같은 현상이 나타난다. 즉, 이들 세포는 다른 사람이 표현한 것을 내부에 반영하는 것이다. 거울 뉴런을 발견한 과학자 중 한 명인 자코모 리졸라티(Giacomo Rizzolatti)는 "거울 뉴런은 개념적인 추론을 통해서가 아니라 직접적인 시뮬레이션을 통해, 즉 생각이 아니라 감정을 통해 다른 사람의 생각을 포착한다."라고 말했다.

이것이 바로 자폐증을 앓는 사람에게 부족한 능력이다. UCLA의 과학자들은 자폐증 환자들에게 각기 다른 감정 상태를 표현한 얼굴 사진 여러 장을 보여주고 그들의 뇌 영상을 촬영했는데, 정상인의 뇌와

* 자폐증은 사이코패스 증상과 아무 상관이 없다. 사이코패스는 자폐증이 있는 사람들과 달리 타인이 분노하거나 고통을 느끼는 상황을 쉽게 이해할 수 있다. 그들의 문제는 그런 상황에 반응하는 감정을 느낄 수 없다는 것이다. 편도체가 반응을 나타내지 않기 때문이다. 그 결과 사이코패스는 화가 나야 하는 상황에서도 불가사의할 정도로 냉정함을 유지한다. 반대로 자폐증을 앓는 사람들은 감정을 느끼는 데 아무 문제가 없지만, 인식 능력에 문제가 있기 때문에 타인의 정신 상태를 이해하거나 공감하는 데 어려움을 느낀다.

달리 그들의 경우에는 거울 뉴런이 있는 부위에서 아무런 반응이 나타나지 않았다. 그 결과 자폐증을 앓는 사람들은 다른 사람의 감정 표현을 이해하는 데 어려움을 겪었다. 그들은 화난 얼굴을 보고도 단지 얼굴 근육을 움직인 것이라 생각했고, 행복한 얼굴 역시 그들에게는 얼굴 근육을 다른 방식으로 움직인 것에 불과했다. 그들은 어떤 표정도 특정 감정 상태와 연결시키지 못했다. 다시 말해 자폐증을 앓는 이들은 다른 사람의 생각 안에서 무슨 일이 일어나고 있는지 파악할 수 없었다.

예일대 과학자들이 실시한 뇌 영상 연구는 자폐증의 해부학적 원인을 더욱 확실하게 보여준다. 과학자들은 사람들이 누군가의 얼굴을 볼 때와, 부엌 의자와 같이 고정된 물건을 볼 때 활성화되는 뇌 부위를 관찰했다. 정상인의 뇌는 그러한 자극에 매우 다르게 반응한다. 우리는 사람의 얼굴을 볼 때, '방추상 얼굴 영역(FFA, Fusiform Face Area)'이라 불리는 매우 특별한 뇌 부위를 사용한다. 이 부위는 오로지 다른 사람을 인식하는 일에만 관여한다. 한편 우리가 의자를 바라볼 때 뇌는 하측두회(inferior temporal gyrus)에 의존하는데, 이 부위는 시각에 들어오는 물체의 종류에 따라 활성화된다. 그러나 실험 결과 자폐증을 앓는 사람들의 뇌에서는 방추상 얼굴 영역이 전혀 활성화되지 않는 것으로 드러났다. 물체를 인식하는 뇌 부위를 이용해 인간의 얼굴을 바라봤기 때문에 그들에게는 사람의 얼굴도 그저 물체일 뿐이었고, 얼굴은 의자 이상의 감정을 뽑아내지 못했다.

거울 뉴런 회로가 반응하지 않는 데다 방추상 얼굴 영역도 활성화되지 않기 때문에 자폐증 환자는 사회생활에 어려움을 겪는다. 그들이 보이는 '극도의 고립상태'는 다른 사람의 감정을 해석하고 내면화하지 못하는 데서 오는 결과다. 이러한 이유로 자폐증 환자들은 때로 어느 자폐증 연구자의 말처럼 "너무 합리적이어서 이해하기 힘든 결정"을 내린다.

예를 들어 자폐증이 있는 사람은 최후통첩 게임을 할 때, 마치 경제학 교과서에 나오는 가상의 인물처럼 행동한다. 그들은 합리적인 계산을 인간의 상호관계에 의존하는 불합리한 세계에 적용하려고 노력하는데, 정상인보다 평균 80%나 낮은 금액을 제시하는 것은 물론 5센트도 채 안 되는 액수를 내거는 경우도 많다. 이런 탐욕스러운 전략은 돈을 받는 사람이 그 부당함에 분노하며 제안을 거절하는 경우가 많기 때문에 결국 아무 효과도 발휘하지 못한다. 하지만 자폐증이 있는 사람은 상대의 그런 감정을 예상할 수 없다. 어떤 자폐증 환자는 이 게임에서 10달러 중 10센트를 제시했다가 상대방이 퇴짜를 놓자 화를 내며 이렇게 말했다. "상대편 참가자가 바보 같아서 한 푼도 얻지 못했어요. 어떻게 그런 괜찮은 액수를 거절하고 아무것도 받지 못하는 쪽을 선택할 수 있죠? 그들은 게임을 이해하지 못했어요. 실험을 중단하고 그들에게 게임에 대해 자세히 설명해주세요."

자폐증은 상대의 마음을 전혀 읽지 못하는 만성 질환이다. 하지만 다른 사람에게 동정심을 느끼는 뇌 부위를 잠시 마비시켜 일시적으로 '심맹'의 상태를 유도해내는 것도 얼마든지 가능하다. 최후통첩 게임의 방식을 약간 바꾸어 '독재자 게임'으로 변형하면 그런 결과를 얻을 수 있다. 우리의 '동료 의식'은 타고난 것이긴 하지만 쉽게 깨지기도 한다. 최후통첩 게임에서는 돈을 받는 사람이 제시된 금액을 받아들이거나 거부할 수 있지만, 독재자 게임에서는 돈을 주는 사람이 알아서 결정하면 된다. 놀라운 점은 독재자 역할을 하는 사람이 여전히 전체 금액의 3분의 1을 제시할 정도로 관대했다는 사실이다. 이는 사람들이 절대 권력을 갖고 있을 때조차 동정의 본능을 의식한다는 점을 보여준다.

그러나 한 가지 작은 변화를 주면 이러한 자비심도 사라진다. 돈을 주는 사람과 받는 사람이 각기 다른 방에 있어 서로 보지 못할 때, 독재자는 탐욕적으로 돌변한다. 그는 상당한 금액을 나누기는커녕 상대방에게 동전 몇 푼만 제시하고 나머지를 모두 자신의 주머니에 집어넣는다. 사람들은 사회적으로 고립되면 다른 사람의 입장에서 생각하는 행동을 멈추고, 도덕적 본능도 더 이상 작동하지 않는다. 그 결과 마음속에서는 필요하다면 주저 없이 사악해지라고 가르치는 마키아벨리가 판치고, 이기심이 동정심을 뭉개버린다. UC버클리의 심리학자 대처 켈트너(Dacher Keltner)는 많은 사회적 상황에서 권력을 가진 자들이 마치 감정 두뇌에 손상을 입은 환자처럼 행동한다는 사실을 발견했다. 그는 "권력의 경험은 누군가 당신의 두개골을 열어 감정이입과 사회적으로 적절한 행동을 유도하는 뇌 부위를 제거해버리는 것과 같다."라고 말하며 "그 결과 당신은 최악의 조합이라 할 수 있는, 매우 충동적이고 무감각한 사람이 된다."라고 덧붙였다.

오리건 대학의 심리학자인 폴 슬로빅(Paul Slovic)은 동정심을 관장하는 뇌 부위에서 또 다른 맹점 하나를 찾아냈다. 그의 실험은 간단했다. 그는 참가자들에게 자선기금으로 얼마의 돈을 낼 수 있느냐고 물으며 한 그룹의 사람들에게 아프리카 말라위에서 굶주리고 있는 로키아라는 아이의 사진을 보여주었다. 사람들은 매우 관대하게 행동했다. 피골이 상접한 로키아의 몸과 애처로운 갈색 눈을 본 후 그들은 평균 2달러 50센트를 아동구호기금에 기부했다. 슬로빅은 이와 다른 그룹의 참가자들에게는 아프리카 전역의 기아 상태에 관한 통계자료를 주었다. 자료에는 300만 명 이상의 말라위 아동이 영양실조에 걸렸고, 700만 명 이상의 에티오피아 사람들이 긴급 식량 원조를 필요로 한다는 내용 등이 담겨 있었다. 이를 본 참가자들의 기부금 평균 액수는 로키아 사진을 본 사람들의 평균 액수보다 50%가 더 낮았다. 언뜻 보면 잘 이해가 되지 않는다. 사람들은 기아 문제의 심각성에 대한 심도 깊은 자료를 받았을 때 더 많은 돈을 내야 한다. 로키아의 안타까운 사연은 빙산의 일각에 불과하기 때문이다.

슬로빅에 따르면 통계자료의 문제는 사람들의 도덕적 감정을 자극하지 못하는 데 있다. 우울한 숫자만으로는 사람들의 마음을 움직일 수 없다. 우리의 마음은 그런 엄청난 규모의 고통을 이해하지 못한다. 아이가 우물가에 쓰러져 있는 모습에는 마음을 빼앗기지만, 매년 물 부족으로 수백만 명이 죽어간다는 내용에는 눈 하나 깜빡이지 않는 이유가 여기에 있다. 사람들은 잡지 표지에 실린 아프리카 전쟁고아 한 명을 돕기 위해서는 수천 달러를 기부하면서도, 르완다와 다르푸르에서 자행된 대규모 인종 학살에 대해서는 무관심하다. "다수를 보면 행동하지 않겠지만, 한 사람을 보면 행동할 것이다."라는 마더 테레사(Mother Teresa)의 말이 귀에 맴돈다.

04

도덕적 결정을 내리는 능력은 타고난 것이기 때문에 우리 대부분에게는 동정심의 회로가 선천적으로 내장되어 있다. 하지만 도덕적 결정 능력을 향상시키려면 올바른 경험이 필요하다. 모든 것이 계획대로 이루어진다면 인간의 정신은 자연히 동정심의 본능을 더 강화시켜야 한다. 사람을 육교 아래로 밀어 떨어뜨리는 것을 거부하고, 최후통첩 게임에서 공정한 금액을 제시하며, 고통을 겪는 사람들의 모습에 진심으로 걱정해야 한다는 뜻이다.

하지만 발달 과정에서 문제가 발생해 도덕적 결정과 관련된 회로가 성숙해지지 않으면 심각한 결과가 나타날 수 있다. 자폐증처럼 이런 문제는 주로 유전적인 결함 때문에 발생한다(과학자들에 따르면 자폐증의 유전 가능성은 80~90%로 추정되며 신경계 질환 가운데 유전될 가능성이 가장 높은 것 중 하나다). 하지만 뇌의 발달에 영구적 손상을 입힐 수 있는 또 다른 방법이 있으니, 바로 아동 학대다. 어린아이들이 성추행을 당하거나 무시받거나 사랑을 받지 못하면 감정 두뇌가 왜곡된다(예를 들어 존 게이시는 어린 시절 내내 알코올 중독자였던 아버지로부터 육체적 학대를 당했다). 그런 경우에는 다른 사람의 감정에 공감을 하게 만드는 생물학적 발달 과정이 중지된다. 잔인성은 잔인성을 부르고, 학대는 학대를 낳는다. 끔찍한 악순환이다.

해리 할로(Harry Harlow)는 이러한 개념의 증거를 최초로 제시했다.* 1950년대 초 할로는 위스콘신 대학교에서 원숭이를 사육하기로 결정했다. 그는 영장류를 대상으로 파블로프(Ivan Pavlov)식 조건 반사를 연구하고 있었는데 더 많은 데이터, 즉 더 많은 동물이 필요했다. 그때까지 미국에서 원숭이 사육에 성공한 사람은 아무도 없었지만, 할로는 결심을 굽히지 않았다.

원숭이 사육은 새끼를 밴 암컷 원숭이 몇 마리로 시작되었다. 할로는 임신한 원숭이를 주의 깊게 관찰했다. 원숭이가 새끼를 낳을 때마다 그는 즉시 어린 원숭이를 깨끗이 청소해놓은 우리에 격리시켰다. 처음에는 모든 것이 계획대로 진행되는 듯했다. 할로는 다량의 비타민과 각종 영양소가 강화된 우유와 설탕을 섞어 먹이며 새끼 원숭이들을 키웠다. 그는 멸균 소독한 젖병으로 두 시간마다 새끼 원숭이들에게 먹이를 주고, 빛과 어둠의 주기(週期)를 세심하게 조절했다. 더불

* 할로의 삶과 연구에 대해 자세히 알고 싶다면 데버러 블룸(Deborah blum)이 쓴 《사랑의 발견: 사랑의 비밀을 밝혀 낸 최초의 과학자 해리 할로(Love at Goon Park: Harry Harlow and the Science of Affection)》를 참조하라.

어 그는 질병 확산을 최소화하기 위해 새끼 원숭이들이 서로 어울려 놀지 못하게 했다. 그 결과 새끼 원숭이들은 야생에서 데려온 또래 원숭이들보다 몸집도 더 크고 힘도 더 셌다.

그러나 이들 새끼 원숭이의 육체적 건강 뒤에는 매우 충격적인 질병이 숨어 있었다. 그들은 외로움에 만신창이가 돼 있었고, 그들의 짧은 삶은 외로움 그 자체였다. 가장 기초적인 사회관계조차 맺을 수 없었던 그 새끼 원숭이들은 금속 우리 안에서 미친 듯이 날뛰었고, 피가 날 때까지 엄지손가락을 빨아댔다. 다른 원숭이들과 마주칠 때면 두려움에 비명을 지르다 우리 한구석으로 도망가 바닥만 응시했고, 위협을 느끼면 사나운 폭력으로 맞섰다. 때로는 그런 난폭한 성향이 자기 자신을 괴롭히기도 했다. 어떤 원숭이는 자기 털을 피가 날 정도로 뭉텅 잡아 뜯었고, 또 다른 원숭이는 자기 손을 갉아먹었다. 어린 시절의 박탈감 때문에 이들 원숭이는 남은 생애도 고독하게 지내야 했다.

이런 문제를 안고 있는 새끼 원숭이들을 보며 할로는 마음을 발달시키는 데는 적절한 영양 섭취보다 더 많은 것이 필요하다는 사실을 깨달았다. 하지만 그것이 무엇일까? 첫 번째 단서는 이들 새끼 원숭이를 관찰하면서 찾을 수 있다. 과학자들은 우리에 천기저귀를 깔아 원숭이들이 차가운 콘크리트 바닥에서 잠을 자지 않도록 했다. 어미와 떨어진 새끼 원숭이들은 곧 천기저귀에 온통 정신을 빼앗겼다. 누구든 우리에 접근하면 그들은 천기저귀로 몸을 감싸고 놓지 않았다. 부드러운 천이 그들의 유일한 안식처였다.

이런 가슴 아픈 행동을 관찰한 할로는 새로운 실험을 고안했다. 그는 두 개의 가짜 어미를 만들어 다음번에 태어난 새끼 원숭이들을 길러보기로 결정했다. 하나는 철사로 만든 어미였고, 또 하나는 부드러운 타올 천으로 만든 어미였다. 할로는 모든 조건이 동일하다면 새끼 원숭이들이 천으로 만든 어미를 더 좋아할 것이라고 예측했다. 천으로 된 어미는 껴안을 수 있기 때문이다. 할로는 실험을 좀 더 흥미롭게 진행하기 위해 몇 개의 원숭이 우리에 약간의 변화를 주었다. 그는 자기 손으로 직접 새끼 원숭이를 먹이지 않고 철사로 만든 어미의 손에 우유병을 쥐어주었다. '음식과 애정 중에 무엇이 더 중요할까?' '새끼 원숭이들은 어떤 어미를 더 좋아할까?' 등이 궁금했던 것이다.

결과는 한쪽의 압승이었다. 어떤 어미가 우유병을 들고 있느냐에 상관없이 새끼 원숭이들은 늘 천으로 만든 어미를 더 좋아했다. 그들은 철사로 만든 어미에게 달려가 잠시 주린 배를 채우고는 급히 천으로 만든 편안한 안식처로 돌아갔다. 생후 6개월이 되자 새끼 원숭이들은 하루에 18시간 이상을 '부드러운 어미'에 몸을 비비며 지냈다. 철사로 만든 어미와는 오직 음식을 먹을 때만 함께할 뿐이었다.

할로의 실험은 영장류가 태어나면서부터 애착을 매우 필요로 한다는 사실을 보여준다. 새끼 원숭이들이 천으로 만든 어미를 껴안았던 이유는 진짜 어미의 따스함과 포근함을 경험하고 싶었기 때문이다. 새끼들은 음식보다 애정을 갈망했다. 할로는 "그 원숭이들은 마치 사랑을 찾기 위해 설계된 것 같았다."라고 말했다.

사랑에 대한 욕구가 충족되지 않을 때 새끼 원숭이들은 심각한 부작용으로 고통 받았다. 철사로 만든 어미와 지낸 원숭이들은 뇌가 영구히 손상되어 다른 원숭이들을 대하거나 낯선 원숭이들을 동정하는 법, 또는 사회적으로 용납되는 방식에 따라 행동하는 방법을 알지 못했고, 가장 기초적인 도덕적 결정도 불가능했다. 할로는 후에 "원숭이들이 우리에게 주는 교훈이 있다면 그것은 사는 법을 배우기 전에 사랑하는 법을 먼저 배워야 한다는 것이다."라고 말했다.

할로는 이후 다소 무자비한 방법으로 사회적 고립에서 비롯되는 비참한 결과를 파헤치는 실험을 했다. 그는 잔인하게도 새끼 원숭이들을 철사로 만든 어미조차 없는 빈 우리에서 몇 달 동안 지내게 했는데, 결과는 말할 수 없을 정도로 비참했다. 격리된 새끼 원숭이들은 마치 원숭이 사이코패스처럼 행동했고 모든 감정 표현에 무감각했다. 그들은 아무 이유 없이 싸움을 벌였고 한 마리가 심각하게 부상을 당할 때까지 싸움을 멈추지 않았다. 그들은 심지어 자기 자식에게조차 난폭했다. 한 어미는 어린 새끼의 손가락을 물어뜯었고, 어떤 원숭이는 우는 새끼의 머리를 이빨로 물어 죽여버리는 등 대부분의 사이코패스 원숭이들은 계속해서 무지막지한 잔인성을 드러냈다. 새끼들이 안기려고 해도 가차 없이 밀어버려서, 당황한 어린 새끼들은 몇 번이고 다시 어미 품에 안기려 했지만 아무 소용이 없었다. 어미 원숭이들은 아무 감정도 느끼지 못했다.

원숭이에게 일어난 일은 사람에게도 일어날 수 있다. 공산주의 국가인 루마니아에서 발생한 불행한 사건이 이를 보여준다. 1966년 루마니아의 독재자 니콜라에 차우셰스쿠(Nicolae Ceausescu)는 모든 형태의 피임을 금지시켰다. 나라 곳곳에 갑자기 원치 않은 어린아이들이 넘쳐났다. 당연한 결과지만 고아들도 늘어났다. 가난한 가정에서 키울 능력이 안 되는 아이들을 포기했기 때문이다.

루마니아 정부가 운영하는 고아원은 포화 상태였고, 재정도 바닥이 났다. 아기들은 플라스틱 젖병 외에는 아무것도 없는 요람에 방치되었고, 어린아이들은 침대에 묶인 채 누구와도 접촉하지 못했다. 고아원에는 겨울을 날 난방 설비도 부족했다. 장애 아동들은 지하실로 보내졌는데 어떤 아이들은 그곳에서 햇빛을 보지 못한 채 몇 년을 보냈다. 나이를 먹은 아이들은 수면제를 먹여 며칠씩 재웠다. 어떤 고아원에서는 다섯 살이 되기도 전에 사망한 아이들이 25%를 넘었다.

루마니아 고아원에서 가까스로 살아남은 아이들에게는 영원한 상처가 남았다. 많은 아이들이 발육 부진의 신체, 오그라든 뼈, 제대로 치료받지 못한 질병을 안고 살았다. 하지만 고아원 체제가 남긴 가장 처참한 유산은 심리적인 것이었다. 버려진 아이들의 다수가 심각한 감정적 손상을 입었다. 그들은 종종 낯선 사람들에게 적대감을 드러냈고, 다른 이를 학대했으며, 가장 기본적인 사회관계조차 제대로 맺지 못했다. 루마니아 고아원에서 아이를 입양한 부부들은 아이들이 여러 종류의 행동 장애를 보였다고 보고했다. 어떤 아이는 몸을 만져줄 때마다 울음을 터뜨렸고, 또 어떤 아이는 몇 시간 동안 허공을 바라보다가 갑자기 분노를 터뜨리며 가까이 있는 모든 것을 공격했다. 한 캐나다인 부부는 세 살 난 아들의 침실에 들어갔다가 아이가 새끼 고양이를 창문 밖으로 던지는 광경을 목격하기도 했다.

신경과학자들은 루마니아 고아들의 뇌 활동을 영상으로 촬영한 결과, 안와전두피질과 편도체처럼 감정 및 사회적 관계에 필요한 부위의 활동이 축소되어 있다는 사실을 발견했다. 또한 타인의 감정을 헤아리고 얼굴 표정을 이해하는 능력도 결여되어 있었다. 무시당한 아이들은 사회적 애착의 발달에 중요한 두 가지 호르몬, 바소프레신(vasopressin)과 옥시토신(oxytocin)의 수치도 현저하게 감소한 것으로 나타났다(이들 호르몬의 부족은 그 후로도 몇 년 넘게 지속되었다). 아동학대의 희생자인 이들은 인간 세계의 동정심을 전혀 이해하지 못했고, 다른 사람의 감정을 인식하는 것을 힘들어했으며, 자신의 감정 조절에서도 어려움을 느꼈다.

학대받으며 어린 시절을 보낸 미국 아동들에 대한 연구결과도 이와 비슷하게 암울하다. 1980년대 초 심리학자 메리 메인(Mary Main)과 캐럴 조지(Carol George)는 '스트레스가 심한 가정'에서 자란 20명의 유아를 관찰했다. 이 아이들 중 절반은 육체적으로 심한 학대를 받은 적이 있었고, 나머지 절반은 결손 가정 출신으로 대부분은 양부모와 함께 살고 있었지만 맞거나 학대를 당한 적은 없었다. 메인과 조지는 성장 과정에서의 혜택을 받지 못한 이 두 집단의 아이들이 울고 있는 친구에게 어떻게 반응하는지 알아보고자 했다. 이들은 과연 정상인처럼 동정심을 표할까? 아니면 친구의 감정을 전혀 이해하지 못할까? 관찰 결과 학대받은 적이 없는 아이들은 모두 울고 있는 친구에게 반응을 보였다. 그들은 본능적인 동정심에 이끌려 우는 친구를 위로하려고 애썼고, 다른 사람이 슬퍼하는 모습을 보자 그들도 슬퍼했다.

그러나 아동학대는 모든 것을 뒤바꿔놓았다. 학대를 받고 자란 아이들은 우는 친구에게 어떻게 반응해야 할지 몰랐다. 그들은 때로 동정적인 몸짓을 취하기도 했지만, 우는 친구가 울음을 그치지 않을 경우 그런 몸짓은 공격적인 위협으로 바뀌었다. 학대를 받고 자란 두 살

반짜리 아이 마틴에 대해 묘사한 글을 보자. "마틴은 우는 친구의 손을 잡으려고 했다. 그러나 친구가 울음을 그치지 않자 마틴은 내민 손으로 친구의 팔을 때렸다. 그러고는 친구에게서 돌아서서 바닥을 보며 아주 큰 소리로 외쳤다. "그만해! 그만해!" 소리는 점점 빠르고 커졌다. 아이는 친구를 다독거리지만 친구가 그것을 싫어하자 뒤로 물러서더니 이를 드러내며 화를 냈다. 그런 다음 다시 친구의 등을 다독이기 시작했다. 다독거림은 이내 주먹질로 바뀌었고, 아이는 친구가 비명을 지르는데도 계속해서 때렸다." 마틴은 친구를 돕고자 했지만 결국 상황은 더욱 악화되었다.

학대를 받고 자란 두 살짜리 케이트도 비슷한 행동 유형을 보였다. 처음에 케이트는 우는 친구를 다정하게 대했다. 케이트는 부드럽게 친구의 등을 어루만졌다. 그러나 연구자들은 "케이트의 다독거림은 곧 매우 거칠어졌다. 케이트는 친구를 세게 때리기 시작했다. 케이트는 친구가 기어서 도망칠 때까지 계속해서 때렸다."라고 보고했다. 케이트와 마틴은 다른 사람의 감정을 이해할 수 없었다. 사회적 관계를 맺고 살아가는 인간 세계는 그들에게 있어 뚫고 들어갈 수 없는 곳이 되어버린 것이다.

학대를 받고 자란 어린아이들이 놓친 것은 바로 감정 교육이었다. 인간의 뇌는 다정한 감정의 유입을 기대하도록 설계되어 있지만, 학대를 당한 아이들은 그런 경험이 차단되었기 때문에 그들의 내면에는 심각한 상처가 남았다. 이 아이들은 스스로 잔인해지거나 몰인정해지고자 한 것이 아니라 그저 도덕적 결정을 정상적으로 이끄는 뇌의 활동 패턴을 놓쳤을 뿐이다. 그 결과 그들은 자신을 학대했던 부모가 자신이 슬플 때 대했던 것과 마찬가지의 방식으로 슬퍼하는 친구를 대했다.

하지만 이런 비극적인 사례는 원칙에서 벗어난 예외일 뿐이다. 우리는 다른 사람의 고통을 이해하도록 타고났기 때문에 다른 사람을 다치게 하거나 도덕적 죄를 저질렀을 때 심하게 괴로워한다. 동정심은 인간의 가장 기본적인 본능 가운데 하나다. 뇌의 진화가 거울 뉴런과 방추상 얼굴 영역처럼 다른 사람의 생각을 분석하는 뇌 부위에 그토록 많은 관심을 기울여온 이유가 여기에 있다. 어린 시절에 사랑받고 자라면서 그 어떤 발달 장애도 겪지 않았다면 인간의 두뇌는 자연히 폭력을 거부하고, 공정한 제안을 하고, 우는 친구를 위로하려 할 것이다. 이러한 행동이 바로 우리가 누구인지 알려주는 기본적인 요소다. 진화는 우리가 서로 보살펴주도록 설계되었다.

다음의 가슴 찡한 실험을 살펴보자. 붉은털원숭이 여섯 마리에게 여러 개의 체인을 잡아당겨 음식을 얻도록 훈련시켰다. 그중 체인 하나를 잡아당기면 가장 좋아하는 음식을 양껏 받을 수 있지만, 그 외의 다른 체인을 잡아당기면 그다지 유혹적이지도 않으면서 양도 적은 음식을 얻는다. 영리한 원숭이들은 원하는 음식이 많이 나오는 체인을 재빨리 알아차리고 보상을 최대화했다.

행복한 몇 주가 지난 뒤, 여섯 마리의 원숭이 중 한 마리가 배가 고파 체인을 잡아당겼다. 그때 끔찍한 일이 벌어졌다. 다른 쪽 우리에 있는 원숭이 한 마리가 전기 충격으로 매우 고통스러워했던 것이다. 여섯 마리 원숭이 모두가 그 광경을 지켜보며 끔찍한 비명 소리를 들었다. 그들은 다른 우리에 있는 원숭이가 얼굴을 찡그리며 두려움에 움츠리는 모습을 보았다. 그러자 그들은 즉시 행동 방식을 바꾸었다. 네 마리의 원숭이가 음식이 가장 많이 나오는 체인을 잡아당기는 것을 중단하고, 다른 우리에 있는 원숭이가 고통을 받지 않도록 음식이 적게 나오는 체인을 기꺼이 잡아당겼다. 그뿐이 아니다. 다섯 번째 원숭이는 5일 동안 어떤 체인도 잡아당기지 않았고, 여섯 번째 원숭이는 12일 동안이나 체인을 당기지 않았다. 그들은 스스로를 희생함으로써 알지도 못하는 원숭이가 고통 받는 일이 없도록 애썼다.

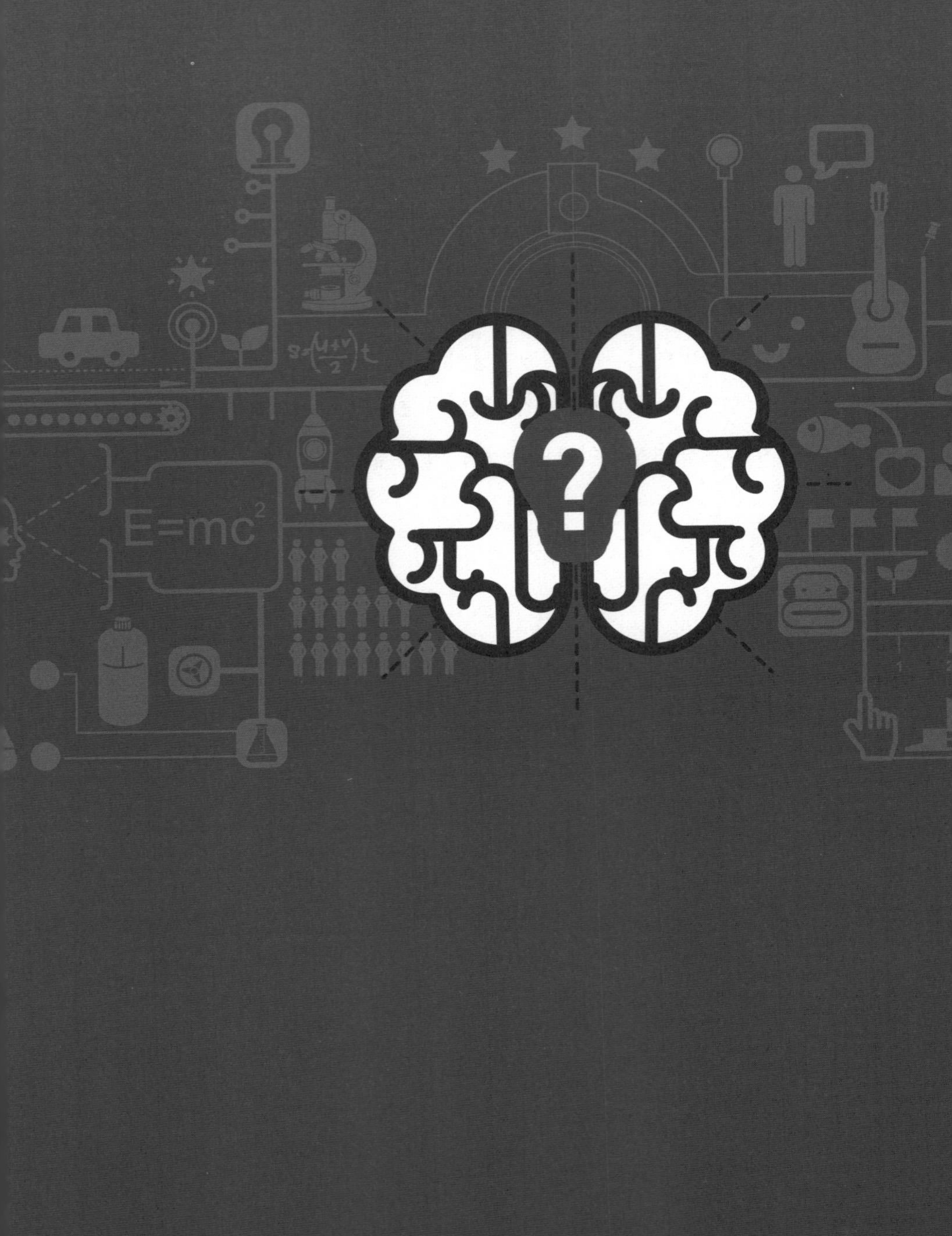
E=mc2

7

뇌도 논쟁이 필요하다

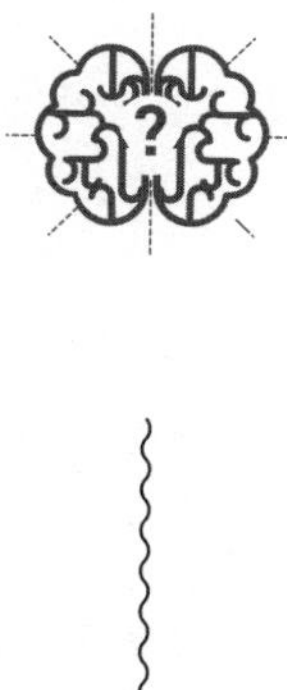

미국 대통령 예비선거에 나선 후보자들이 가장 바라는 것 중 하나는 뉴햄프셔의 지역 신문인 〈콩코드 모니터(Concord Monitor)〉의 지지를 얻는 것이다. 예비선거가 가장 먼저 치러지는 뉴햄프셔에서 기세를 몰아야 전국적인 지지를 얻는 데 유리하기 때문이다.

2008년 대통령 예비선거 캠페인이 시작되고 첫 몇 달간 크리스 도드부터 마이크 허커비까지 주요 대통령 후보가 모두 그 신문의 편집위원회와 인터뷰를 가졌다. 힐러리 클린턴, 버락 오바마, 존 매케인 같은 후보들은 후속 인터뷰를 위해 한 번 더 초대되었다. 인터뷰는 몇 시간 동안 이어졌고, 후보들은 불편한 질문 세례를 받아야 했다. 힐러리 클린턴은 다양한 백악관 스캔들에 대한 질문을, 버락 오바마는 선거 유세가 '지루하고 감정을 억제하는' 듯 보이는 이유에 대해 설명하라는 요구를 받았으며, 존 매케인에게는 병력(病歷)과 관련된 질문이 던져졌다. 사설 면을 담당하는 랄프 히메네스는 어색한 순간이 몇 차례 있었다고 회상하며 말했다. "후보자들은 마치 '나한테 그딴 걸 묻는단 말이야?' '당신, 내가 누군지 알아?'라고 생각하는 것 같았어요."

〈콩코드 모니터〉의 지지를 얻는 과정은 인터뷰에만 국한되지 않았다. 빌 클린턴은 집 전화와 휴대폰으로 기자들과 통화하며 자신의 아내를 열정적으로 옹호했다(일부 기자들은 전화번호가 노출되지 않았는데도 클린턴은 어떻게 알았는지 그들에게 전화를 걸었다). 열렬한 지지자들은 오바마에게도 있었다. 매들린 올브라이트와 테드 소렌슨 같은 전(前) 백악관 참모들이 오바마를 위해 편집위원들을 방문했는가 하면 지자체 고위 공무원들은 단체로 로비를 벌이기도 했다. 다섯 명의 편집위원들에게 있어 모든 관심은 아첨으로 느껴졌고, 때로는 귀찮기도 했다. 〈콩코드 모니터〉의 편집장 펠리스 벨먼은 토요일 아침 7시 30분 힐러리 클린턴으로부터 걸려온 전화에 깜짝 놀란 적도 있다. "아직 잠이 덜 깬 상태였어요. 의료보험 문제에 대해 말할 기분이 아니었죠(랄프 히메네스는 아직도 힐러리 클린턴이 보낸 휴대전화 메시지를 간직하고 있다)."

예비선거가 열리기 12일 전, 눈이 내리는 목요일 오후였다. 편집위원들은 편집부 회의실에 모였다. 그동안 지지 후보를 결정하는 모임을 계속 미뤄왔기 때문에 이제는 결정을 내려야 했다. 다섯 명의 편집위원 전원이 존 매케인을 선호했기 때문에 공화당 쪽의 일은 쉽게 풀렸다. 하지만 민주당에 대한 지지는 크게 엇갈렸다. 편집위원들은 열린 관점을 유지하려고 애썼지만, 회의실 분위기는 정확히 두 그룹으로 나뉘었다. 전(前) 편집자 마이크 프라이드는 "후보자들이 1년간 여기에서 함께 생활했어도 당장 한 명의 후보자를 선택하기는 어려웠을 것"이라고 말했다. 편집위원 중 랄프 히메네스와 애리 리히터는 버락 오바마를 지지했고, 마이크 프라이드와 조디 윌슨은 힐러리 클린턴을 선호했다. 결정을 유보한 사람은 펠리스 벨먼뿐이었다. "마지막 순간까지 결정을 미루었죠. 힐러리 클린턴 쪽으로 마음이 기울기는 했지만, 여전히 선택을 바꿀 수도 있겠다는 생각이 들었거든요."

편집위원들은 정책에 관한 문제를 논의하기 시작했지만 그럴 만한 내용은 그다지 많지 않았다. 버락 오바마와 힐러리 클린턴은 정책에 대한 입장이 거의 동일했다. 두 후보 모두 전면적인 의료보험 실시, 부시 정부의 세금삭감 정책 폐지, 조속한 이라크 파병부대 철수를 내놓았다. 편집위원들은 두 후보의 정책이 비슷하다는 데 동의하면서도 자신이 선택한 후보를 맹렬히 두둔했다. 하지만 그들은 자신이 그런 충성심을 보이는 이유를 설명하지 못했다. 랄프는 당시 회의 분위기를 이렇게 전했다. "자신이 누굴 더 좋아하는지는 그냥 알 수 있잖아요. 토론의 수준은 그저 '내 사람이 더 나아. 이상. 끝이야'라는 식이었죠."

길고 집중적인 논의를 거쳐 신문사는 3대 2로 힐러리 클린턴의 지지를 결정했다. 랄프는 "이 문제를 논의하는 데 수개월이 걸렸다."라고 말했다. 근소한 차이로 편집위원들의 의견이 엇갈렸지만 마음을 바꿀 사람은 아무도 없었다. 편집위원들 중 가장 불확실한 태도를 보였던 펠리스조차 이제 힐러리 클린턴을 확고히 지지하고 있었다. 이에 대해 마이크는 "자기 주장이 강한 다섯 사람이 한 방에서 정치 이야기를 하는데 의견이 엇갈리는 게 당연한 것 아니겠습니까?"라고 반문했다. 그러나 편집위원들은 회의실을 나서기 전 반드시 한 명을 지지해야 한다. 마이크는 오바마를 지지했던 랄프를 바라보며 농담조로 말했다. “누군가는 틀릴 수밖에 없다는 사실을 받아들이고, 결정할 방법을 찾아야겠지요.”

〈콩코드 모니터〉는 힐러리 클린턴을 지지한다는 신문사의 입장을 독자들에게 논리적이고 명확하게 요약해서 전달했다(뉴햄프셔에서 힐러리 클린턴의 대변인으로 활동했던 캐슬린 스트랜드는 〈콩코드 모니터〉의 지지가 예비선거에서 힐러리 클린턴에게 도움이 될 것이라고 믿었다). 신문의 사설은 단어 선택에도 신중함을 보였는데, 굳게 걸어 잠근 회의실 안에서 편집위원들이 열띤 토론을 벌였던 흔적은 사설 어디에서도 찾아볼 수 없었다. 만일 편집위원 가운데 한 사람만 마음을 바꾸었어도 〈콩코드 모니터〉는 오바마를 선택했을 것이다. 확고해 보이는 지지가 알고 보면 매우 머뭇거린 다수의 의견에서 나온 셈이다.

편집위원회의 이러한 결정 과정은 우리의 뇌 안에서 일어나는 일과 크게 다르지 않다. 뇌의 결정은 종종 만장일치처럼 느껴진다. 마치 자신이 어느 후보를 선호하는지 알고 있는 것처럼 말이다. 하지만 사실 결론을 도출하기까지 뇌의 내부에서는 날카로운 의견 대립 과정이 있다. 대뇌피질이 결정을 내리기 위해 고심하는 동안, 경쟁관계에 있는 다른 뇌 조직은 그와 상반되는 의견을 내놓는다. 서로 다른 뇌 영역은 제각기 다른 이유로 다른 생각을 한다. 이런 격렬한 토론은 대개 감정에 기반을 두며, 변연계의 여러 부위들은 서로 논쟁을 벌인다. 감정이 항상 이성적으로 설명되는 게 아니기 때문에, 감정은 행동에 강력한 영향을 미칠 수밖에 없다. 〈콩코드 모니터〉의 편집위원들도 힐러리 클린턴이나 버락 오바마를 지지했지만 그 이유를 명확하게 설명하지는 못했다. 뇌 안에서 일어나는 논쟁은 주로 감정 시스템과 이성 시스템 사이에서 일어난다. 이때 전전두피질은 밑에서부터 올라오는 충동을 막으려고 애쓰지만, 뇌의 어느 영역에서 논쟁이 벌어지느냐와 상관없이 머릿속을 가득 채우고 있는 여러 요소들은 서로 영향력과 관심을 얻기 위해 끊임없이 싸운다. 편집위원들처럼 인간의 뇌도 논쟁을 벌이는데, 그 대상은 바로 자기 자신인 셈이다.

최근에 과학자들은 이러한 '논쟁'이 대통령 선거처럼 논란의 소지가 많은 이슈에만 국한되는 게 아니라는 사실을 발견했다. 오히려 논쟁은 의사결정 과정에서 나타나는 중요한 특징이고, 사소한 선택조차 대뇌피질에서 이루어지는 활발한 논쟁에서 도출된 결과다. 슈퍼마켓에서 아침식사로 먹을 시리얼을 놓고 고민하고 있다고 가정해보자. 각각의 선택에 따라 서로 다른 생각들이 경쟁을 벌일 것이다. 유기농 그래놀라는 맛있지만 너무 비싸다. 통곡물 시리얼은 건강에는 좋지만 맛이 영 별로다. 켈로그 후르츠링은 광고 덕에 구미가 당기긴 하지만 너무 달다. 명확히 갈리는 이러한 주장들은 특정 감정과 그러한 감정을 일으키는 연상 작용을 자극하며 우리 의식 속에서 관심을 받으려고 경쟁한다.

서던캘리포니아 대학교의 신경과학자 앙투안 베카라(Antoine Bechara)는 이러한 뇌세포들의 열띤 경쟁을 자연선택에 비유한다. 강한 감정["나는 정말 치리오스(Cheerios)의 허니 너트 시리얼이 먹고 싶어."]과 강한 생각("나는 섬유질을 더 많이 먹어야 해.")이 약한 감정이나 생각("나는 켈로그 후르츠링 박스에 그려진 만화 캐릭터가 좋아.")에 비해 선택상의 우위를 갖는다는 식이다. 베카라는 "중요한 것은 대부분의 계산이 논리적 수준이 아닌 감정적이고 무의식적인 수준에서 이루어진다는 점"이라고 설명했다. 결국 논쟁에서 이기는 뇌세포가 아침식사로 무엇을 먹을지 결정하는 것이다.

브라이언 넛슨(Brian Knutson)과 조지 로웬스타인(George Loewenstein)이 고안한 기발한 실험을 살펴보자. 두 과학자는 가게에서 물건을 사거나 시리얼을 선택하는 것과 같은 일상적인 소비활동 시 뇌 안에서 일어나는 현상을 알아보고자 했다. 운이 좋은 대학생 수십 명이 실험 대상자로 선정되어 상당한 액수의 돈을 받았다. 실험에 참가한 학생들에게는 디지털 보이스 레코더부터 초콜릿, 《해리 포터(Harry Potter)》 최신판까지 수십 종의 물건을 선택할 수 있는 기회가 주어졌다. 학생들은 잠시 각각의 물건을 쳐다본 후 가격표를 보았다. 학생이 어떤 물건을 사겠다고 결정하면 원래 주어진 돈에서 그 금액만큼 제했다. 즉, 이 실험은 실제와 똑같은 구매 경험을 재연하도록 설계되었다.

참가자들이 진열된 상품의 구매 여부를 고민하는 동안 과학자들은 그들의 뇌 활동을 촬영했다. 참가자가 상품을 처음 보았을 때는 측좌핵이 반응을 보였다. 측좌핵은 도파민 보상 경로를 구성하는 중요 부위로, 이곳의 활동이 격렬해지면 그 물건을 사고 싶다는 뜻이다. 이미 《해리 포터》 전권을 소유하고 있는 사람의 측좌핵은 또 다른 《해리 포터》 책을 봤을 때 그다지 흥분하지 않았다. 하지만 참가자가 어떤 물건을 원할 경우, 그의 측좌핵은 그 물건을 보는 순간 도파민을 마구 쏟아냈다.

하지만 그때 가격표가 눈에 들어왔다. 참가자가 상품의 가격에 노출되자 뇌섬과 전전두피질이 활성화되었다. 뇌섬은 부정적 감정을 발산하는데, 니코틴 공급이 중단되거나 고통 받는 사람들의 사진을 볼 때 활성화되는 부위가 바로 이 부분이다. 일반적으로 우리는 뇌섬을 자극하는 것은 무조건 피하려고 한다. 여기에는 돈을 쓰는 것도 포함된다. 과학자들의 추론에 따르면 참가자들의 전전두피질이 활성화된 이유는 이성을 관장하는 부위가 숫자를 계산하고, 그 가격으로 상품을 사는 것이 괜찮은지 확인하고 있었기 때문이다. 전전두피질은 전시된 상품의 가격이 정상가보다 턱없이 낮았을 때 가장 활발히 반응했다.

과학자들은 뇌의 각 영역에서 이루어지는 활동의 정도를 비교 측정함으로써, 참가자의 구매 결정을 정확히 예측할 수 있었다. 그들은 참가자가 실제로 물건을 구매하기 전에 이미 그가 무슨 물건을 살 것인지를 알아챘다. 뇌섬의 부정적인 감정이 측좌핵의 긍정적인 감정을 압도하면 참가자들은 항상 물건을 구매하지 않았고, 그와 반대로 측좌핵이 뇌섬보다 더 활발한 반응을 보이거나 전전두피질이 괜찮은 거래라고 확신하면 항상 물건을 구매했다. 돈을 쓰는 데서 오는 고통은 새로운 물건을 갖는 데서 오는 설렘과 경쟁할 수 없었다.

물론 이러한 자료는 미시경제학의 합리주의 모델과 정면으로 배치된다. 소비자가 늘 가격과 쓸모를 신중하게 고려해 구매를 결정하는 것은 아니다. 전기 그릴이나 초콜릿 박스를 보면서 가격 대비 효능을 명확하게 분석하지는 않는다는 뜻이다. 그러나 그 대신 그런 계산의 많은 부분을 감정 두뇌에 위임하고, 쾌락과 고통의 양을 비교한 뒤 무엇을 살지 결정한다(많은 결정 과정에서 측좌핵과 뇌섬이 서로 논쟁을 벌이는 동안 이성적인 전전두피질은 관찰자의 입장을 취하며 가만히 있는다). 우리가 느끼는 감정이 무엇이든 우리의 구매 결정은 가장 강렬한 감정에 이끌리는 경향이 있다. 이 과정은 마치 감정들이 서로 줄다리기를 하는 것과 같다.

이러한 연구결과는 우리가 구매 결정을 의식적으로 분석할 때 실수할 수밖에 없는 이유를 설명해준다. 티모시 윌슨이 사람들에게 각자의 딸기잼 선호도를 분석해보라고 했을 때 사람들은 잘못된 결정을 내렸다. 측좌핵이 실제로 무엇을 원하는지 몰랐기 때문이다. 그들은 감정에 귀를 기울이기보다 좋아하는 이유를 의도적으로 해석하려고 했다. 하지만 우리는 측좌핵을 향해 질문을 던질 수 없고, 다만 그것이 하는 말에 귀를 기울일 수 있을 뿐이다. 우리의 욕구는 닫힌 문 뒤에 존재한다.

상점들은 이러한 대뇌피질의 구조를 교묘하게 이용한다. 모든 상점은 소비자들이 지갑을 열도록 설계돼 있다. 우리의 쇼핑 경험을 자세히 들여다보면 실제 사람들의 심리를 조종하는 치밀한 상술이 보인다. 상점들은 우리 뇌를 자극해 뇌섬을 달래고, 측좌핵을 부추긴다. 대형 할인점 코스트코(Costco)의 내부를 살펴보자. 사람들이 가장 탐내는 물건이 가장 잘 보이는 곳에 진열되어 있는 것은 우연이 아니다. 고화질 TV가 출입구에 길게 늘어서 있고 화려한 보석류, 롤렉스 시계, 아이팟을 비롯한 값비싼 물건들은 고객들이 가장 많이 몰리는 길을 따라 눈에 띄게 진열돼 있으며, 시식 코너도 점포 안 여기저기에 흩어져 있다. 코스트코의 목적은 뇌의 쾌락 중추를 쉴 새 없이 자극해 필요하지 않은 물건에 강한 욕구를 느끼게 하는 데 있다. 설사 롤렉스 시계를 사지 않더라도 그 화려한 시계를 보면 우리 뇌에서 측좌핵이 자극되어 다른 무언가라도 사고 싶어진다. 우리는 보상을 갈망하도록 길들여졌다.

하지만 측좌핵 자극만으로는 충분하지 않기 때문에 판매자들은 소비자의 뇌섬도 억제시키려 한다. 바가지를 쓰지 않았다는 확신을 갖는 게 이 뇌 부위의 역할이다. '최저가 보장' '특정 품목 세일' '도매가 제공' 등 상점들이 제공하는 전략을 통해 확신을 거듭한 뇌섬은 가격표를 보며 고민하던 것을 멈춘다. 연구자들은 가격표 옆에 '염가세일(Bargain Buy!)'이나 '특가세일(Hot Deal!)' 같은 판촉용 스티커를 붙여놓으면 실제로는 가격을 내리지 않았는데도 해당 상품의 판매량이 엄청나게 증가한다는 것을 발견했다. 이런 판매 전략은 뇌섬을 진정시켜 더 많은 물건을 사게 만든다. 우리는 돈을 아끼고 있다고 확신하며 돈을 펑펑 쓰는 것이다. 쇼핑 시의 이러한 두뇌 활동 모델은 무절제한 신용카드 사용의 이유를 설명하는 데 도움이 된다. 넛슨과 로웬스타인에 따르면 신용카드 결제는 뇌섬을 억제해 사람들이 물건 가격에 덜 민감해지도록 만들고, 그 결과 쾌락을 관장하는 측좌핵의 활동이 엄청나게 중요해진다. 측좌핵은 모든 구매 논쟁에서 승리를 거둔다.

01

뇌를 하나의 커다란 논쟁터로 보면 난감한 문제와 마주하게 된다. 우리는 자신이 내린 결정이 대뇌피질의 분명한 합의하에 나온 것이라고, 다시 말해 우리가 해야 할 일에 우리 마음 전체가 동의했다고 믿는다. 하지만 실제 과정은 그렇게 평화롭지 못하다. 측좌핵은 유명 브랜드의 그릴을 원하지만 뇌섬은 그것을 살 여력이 안 된다는 걸 알고, 전전두피질은 그것이 좋지 않은 가격이라고 생각한다. 편도체는 외교 정책에 관한 힐러리 클린턴의 강경한 발언을 좋아하지만, 배측선조체는 오바마의 희망적인 미사여구에 반응을 나타낸다. 이처럼 상반되는 반응은 뇌가 그만큼 확신이 없다는 증거에 해당한다. 우리는 무엇을 믿어야 할지 모르고, 무엇을 해야 할지도 모르는 것이다.

논쟁을 중재하는 방법을 찾기란 쉽지 않다. 하지만 뇌가 항상 스스로의 의견에 동의하지 않는다면 우린 어떠한 결정도 내릴 수 없을 것이나, 사실 쉽게 생각해보면 대답은 분명하다. 강제로 논쟁을 끝내는 것이 그것이다. 즉, 이성을 관장하는 뇌 부위가 개입해 감정을 관장하는 뇌 부위의 다툼에 종지부를 찍어야 한다.

인식상의 언쟁을 끝내기 위해 가장 진화된 뇌 부위를 사용하는 것은 좋은 아이디어처럼 보인다. 그러나 이러한 톱-다운(top-down) 방식의 해결책은 매우 신중히 사용해야 한다. 논쟁을 서둘러 끝내려는 충동은 종종 중요한 정보를 무시할 수도 있기 때문이다. 편도체를 진정시키거나 안와전두피질을 달래거나 변연계를 억누르고자 하는 마음이 너무 강하면 잘못된 결정을 내릴 가능성이 있다. 불확실성을 참을 수 없고 논쟁을 견딜 수 없어 하는 조급한 뇌는 자기에게 속아 넘어가 그릇된 판단을 하곤 한다. 마이크 프라이드가 편집위원회를 향해 했던 발언은 대뇌피질에도 그대로 적용된다. "가장 중요한 것은 우리 모두에게 제각기 할 말이 있다는 사실이다. 우리는 다른 쪽 의견에도 귀를 기울이고 그들의 생각을 이해하려고 노력해야 한다. 이 과정에 지름길은 있을 수 없다."

안타깝게도 우리의 마음은 대충 끝내고 보자는 톱-다운식(式) 사고의 유혹에 넘어갈 때가 많다. 정치 문제를 생각해보자. 당파성이 강한 유권자들에 대한 사례연구는 기존의 의견을 바꾸는 것이 얼마나 어려운지 보여준다. 이런 유권자들의 뇌는 너무 완고해 다른 의견이 끼어들 틈을 주지 않는다. 이미 자신이 무엇을 믿고 있는지 잘 알고 있기 때문이다. 아무리 설득을 하고 새로운 정보를 주입해도 그들의 뇌에서 일어난 논쟁의 결과는 바뀌지 않는다. 1976년 대통령 선거 당시

'정당 충성도가 강한' 유권자 500명을 분석한 결과, 선거 막판 두 달 동안의 열띤 공방에도 오직 16명만이 다른 당에 투표하겠다고 마음을 바꾸었다. 1965년부터 1982년까지 유권자들의 정당 지지성향 변화를 조사한 연구결과도 크게 다르지 않았다. 이 시기는 베트남 전쟁, 경기 침체, 리처드 닉슨의 몰락, 석유 파동, 지미 카터의 등장 등 미국 정치에 있어 극도의 격동기였다. 하지만 1965년에 공화당을 지지했던 사람들 중 거의 90%가 1980년에도 공화당의 로널드 레이건에게 표를 던졌다. 역사적인 사건도 많은 사람들의 생각을 바꿀 수는 없었던 것이다.

사람들의 정당 편향성이 이토록 끈질긴 이유도 이제는 뇌과학으로 설명할 수 있게 되었다. 에모리 대학교의 심리학자 드루 웨스턴(Drew Westen)은 2004년 대통령 선거유세 기간 동안 당파성이 강한 유권자들의 뇌를 촬영했다. 그는 유권자들에게 존 케리와 조지 부시가 한 말 중 명백하게 모순되는 발언을 여러 개 제시했다. 그는 실험 참가자들에게 부시가 이라크 전쟁에 참여한 병사들의 노고를 치하하면서 "퇴역 군인들을 위한 최선의 정책을 펼치겠다."라고 한 발언을 읽게 했다. 그러고 나서 부시가 연설을 한 바로 그날, 퇴역 군인 16만 4,000명의 의료혜택을 삭감하는 정책을 발표했다는 사실을 알려주었다. 한편 케리에 대해서는 이라크 전쟁을 옹호하는 그의 태도와 모순되는 발언을 참가자들에게 제시했다.

두 후보의 일관성 없는 정치적 발언을 본 후, 실험 참가자들은 발언의 모순 정도에 대해 1부터 4까지 점수를 매겨보라는 주문을 받았다.

가장 모순된 정도가 4였다. 놀랄 것도 없이, 유권자들의 반응은 주로 당파성에 따라 결정되었다. 민주당 지지자들은 부시의 일관성 없는 발언에 불쾌해했지만 케리의 모순된 언행에 대해서는 그다지 개의치 않았다(그들은 부시의 발언에 대부분 4를 주었다). 공화당 지지자들도 그와 비슷한 반응이어서, 부시의 실수는 너그럽게 용서했지만 존 케리의 발언에 대해서는 대부분 '매우 일관성이 없다'고 평했다.

웨스턴은 fMRI 기계로 유권자들을 일일이 관찰하면서, 당파성에 대한 사고 과정을 뇌의 관점에서 확인할 수 있었다. 민주당 지지자들과 공화당 지지자들은 모순되는 증거 앞에서 자신들의 정치적 견해를 유지하기 위해 안간힘을 썼다. 당에 대한 충성도가 강한 유권자들은 자신이 지지하는 후보자의 모순된 발언을 접한 뒤 전전두피질처럼 감정적 반응을 통제하는 뇌 부위에 바로 의존했다. 이런 데이터는 유권자들이 불편한 정보를 침착하게 소화하는 합리적 존재라는 의미로 받아들일 수도 있으나, 웨스턴은 그런 일은 절대 일어나지 않는다는 사실을 이미 알고 있었다. 케리와 부시의 모순된 발언에 대한 점수는 전적으로 실험 참가자들의 당파성에 의존했기 때문이다. 그렇다면 전전두피질은 무슨 역할을 했을까? 웨스턴은 유권자들 뇌의 이성적 기능이 사실을 분석하는 데 사용되지 않았다는 점을 확인했다. 오히려 그들은 자신의 당파성을 정당화하는 데 이성을 활용했다. 실험 참가자들은 제시된 증거를 자기 편한 대로 해석했음은 물론 자신이 선택한 후보의 모순된 행동도 태연히 용서했다. 그러자 그들의 뇌에서 보상 회로가 작동하면서 즐거운 감정이 쏟아졌다. 자기기만이 기분을 좋게 만든 것이다. 웨스턴은 이에 대해 다음과 같이 분석했다. "당파성이 강한 사람들은 자신이 원하는 결론에 도달할 때까지 인식의 만화경을 빙빙 돌리고 있는 것처럼 보인다. 그 과정에서 부정적인 감정은 제거하고, 긍정적인 감정은 활성화시켜 자신이 내린 결론을 더욱 공고히 한다."

문제는 이렇게 결함을 안고 있는 사고과정이 유권자의 의견을 형성하는 데 중요한 역할을 한다는 점이다. 정당 편향성이 강한 유권자들은 자신이 합리적이라고 확신한다. 하지만 생각해보라. 우리 모두 얼마나 합리화에 능한지 말이다. 프린스턴 대학교의 정치학자 래리 바텔스(Larry Bartels)는 이 점을 입증하기 위해 1990년대에 진행됐던 설문자료를 분석했다. 빌 클린턴 대통령의 첫 번째 재임 기간이었던 그 시기에는 재정 적자가 90% 이상 줄어들었다. 하지만 1996년에 공화당 지지자들에게 '클린턴 행정부 아래서 재정 적자에 어떤 변화가 있었느냐'고 묻자 응답자의 55% 이상이 '재정 적자가 늘어났다'고 답했다. 더 재미있는 것은 부지런히 신문을 읽고 케이블 뉴스를 시청하며 의원들의 의정 활동까지 꿰고 있을 정도로 정보에 밝은 유권자들이 부통령 이름조차 알지 못하는 유권자들과 크게 다를 바 없었다는 점이다. 바텔스는 "정치 관련 정보를 더 많이 알아도 정당에 대한 편견이 사라지지 않는 이유는 유권자들이 자신의 기존 신념을 확증하는 정보만을 습득하는 경향이 있기 때문"이라고 주장한다. 공화당 지지자들은 제공된 정보가 공화당의 논점에 부합하지 않고, 긴축재정을 통해 재정 적자를 해소했던 클린턴의 정책이 진보 진영의 평소 주장과 맞지 않았기 때문에 편의상 무시해버렸다. 바텔스는 "유권자들은 본인이 생각을 하고 있다고 믿지만, 실상은 자기 입맛에 맞는 사실들을 만들어내거나 무시함으로써 이미 내린 결정을 합리화할 뿐"이라고 말했다. 일단 지지하는 정당을 결정하고 나면 사실과 정보를 스스로의 이데올로기에 맞게 편집해버린다는 이야기다.

그 순간 합리성은 도움이 되기는커녕 오히려 방해가 된다. 우리가 믿고 있는 걸 무조건 정당화하려 들기 때문이다. 전전두피질은 정보를 걸러내고 반대되는 의견을 막아버리는 수단으로 전락한다. 1960년대 후반에 진행된 인지심리학자 티모시 브록(Timothy Brock)과 조 밸룬(Joe Balloun)의 실험을 보자. 실험 참가자들 가운데 절반은 교회에 다니는 사람들이었고, 나머지 절반은 무신론자들이었다. 브록과 밸룬은 이들에게 기독교를 공격하는 내용의 테이프를 틀어주었다. 심리학자들은 참가자들의 흥미로운 반응을 이끌어내고자 녹음된 테이프에 탁탁 튀는 잡음을 넣었다. 버튼을 누르면 잡음이 줄어드는 대신 메시지가 또렷하게 들렸다. 결과는 실망스러우리만큼 예측한 그대로였다. 무신론자들은 항상 잡음을 없애려 애썼고, 기독교 신자들은 내용을 듣기 어려울 정도로 잡음이 많은 쪽을 선호했다. 브록과 밸룬의 후속 실험은 흡연자들을 대상으로 진행되었다. 흡연과 암 발생의 상관관계를 밝히는 내용의 테이프를 들려주자 흡연자들은 기독교 신자들과 비슷한 반응을 보였다. 우리는 이렇게 스스로 듣기 싫은 내용을 무시함으로써 인식의 불일치를 잠재우려 한다.

이러한 종류의 편향된 사고는 정당 지지자들이나 독실한 기독교인들만의 문제가 아니다. 연구결과에 따르면 정치 전문가들처럼 인식의 오류를 저지를 것 같지 않은 사람들도 동일한 문제를 안고 있는 것으로 나타났다. 우리는 그들이 훈련된 전문가이므로 증거를 올바로 분석하고 객관적 사실에 근거해 의견을 제시할 거라 믿지만 그들도 인식상의 실수를 연발한다. 보통의 정당 지지자들처럼 정치 전문가들 역시 자신이 옳다는 것을 증명하기 위해 자료를 선택적으로 해석하고, 원하는 결론에 도달할 때까지 스스로 사고의 과정을 왜곡한다.

1984년 UC 버클리의 심리학자 필립 테틀록(Philip Tetlock)은 간단한 실험 하나를 실시했다. 냉전의 분위기가 다시 고조되던 그 무렵 레이건 대통령은 '악의 제국'에 대해 연일 강도 높은 발언을 이어갔고, 미국의 외교 정책에 대한 정치 전문가들의 견해도 날카롭게 대립했다. 온건론자들은 레이건이 쓸데없이 소련을 자극하고 있다고 생각했고, 강경론자들은 소련을 견제할 필요가 있다고 확신했다. 어느 쪽의 의견이 맞을지 궁금했던 테틀록은 그들이 내놓았던 예측들을 살펴보기 시작했다.

몇 년 후 레이건이 퇴임하고 나서 테틀록은 정치 전문가들의 견해를 다시 검토해보았다. 결과는 그저 놀라울 뿐이었다. 모든 예측이 잘못되었기 때문이다. 온건론자들은 레이건의 호전적인 태도가 냉전 상황을 악화시킬 것이라 전제한 뒤, 소련이 지정학적 입장을 공고히 함으로써 미국의 외교 정책은 실패할 것이라 예측했다. 물론 현실은 정확히 그와 반대로 나타났다. 1985년 미하일 고르바초프가 권력을 잡으면서 소련은 일련의 놀라운 내부 개혁을 단행하기 시작했다. '악의 제국'이 개방을 시작한 것이다.

그러나 강경론자들은 꿈쩍도 하지 않았다. 심지어 고르바초프가 자유화 정책을 시작한 뒤에도 그들은 소비에트 체제의 변화를 폄하하는 경향이 있었다. 그들은 악의 제국은 여전히 악일 뿐이고, 고르바초프는 그저 공산당 우두머리에 불과하다고 말했다. 강경론자들은 전체주의 국가에서도 진심 어린 개혁가가 나올 수 있다는 사실을 상상할 수 없었다.

정치 전문가들의 실망스러운 행동에 자극을 받은 테틀록은 '간단했던' 이 실험을 대대적으로 발전시켰다. 그는 생업으로 '정치와 경제 동향에 대해 논평하거나 자문을 해주는' 전문가 284명에게 미래에 대해 예측하는 질문을 던졌다. 그의 질문은 다양했다. 조지 부시가 재선할까? 남아프리카공화국의 인종분리정책 '아파르트헤이트(apartheid)'는 평화롭게 끝날까? 퀘벡은 캐나다로부터 독립할까? 닷컴 버블이 꺼질까? 각각의 질문에 대해 전문가들은 발생 가능성이 가장 높은 순서대로 순위를 매겼고, 테틀록은 그들에게 그런 결정을 내리기까지의 사고 과정에 대해서도 질문을 던졌다. 그렇게 해서 테틀록이 얻은 예측 결과는 무려 8만 2,361개에 달했다.

그런 뒤 자료를 실제 상황과 대조해본 결과 전문가들의 예측은 실패했음이 뚜렷이 드러났다. 그들의 업(業)은 세계 문제에 대한 날카로운 통찰을 제시하는 것이었지만, 결과는 아무렇게나 때려 맞춘 것보다 못했다. 테틀록의 질문은 대부분 세 가지 보기 중 하나를 고르는 것이었는데, 전문가들이 정답을 선택한 확률은 33%, 즉 3분의 1에도 못 미쳤다. 이는 침팬지가 창을 던졌을 때의 명중률이 전문가의 미래 예측 확률보다 높을 수 있다는 뜻이다. 또한 테틀록은 조사에 응한 전문가들 중 유명한 인물일수록 적중률이 낮다는 사실도 발견했다.

과신에 사로잡혀 계속해서 잘못된 예측을 내놓은 결과였다. 명성이 오히려 장애가 되었던 셈이다.

전문가들(특히 유명할수록)이 그토록 형편없는 예측을 내놓게 된 이유는 무엇일까? 테틀록은 지나친 확신이 가장 큰 원인이라고 진단했다. 전문가들은 자기 자신을 너무 믿은 나머지 어리석게도 의사결정 과정에 톱-다운식 해결책을 쓰고 말았다. 앞서 2장에서 우리는 경험이 도파민 신경체계에 의해 내면화될 때 진정한 전문가로 거듭날 수 있다는 사실을 배웠다. 그러한 '진짜' 전문가들은 백개먼 게임을 하든 레이더 화면을 응시하든 눈앞에 닥친 상황에 신속히 대처할 수 있는 본능을 갖고 있다. 하지만 테틀록의 실험에 참가한 전문가들은 감정 두뇌의 판단을 왜곡하며 자신이 원하는 감정에만 귀를 기울였다. 직감을 믿지 않은 채 자신이 정한 이데올로기에 위배되는 시각을 무시해버린 것이다. 그들은 자신의 생각이 옳다고 확신하면 뇌의 어느 부위에선가 그것이 틀릴 수 있다고 아무리 말해도 듣지 않았다. 이러한 연구결과는 서로 모순되는 정보에 대해 그 사람이 어떤 반응을 보이는지 따져보는 것이 진정한 전문가와 사이비 전문가를 판가름하는 가장 좋은 방법임을 알려준다. 제공된 자료를 제대로 살펴보지도 않고 거부해버리는가? 자신이 실수했다는 사실을 어떻게든 숨기려 머리를 굴리는가? 누구나 실수는 한다. 그러므로 우리는 실수를 통해 배우는 것을 목표로 삼아야 한다.

테틀록은 "훌륭한 전문가란 자신의 의견을 '검증 가능한 형태'로 서술해, 예측한 바를 끊임없이 확인하고 점검하는 사람"이라고 표현했다. 그는 이러한 접근 방식이 전문가들을 좀 더 책임감 있게 만들 뿐 아니라 자신의 생각을 과신하지 않도록 한다고 주장한다. 어찌 보면 과장된 확신은 우리가 전문가들의 말에 귀를 기울일 필요가 없다는 중요한 단서이기도 하다(TV에 나와 확신에 차서 말하는 사람일수록 틀릴 가능성이 매우 높으니, 지나친 확신이나 자신감을 보이는 석학들의 논평은 무시하는 게 좋다). 테틀록은 "전문가들이 갖는 가장 큰 위험은 상반되는 가능성을 너무 빨리 무시해버리는 닫힌 마음, 즉 오만함"이라고 말했다. 테틀록의 실험에 참가한 전문가들은 모두 증거를 객관적으로 분석했다며 대단히 합리적인 척했지만, 그들 대부분은 모르는 게 편하다는 생각에 길들여져 있었다. 그들은 뇌 안에서 일어나는 논쟁을 격려하기보다 답을 미리 정해놓은 뒤 그것을 정당화할 이유를 찾았다. 테틀록의 말대로 그들은 '선입견의 포로'였다.

02

확신을 갖는다는 건 기분 좋은 일이다. 자신감은 기운을 북돋운다. 그러나 늘 옳은 답을 내놓고 싶다는 욕망은 수많은 뇌 영역들 간의 경쟁이 만들어낸 위험한 부작용이다. 여러 개의 뇌신경세포가 존재한다는 것은 어떤 문제가 생겨도 다양한 각도에서 분석할 수 있다는 뜻이므로 분명 좋은 일이지만, 다른 한편으로는 그것이 우리를 불안하게 만들기도 한다. 어떤 뇌 영역의 지시를 따라야 할지도 모르겠을 뿐더러, 뇌 안에서 여러 생각들이 경쟁할 때는 판단을 내리기가 더욱 어려운 탓이다. 확신이 생겼을 때 안도감이 드는 이유는 바로 이 때문이다.

뇌가 혼란에 빠지면 결론이 나지 않을 논쟁을 계속한다. 다양한 뇌 영역들이 서로 틀렸다고 주장하는 중에, 갑자기 '확신'이라는 독재자가 나타나 강제로 뇌 안에서 합의를 이끌어낸다. 그러면 당신은 뇌 전체가 당신의 행동에 동의했다고 믿어버린다. 당신은 이제 귀찮은 우려와 성가신 의심, 튀는 통계자료와 불편한 진실들을 무시할 수 있다. 확신을 갖는다는 것은 틀릴지도 모른다는 걱정을 하지 않는다는 것을 의미한다.

확실성의 매력은 우리의 뇌 속에 깊이 뿌리내리고 있다. 이는 미안하지만 분리뇌(split-brain) 환자들을 통해 확인할 수 있다[이들은 좌뇌와 우뇌를 연결하는 신경조직인 뇌량(腦梁)이 절단된 환자들인데, 이러한 시술은 주로 고치기 힘든 발작 증세를 치료할 때처럼 아주 제한적인 경우에 사용된다]. 분리뇌 환자들을 대상으로 한 실험은 다음과 같은 과정으로 이루어진다. 우선 특별한 도구를 이용해 환자들의 시야에 여러 그림들을 비춰준다(인간의 신경구조상 왼쪽 시야에 들어오는 정보는 오른쪽 뇌로, 오른쪽 시야에 들어오는 정보는 왼쪽 뇌로 보내진다). 예를 들어 오른쪽 시야에는 닭의 발톱 그림을 보여주고, 왼쪽 시야에는 눈이 쌓인 진입로 그림을 보여준다. 이렇게 환자에게 다양한 그림을 제시한 뒤 실험자는 환자에게 방금 본 그림과 가장 밀접하게 관련된 그림을 하나 고르라고 주문한다. 그러면 분리뇌 환자는 결코 하나의 그림을 고르지 못하고 서로 다른 두 개의 그림을 가리킨다. 오른손으로는 닭을 가리키고(이는 왼쪽 뇌가 목격한 닭의 발톱과 일치한다), 왼손으로는 삽을 가리키는 식이다(이는 오른쪽 뇌가 삽으로 눈을 치우고 싶어 한다는 뜻이다). 환자의 이러한 반응은 우리의 내부에 존재하는 모순, 즉 하나의 뇌 안에서 두 가지 다른 대답이 나온다는 것을 그대로 드러낸다.

그런데 과학자들이 분리뇌 환자에게 그렇게 답한 이유를 설명해보라고 하면 매우 흥미로운 현상이 벌어진다. 환자는 꾸역꾸역 설명할 거리를 찾아낸다. "음, 닭의 발톱은 닭과 어울리고, 닭장을 청소하려면 삽이 필요하니까요." 그들은 자신의 뇌가 혼란에 빠졌다는 사실을 인정하는 대신 그 혼란을 그럴듯한 이야기로 짜깁기하는데, 특히 터무니없는 주장을 할 때면 평소보다 훨씬 더 큰 자신감을 보이는 것으로 나타났다. 뇌 안에서 일어나는 과잉보상의 전형적인 사례였다.

물론 분리뇌 환자의 자기확신은 명백한 잘못이다. 환자에게 보여준 그림 가운데 삽이 필요한 닭장은 어디에도 없었다. 하지만 자기 안의 모순을 억누르고자 하는 마음은 인간의 근본적인 특성이다. 인간의 뇌는 기능적으로 구분된 여러 영역들이 각각의 특성을 내세우며 충돌하는 구조로 이루어져 있다. 그러나 우리는 항상 억지로라도 통일을 이루고자 하고, 그 결과 실제로는 그렇지 않더라도 머릿속의 여러 생각이 완전히 의견 합일에 이른 것처럼 행동한다. 다시 말해 '확신하고 있다'고 자신을 속이는 것이다.

1973년 9월 마지막 주, 이집트와 시리아 군대가 이스라엘 국경 부근에 집결했다. 이스라엘의 정보기관 모사드(Mossad)는 이들에게서 불길한 신호를 포착했다. 포병대가 공격 진영을 갖추었고, 사막 한복판에 도로가 건설되고 있었다. 수천 명의 시리아 예비군도 출동 대기 명령을 받은 상태였다. 예루살렘의 언덕에 올라서면 지평선을 따라 수천 대의 소련제 탱크가 뿜어내는 검은 연기를 볼 수 있었는데, 그 연기는 점점 더 가까이 다가왔다.

이스라엘 정부는 이러한 군사행동이 범아랍 차원의 군사훈련에 불과하다고 발표했다. 이집트가 실제로 공격할 계획은 없다는 것이 이스라엘 정보기관의 주장이었다. 그러나 몇 달 전 이집트의 안와르 사다트 대통령은 "전쟁 재개에 대비해 본격적인 동원령을 내리겠다."라고 선전 포고를 한 상태였다. 그는 "이스라엘을 파괴하기 위해서라면 100만 명의 이집트 군인이 희생할 각오가 돼 있다."라고까지 했다.

그럼에도 이스라엘군 정보부 아만(Aman)의 총책임자인 엘리 자이라 장군은 이집트가 침공할 가능성을 공식적으로 부인했다. "아랍이 재래식 무기를 앞세워 공격할 가능성은 거의 없다. 우리는 그들의 진정한 의도를 파악할 수 있는 증거를 찾기 위해 노력해야 한다. 아랍인들의 위협은 허장성세(虛張聲勢)에 불과하다. 아랍 국가 지도자들 가운데는 꿈만 크고 능력은 턱없이 부족한 이들이 많다."

자이라 장군은 이집트의 군사력 증강이 사다트의 국내 지지율을 끌어올리려는 의도에서 비롯된 속임수에 불과하다고 믿었다. 그는 또한 '시리아군의 배치는 지난 9월 시리아와 이스라엘 전투기 간에 있었던 사소한 충돌에 대한 반응일 뿐'이라는 설득력 있는 주장을 펴기도 했다.

10월 3일 골다 메이어 이스라엘 총리는 이스라엘 정보기관장들이 참석한 가운데 정기 각료회의를 진행했다. 총리는 이 자리에서 아랍의 전쟁 준비 규모에 대한 보고를 받았다. 시리아가 전례 없이 국경 지역에 대공 미사일을 집중 배치했다는 사실과 여러 이라크 기갑사단이 시리아 남부로 이동했다는 사실이 논의되었다. 아울러 시나이 반도에서 이루어진 이집트의 군사 작전이 공식적인 '훈련활동'이 아니라는 보고도 이루어졌다. 참석자 모두 새로운 정보에 당황했지만, 아랍 국가들이 전쟁을 벌이지 않을 것이라는 데 모두 동의했기에 정부의 공식 의견에는 변함이 없었다. 그리고 다음번 각료 회의는 유대인의 가장 큰 명절인 욤 키푸르(Yom Kippur, 속죄의 날) 바로 다음 날인 10월 7일로 예정되었다.

돌이켜보면 자이라 장군과 이스라엘 정보기관은 분명 엄청난 잘못을 저질렀다. 10월 6일 이른 아침 이집트와 시리아 군대는 골란 고원과 시나이 반도에 주둔하고 있던 이스라엘군 진지를 급습했다. 거의 나토(NATO) 유럽 사령부 전력에 맞먹는 엄청난 규모의 군사력이었다. 하지만 아랍 군대들이 이미 공격에 나섰을 때까지도 메이어 총리가 총동원 명령을 내리지 않았기 때문에 이스라엘 군대는 대응할 수가 없었다. 이집트 탱크부대는 시나이 반도를 가로질러 전략적 요충지인 미틀라파스를 거의 장악했다. 해가 지기 전 8,000명 이상의 이집트 보병부대가 이스라엘 영토로 들어왔다. 골란 고원의 상황은 훨씬 더 심각했다. 이스라엘군은 130대의 탱크로 1,300대가 넘는 시리아·이라크군 탱크에 맞서야 했다. 그날 저녁 시리아군은 갈릴리 호수를 향해 진격했고, 이스라엘군은 엄청난 사상자를 냈다. 보충 병력이 황급히 전투에 투입되었다. 골란 고원이 무너지면 시리아군은 이스라엘 도시들을 향해 쉽게 포탄을 날릴 수 있었다. 전쟁이 시작되고 사흘 후, 이스라엘 국방장관 모세 다얀은 이스라엘이 전쟁에서 이길 가능성이 매우 낮다는 결론을 내렸다.

그러나 10월 8일 새로 투입된 이스라엘 보충 병력이 골란 고원의 주도권을 손에 넣기 시작하면서 전세는 점차 바뀌었다. 시리아 주력부대는 둘로 갈라진 채 곧 고립되어 궤멸했다. 10월 10일, 이스라엘 탱크부대는 시리아와 이스라엘 간의 국경인 '퍼플라인'을 넘어 시리아 영토 내 40km 지점까지 나아갔다. 시리아의 수도 다마스쿠스 교외 지역을 폭격할 수 있을 만큼 가까운 지점이었다.

이집트군과 대치한 시나이 전선은 보다 위험한 상황이었다. 10월 8일 이스라엘군은 초기 반격에 나섰다가 큰 피해를 입었다. 이스라엘 탱크 여단 전체가 몇 시간도 안 돼 무너져버렸다(이스라엘 남부전선 사령관 시무엘 고넨 장군은 후에 '의무 이행에 실패했다'는 이유로 징계를 받았다). 공군 역시 제공권을 잃는 바람에 이스라엘 전투기들은 예상보다 훨씬 더 성능이 뛰어났던 소련제 SA-2 대공 미사일에 속수무책으로 당했다(한 이스라엘 조종사는 "우리는 공중에 떠 있는 살찐 오리, 상대방은 산탄총을 가진 사냥꾼 같았다."라고 말했다). 그 후 며칠 동안 양쪽 모두 선뜻 공격을 개시하지 못하며 팽팽한 교착 상태가 지속되었다. 양쪽 모두 선뜻 공격을 개시할 수 없는 상황이었다.

이런 상황은 10월 14일, 사다트 이집트 대통령이 공격 명령을 내리면서 끝이 났다. 그는 자신들의 수도를 지키기 위해 싸우고 있었던 시리아에 대해 압박 수위를 낮추려 했다.

이스라엘은 대규모 이집트 군대를 격퇴하면서, 10월 15일 반격에 성공했다. 이집트는 거의 250대의 탱크를 잃었다. 이스라엘은 이집트 주력부대 두 곳의 틈을 파고들어 타격을 가함으로써 수에즈 운하 맞은편에 교두보를 마련했다. 이러한 전략은 시나이 전투의 전세를 바꾸는 기회가 되었다. 10월 22일 이스라엘 기갑부대는 카이로에서 약 160km 떨어진 곳까지 도달했고, 며칠 뒤 휴전이 발효되었다.

전쟁은 끝났지만 이스라엘은 달콤씁쓸한 기분이었다. 기습 공격을 격퇴한 덕분에 영토는 무사히 지킬 수 있었지만, 자국의 취약한 안보

상황이 여지없이 드러났기 때문이었다. 이스라엘의 군사적 우위가 안전을 보장해주지는 않는다는 사실이 밝혀졌고 이스라엘은 정보전에서 실패함으로써 하마터면 멸망할 뻔했다.

전쟁이 끝난 후 이스라엘 정부는 특별위원회를 만들어 전쟁이 일어나기 전의 태만 행위에 대해 조사했다. 정보기관은 왜 적의 침공을 예측하지 못했던 것일까? 위원회는 적의 공격이 임박했음을 보여주는 엄청난 양의 증거를 밝혀냈다. 예를 들어 10월 4일 이스라엘군 정보기관 아만은 이집트와 시리아가 국경 지대에 군사력을 증강했다는 사실은 물론 아랍 국가들이 카이로와 다마스쿠스에서 소련의 군사 고문들을 대피시켰다는 사실도 알고 있었다. 그다음 날에는 대공미사일이 전선으로 이동하는 모습과 소련 함대가 알렉산드리아 항구를 떠나는 모습이 담긴 새로운 정찰사진이 드러났다. 그것만 보더라도 이집트 군대가 사막에서 훈련을 하는 것이 아니라 전쟁을 준비하고 있었다는 사실은 명백했다.

이스라엘 남부전선 사령부에 근무하는 젊은 정보장교 벤저민 시몬-토브는 각 사건의 연결성을 생각한 몇 안 되는 분석가 중 한 명이었다. 10월 1일 그는 사령관에게 아랍권의 공격 가능성을 깊이 생각해볼 것을 권고하는 메모를 보냈고, 10월 3일에는 최근 이집트의 공격적인 행동을 요약한 보고서를 작성했다. 그는 일주일 내에 시나이 침공이 개시될 것이라고 주장했지만 그의 상관은 보고서를 묵살하고 지휘 계통에 전달하지 않았다.

이스라엘 정보기관은 왜 10월 공격의 가능성을 그토록 부인했을까? 1967년 6일간의 전쟁에서 이스라엘이 승리한 제3차 중동전쟁 이후 모사드와 아만은 '콘셉트(ha-Konseptzia)'라 부르는 아랍 전략 이론을 발전시켰다. 이 이론은 주로 이집트 정부의 한 소식통으로부터 입수한 정보를 근거로 했는데, 이집트와 시리아가 적절한 수의 전투기와 조종사를 확보할 1975년까지는 이스라엘을 침공하지 않을 것이라는 내용을 담고 있었다(이스라엘이 1967년 전투에서 승리할 수 있었던 것은 우월한 공군력 덕분이었다). '콘셉트'는 또한 수에즈 운하를 따라 구축한 방어선인 '바르 레브(Bar-Lev) 라인'에 크게 의존했다. 모사드와 아만은 철통 같은 방어선이 최소 24시간 동안 이집트 기갑사단을 억제해줄 것이고, 이에 따라 이스라엘은 예비군을 동원할 시간을 벌 수 있을 것이라고 생각했다.

하지만 '콘셉트'는 완전히 잘못된 전략이었다. 이집트는 새로운 지대공(surface-to-air) 미사일로 이스라엘 공군에 대응했기 때문에 그토록 많은 전투기가 필요 없었다. 바르 레브 라인도 쉽게 무너졌다. 방어 진지는 대부분 사막의 모래를 쌓아올려 만든 것으로, 이집트 군대는 고압 물대포를 이용해 진지를 허물어뜨렸다. 불행히도 이스라엘 정보기관은 전략적 사고를 함에 있어 '콘셉트'에 깊이 빠져 있었고, 적의 침공이 실제로 개시될 때까지도 모사드와 아만은 전쟁이 일어나지 않을 것이라고 주장했다. 그들 지도부는 총리에게 '이집트가 허세를 부리는 것인지 실제로 공격 준비를 하는 것인지 확신이 서지 않으며, 현재 상황은 매우 불확실하고 모호하다'고 말했어야 했지만, 오히려 '콘셉트'에 대한 확고한 자신감을 드러냈을 뿐 아니라 자신들의 확신에 현혹되어 그와 상반되는 수많은 증거를 무시하고 말았다. 심리학자 우리 바르 요세프(Uri Bar-Joseph)는 이스라엘 정보기관의 실패를 다룬 연구에서 다음과 같이 말했다. "윗선의 정보 분석가들, 특히 아만의 총책임자인 엘리 자이라 장군은 인식의 통로를 폐쇄해버렸다. 그들의 뇌는 공격 가능성이 거의 없다는 생각으로 똘똘 뭉쳐 있었기 때문에 전쟁이 임박했음을 알리는 정보가 들어와도 반응을 보이지 않았다."

10월 6일 아침 이집트 탱크부대가 국경을 넘기 불과 몇 시간 전에도 자이라 장군은 여전히 동원 명령에 대한 필요성을 거부했다. 그러나 실제로 침공이 임박했으며 이집트와 시리아가 허세를 부리는 것이 아님을 알리는 내용의 일급비밀 정보가 아랍 정부 내의 믿을 만한 소식통으로부터 도착하자, 메이어 총리는 새 정보를 평가하기 위해 군사 수뇌부와 회의를 열었다. '아랍 국가들이 정말 공격에 나설 것으로 판단하냐'고 총리가 묻자 자이라 장군은 즉시 '노(no)'라고 답하며, 아랍 국가들은 감히 공격에 나설 수 없을 것이라고 덧붙였다. 물론 매우 확신에 찬 목소리로 말이다.

이상의 욤 키푸르 전쟁이 남긴 교훈은 '필요한 정보에 접근하는 것만으로는 부족하다'는 것이다. 엘리 자이라는 수많은 군사 정보를 마음대로 활용할 수 있는 위치에 있었기에 탱크부대가 국경에 배치된 상황을 알고 있었고, 일급비밀 정보가 적힌 메모도 읽을 수 있었다. 그의 잘못은 이러한 불편한 사실을 외면했다는 데 있다. 그는 젊은 정보 장교의 말에 귀를 기울이는 대신 구닥다리 정보를 신봉하며 '콘셉트'에만 집착했고, 그 결과 그릇된 결정을 내리고 말았다.

확신의 편견을 막으려면 우리 내면에서 일어나는 논쟁을 적극 장려하고, 생각하고 싶지 않은 정보를 억지로라도 떠올리면서 고정관념을 무너뜨리는 데이터에 관심을 기울여야 한다. 생각을 검열하고 자신의 신념에 반대되는 뇌 부위의 작동을 꺼버리는 바로 그 순간, 우리는 사실과 관련된 증거를 무시하게 된다. 이스라엘의 장군은 소련 군사 고문들이 철수했다는 사실과 믿을 만한 소식통이 한밤중에 전달한 정보 모두를 대수롭지 않게 생각했고, 공격이 이미 시작된 상황에서도 전쟁은 일어나지 않을 것이라고 고집했다.

이러한 확신의 덫은 뇌에서 벌어지는 논쟁을 너무 빨리 끝내지 않도록 자신을 조정한다면 얼마든지 피할 수 있다. 타고난 성향도 의식적인 노력으로 얼마든지 바로잡을 수 있기 때문이다. 이러한 조치가 실패한다면 서로 대립하는 가설들이 더욱 활발한 논쟁을 벌일 수 있는 의사결정 환경을 만들어내면 된다. 예를 들어 1973년 전쟁 예측에 실패했던 이스라엘 군부는 이후 정보기관을 철저히 쇄신했고, 또한 외무부 산하에 '조사 및 정치계획 센터(Research and Political Planning Center)'라는 새로운 정보분석기관을 추가했다. 이 기관의 임무는 더 많은 정보를 수집하는 것이 아니었다. 정보 수집이 문제가 아니라는 것을 깨달은 이스라엘은 아만이나 모사드와는 완전히 독립적으로 정보 평가에만 주력하는 기관을 설립했다. 즉, 새 기관의 임무는 아만과 모사드 두 기관의 의견이 잘못되었을 때를 대비한 제3의 장치인 셈이다.

이는 언뜻 보기에 그저 또 다른 관료 조직을 추가하는 것 정도에 불과하다거나 기관들 사이의 알력으로 새로운 문제를 발생시킬 것이라는 우려도 낳을 수 있다. 그러나 이스라엘은 1973년의 기습 공격이 잘못된 확신의 결과였다는 점을 알고 있었다. 아만과 모사드에게는 자기만족과 완고함이 강하게 자리 잡고 있었고, 자신들의 '콘셉트'가 틀릴 리 없다고 확신하는 바람에 그에 반하는 모든 증거를 무시하고 말았다. 특별위원회는 미래에 대한 확신을 피하는 가장 좋은 방법은 다양성을 강화하는 것이라고 생각했다. 그들은 이스라엘 군부에게 '자신이 만든 잘못된 신념에 다시는 현혹되지 말라'고 강조했다.

역사가 도리스 케언스 굿윈(Doris Kearns Goodwin)도 링컨 행정부의 역사를 다룬《권력의 조건(Team of Rivals)》에서 정보의 다양성이 가져다주는 이점을 강조했다. 그녀는 대립하는 의견을 다루는 링컨의 능력이 그를 뛰어난 대통령이자 지도자로 만들었다고 주장했다. 링컨은 일부러 이데올로기가 완전히 다른 정치 경쟁자들로 내각을 구성했다. 예를 들어 노예제를 반대했던 국무장관 윌리엄 수어드는 한때 노예 소유주이기도 했던 다소 보수적인 성향의 법무장관 에드워드 베이츠와 함께 일해야 했다. 링컨은 결정을 내릴 때마다 늘 열띤 논쟁과 토론을 독려했다. 링컨 행정부의 각료들은 처음에 그가 의지가 박약하고 우유부단해 대통령직에 어울리지 않는다고 생각했지만, 결국에는 반대의견을 받아들이는 그의 능력이 엄청난 자산이라는 점을 깨달았다. 수어드는 "우리 중 가장 뛰어난 사람은 대통령이다."라고 말했다.

똑같은 교훈이 우리 뇌에도 적용될 수 있다. 결정을 내릴 때는 논쟁을 억제하려는 충동을 적극적으로 막고, 대신 서로 다른 뇌 부위에서 하는 말에 귀를 기울이는 시간을 가져야 한다. 잘못된 합의에서 올바른 결정이 나오기란 거의 불가능하다. 앨프레드 P. 슬론(Alfred P. Sloan)이 제너럴모터스(GM) 회장이었던 시절, 한번은 간부 회의가 시작되자마자 즉시 회의를 중단하고 이렇게 말했다.

“여러분, 우리는 지금 만장일치로 결정을 내렸습니다. 그래서 나는 우리 모두 다른 의견을 생각해내고 또 이 결정의 의미를 좀 더 깊이 이해할 수 있는 시간을 갖기 위해 회의를 다음으로 연기할 것을 제안하는 바입니다.”

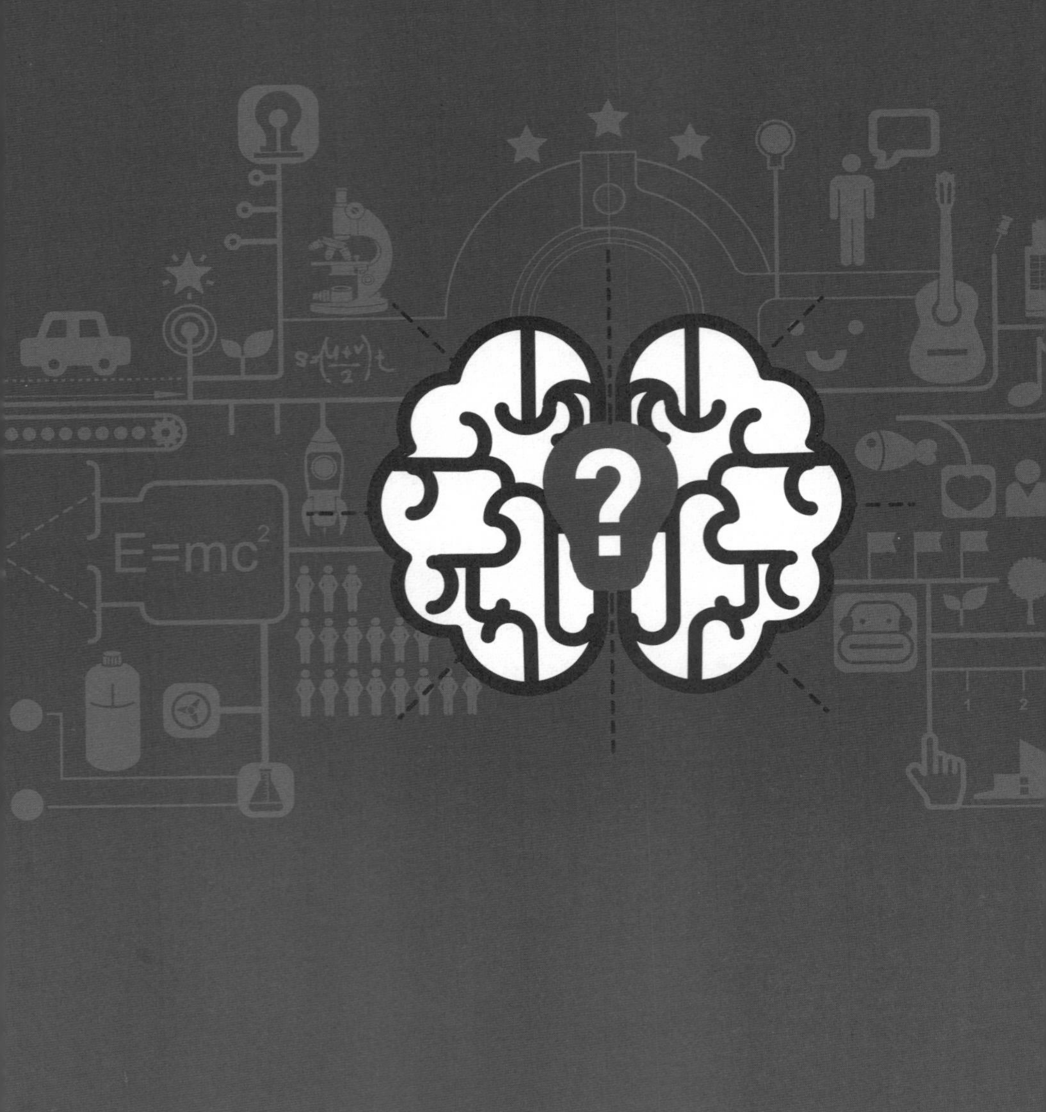
$s=\left(\frac{u+v}{2}\right)t$
$E=mc^2$

8

뛰어난 포커 선수의 자세

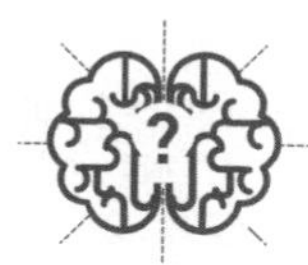

마이클 빙어(Michael Binger)는 스탠퍼드 대학교의 입자 물리학자다. 그의 전공은 가장 기본적인 형태의 물질을 연구하는 물리학의 한 종류인 양자색역학(quantum chromodynamics)이다. 빙어는 또한 프로 포커 선수이기도 해서, 매년 6월과 7월이면 라스베이거스 카지노의 카드 테이블 앞에서 대부분의 시간을 보낸다. 세계에서 가장 중요한 도박 이벤트인 '포커 월드시리즈(WSOP, World Series of Poker)'에 출전하기 때문이다. 그는 성지 순례하듯 매년 이 행사에 참여하는 수천 명의 포커 선수 가운데 한 명이다. 줄담배를 피워대며 대회장을 가득 채운 뚱뚱한 카드 고수들의 모습은 전문적인 운동선수의 그것과 거리가 멀다. 이들은 '생각'을 겨루는 운동선수들이다. 포커 게임에서 전문가와 아마추어를 구분하는 유일한 기준은 바로 '결정의 질'이다.

포커 월드시리즈가 열리는 동안 빙어는 정신력을 소진하는 일정에 재빨리 적응한다. 그는 '텍사스 홀덤(Texas hold'em)' 카드 게임을 선호하는데, 정오쯤 게임을 시작해 다음날 새벽까지 멈추지 않는다. 자리에서 일어난 후에는 스트립 클럽과 슬롯머신과 7.77달러짜리 뷔페식당을 지나 호텔 방으로 돌아와 몇 시간이라도 자두려고 애쓴다. "오직 포커 게임만 생각하다 보니 마음을 가라앉히기가 쉽지 않아요. 그저 침대에 누워 내가 냈던 카드를 되새기고, 다른 패를 냈더라면 어땠을까 생각하죠."

빙어는 노스캐롤라이나 주립대학교에서 수학과 물리학을 전공하던 시절에 카드 게임을 시작했다. 어느 주말 그는 블랙잭을 배우기로 결심했다. 그러나 그는 언제 승부수를 던져야 할지 모르는 채 운에 좌지우지되는 상황에 실망감을 느끼고 독학으로 카드 승률 계산법(card counting)을 파고들었다. 노스캐롤라이나의 소란스러운 술집에서 연습을 한 덕분에 빙어는 소음과 난리법석 한가운데서도 주의를 집중하는 법을 익힐 수 있었다. 빙어는 계산 능력을 타고났다. "나는 재미삼아 수학 문제를 푸는 괴짜였어요."라는 그의 고백처럼 카드 게임의 승률을 계산하는 일은 빙어에게 식은 죽 먹기였다. 그는 머릿속으로 쉬지 않고 기록하는 법을 빠르게 익혔는데, 이러한 능력은 카드 게임 선수로선 엄청난 장점이었다(주로 그는 승률 계산법에 의지했는데, 이 방법을 사용할 경우 플레이어가 하우스보다 1% 유리하다). 빙어는 여러 카지노를 돌며 자신의 계산 능력을 실전에 활용했다.

"제가 카드 승률을 계산하면서 맨 처음 배운 것은 이기려면 머리를 써야 한다는 점입니다. 물론 늘 운이 따라야겠지만 제대로만 생각한다면 결국 이기게 되어 있어요. 두 번째로 배운 것은 카지노에서도 얼마든지 영리해질 수 있다는 점입니다. 카지노는 고객의 승률을 자동으로 감시하는 시스템을 갖고 있는데, 고객의 승부가 아주 정확하다는 사실이 감지되면 그만 나가달라고 요청하지요." 이 때문에 빙어는 계속 돈을 따기 위해서 가끔씩 일부러 돈을 잃어야 했다.

조심하기는 했지만 빙어는 많은 카지노에서 요주의 인물이었다. 블랙잭에서 하우스(딜러)를 계속 이기기란 불가능하지만, 빙어에게는 가능한 일이었다. 얼마 지나지 않아 그는 블랙리스트에 올랐다. 카지노들은 돌아가며 그에게 자기네 테이블에서는 블랙잭을 할 수 없다고 말했다. "일부 카지노에서는 매니저가 나와 제게 딴 돈을 가지고 나가달라고 정중하게 요청했지만, 그렇지 않은 곳도 있었어요. 저는 더 이상 환영받지 못할 것이라고 확실히 말해주더군요."

스탠퍼드의 이론물리학 대학원에 들어가고 난 후 빙어는 카드에서 손을 떼려고 노력했다. "최악의 경우는 승률을 계산했다는 이유로 하루에 르노 카지노 여섯 군데에서 쫓겨났던 거였어요. 당분간은 물리학에 집중하자고 결심했죠." 그는 초대칭과 힉스 입자를 연구하며 물리학 분야에서 가장 어려운 문제에 푹 빠져들었다(아직 실체가 불분명한 힉스 입자는 발견된다면 우주의 기원을 설명하는 단서가 된다는 점에서 종종 '신의 입자'로 불린다). "카드 게임에서 배운 분석 기술은 확실히 과학 연구에도 도움이 되었습니다. 카드에서나 과학에서나 중요한 변수에 집중하고, 명확하게 생각하며, 옆길로 새지 않는 게 핵심이지요. 카드 게임에서 승률을 계산할 때 생각의 끈을 놓치면 엉망이 됩니다. 그에 비하면 물리학은 너그러운 편이에요. 계산 결과를 노트에 적을 수 있으니까요. 하지만 물리학 역시 고도로 훈련된 사고 과정이 필요하답니다."

박사 학위를 따기 위해 몇 년간 공부에만 열중하다 보니 빙어는 카드 게임이 그리워졌다. 그는 다시 카드를 시작했다. 처음에는 하루 종일 골치 아픈 물리학 방정식을 푼 후, 가볍게 친구들과 푼돈을 걸고 포커를 치는 정도였다. 하지만 곧 그의 친구들은 그와 게임을 하지 않으려 했다. 그가 늘 모든 판돈을 가져갔기 때문이다. 그래서 빙어는 주말마다 샌프란시스코 공항 근처의 도박장으로 차를 몰고 가 포커 토너먼트에 참여하기 시작했다. 몇 달 지나지 않아 빙어는 박사 연구원으로 버는 돈보다 파트타임으로 참여한 포커 경기에서 버는 돈이 더 많아졌다. 그는 딴 돈으로 학자금 융자를 갚고 남은 돈은 은행에 저축하기 시작했다. "포커로 성공을 거두기 전까지는 물리학에 제대로 집중할 수 없겠다는 생각이 들었어요. 내가 과연 포커로 성공할 수 있을지 확인해보고 싶었습니다." 빙어는 직업 도박사로서 자신의 운을 시험해보기로 결심했다.

포커 월드시리즈는 라스베이거스의 유명 호텔들이 몰려 있는 스트립(Strip) 거리 건너에 위치한 리오 호텔에서 열린다. 브라질을 테마로 한 이 호텔은 재미있는 복장의 직원들과 달콤한 칵테일, 카니발을 연상시키는 컬러의 카페트로 라틴 콘셉트를 드러낸다. 호텔 건물 자체는 보랏빛과 붉은빛의 유리로 만든 일반적인 형태다. 시리즈가 열리는 동안 리오 호텔 로비에는 담배꽁초, 빈 물병, 선수 등록증, 패스트푸드 포장지 등 토너먼트 참가자들이 쏟아낸 쓰레기가 가득 쌓인다. 신경이 잔뜩 예민해진 선수들은 구석에 모여 운이 좋았던 경우와 나

빴던 경우에 대해 이야기를 주고받는다. 호텔 선물 가게도 행사를 맞아 누드 잡지 바로 옆에 다양한 종류의 포커 입문서를 비치해둔다.

토너먼트는 대개 창고처럼 휑뎅그렁한 아마존 룸에서 열린다. 룸에는 200개가 넘는 카드 테이블이 놓여 있고, 천장에는 보안 카메라가 디스코 볼처럼 흉측하게 매달려 있다. 라스베이거스의 나머지 카지노와 비교할 때 이 거대한 방의 분위기는 사뭇 진지하다(이곳에선 아무도 감히 어지럽히지 못한다). 포커 선수들로 가득 찼을 때도 이 널찍한 공간은 놀라울 정도로 조용해서 카드 섞는 소리와 에어컨 돌아가는 소리가 모두 들릴 정도다. 45.6℃라는 외부 기온이 무색할 정도로 내부의 분위기는 서늘하다.

빙어는 키가 크고 마른 편에 얼굴은 각이 져 있다. 머리칼은 소년처럼 금발인데, 대개 젤을 잔뜩 발라 위로 삐죽삐죽 세운다. 포커 토너먼트에 나갈 때면 그는 늘 뒤로 돌려 쓴 야구 모자, 불투명 오클리 선글라스, 밝은 컬러의 버튼다운 셔츠를 고집한다. 이러한 일관성은 포커 선수들의 공통점이기도 하다. 그들은 습관을 만들고, 그것에서 벗어나지 않으려 한다(프로 포커 경기에서 흔히 회자되는 말 중에는 "미신을 믿으면 재수 없다."라는 것도 있다). 어떤 선수들은 악취 때문에 도저히 견딜 수 없을 때까지 똑같은 셔츠를 며칠이고 입고 다닌다. 그런가 하면 달걀에 알레르기가 있는데도 아침식사로 에그 스크램블을 주문하는 제이미 골드처럼 독특한 식사 의식을 갖는 선수들도 있다.

빙어는 살짝 구운 잉글리시 머핀에 달걀을 넣은 샌드위치로 아침식사를 한다. 그러고 나서 오렌지 주스를 작은 컵으로 한 잔 들이킨 뒤 진한 차 한 잔을 마신다. 그는 대략 10분에서 12분 정도 소화를 시킨 뒤 체육관으로 차를 몰고 가 잘 짜인 규칙에 따라 운동을 한다. “이런 습관이 다소 이상하게 보일 거예요. 하지만 토너먼트에 출전할 때는 아침식사로 뭘 주문할까, 수영장은 몇 바퀴나 돌까를 생각하며 주의를 빼앗기지 않는 게 중요합니다. 일상이 간단할수록 포커, 포커, 포커만 생각할 수 있으니까요.”

2006년 포커 월드시리즈에서 빙어는 각기 1만 달러를 내고 본선에 진출한 8,773명의 선수 가운데 한 명이었다. 텍사스 홀덤 본선 경기는 13일에 걸쳐 내리 이어졌다. 우승 상금이 처음으로 100만 달러를 넘어선 1991년 이래 이 포커 토너먼트는 윔블던, PGA 챔피언십, 켄터키 더비보다 더 수지 맞는 프로 경기로 인식되었고, 2000년 이후에는 세계에서 가장 많은 돈이 걸린 스포츠 행사가 되었다. 적어도 우승자에게는 말이다(참가자의 90% 이상은 돈을 벌지 못한다. 참가비조차 건지지 못한다는 뜻이다). 2006년 본선 경기의 최고 상금은 1,200만 달러를 넘을 것으로 예상되었다. 테니스 경기에 나가 이 정도 액수를 벌려면 윔블던에서 열 번을 우승해야 한다.

텍사스 홀덤은 규칙이 간단하다. 아홉 명의 선수가 카드 테이블에 둘러앉아 저마다 가장 승률이 높은 포커 패를 조합하게 되어 있다. 게임이 시작되면 선수 한 명당 뒷면이 위로 향한 두 장의 카드가 주어진다. 딜러 왼쪽에 있는 선수 두 명은 자신의 카드가 어떤 것인지 모르는 상태에서 판돈을 걸어야 한다(이런 내기 방식 때문에 돈을 걸 때마다 늘 잃을 위험이 따른다). 나머지 선수들에게는 똑같은 액수의 판돈을 제시하거나, 더 올리거나, 아니면 포기하는 세 가지 옵션 중 하나를 선택할 수 있는 기회가 주어진다. 두 장 다 에이스인 경우처럼 패가 잘

들어왔다면 그 선수는 당연히 내기에 공격적으로 나올 것이고(그렇지 않다면 물론 몸을 사리겠지만 이는 또 다른 이야기다), 패가 나쁘면 포기하기 마련이다.

첫 베팅이 끝나고 나면 테이블 중앙에 공동카드 석 장이 앞면이 위로 향한 채 깔린다. 이 석 장의 카드는 '플롭(flop)'이라고 불린다. 이제 또다시 베팅을 할 차례다. 선수들은 새롭게 제시된 정보를 토대로 각자 판돈을 건다. 그러고 나면 공동카드 두 장이 한 번에 한 장씩 테이블에 추가로 깔리고, 그때마다 베팅이 이루어진다[네 번째 카드는 '턴(turn)', 다섯 번째 카드는 '리버(river)'로 불린다]. 선수들은 테이블에 깔린 다섯 장의 공동카드 중 석 장과 각자가 가진 카드 두 장을 조합해 가장 승률이 높다고 판단되는 패를 결정한다. 예를 들어 에이스와 하트 10을 가지고 있는 선수라면 공동카드에 잭, 퀸, 하트 킹이 있을 때 최고의 조합을 탄생시킬 수 있다. 완벽한 포커 패라 할 수 있는 '로열 플러시(royal flush)'가 되기 때문이다(이럴 확률은 패를 64만 8,739번 내놓을 때 한 차례 나올 정도에 불과하다). 공동카드에 잭과 퀸, 다른 킹이 있을 경우에는 스트레이트가 된다(이럴 확률은 253분의 1이다). 하트가 석 장 있어도 아주 운이 좋은 편에 속한다. 플러시가 되기 때문이다(플러시가 될 확률은 507분의 1이다.) 물론 싱글 페어(1.37분의 1의 확률)로 끝나거나 1점도 못 낼 수 있는데, 이 경우 가장 점수가 높은 카드인 에이스가 유일한 패다.

핵심적으로 말해 포커는 철저히 통계 게임이다. 패마다 희소성에 따라 등급이 매겨지기 때문에 투 페어가 원보다, 스트레이트 플러시가 스트레이트나 플러시보다 더 높다. 자신이 쥐고 있는 카드의 승률을 계산할 수 있는 포커 선수는 당연히 경쟁자보다 훨씬 유리한 위치에 서게 된다. 예를 들어 4가 두 장 들어왔을 경우 공동카드 석 장에서 또 다른 4가 나올 확률이 4%라는 것을 계산할 수 있는 사람이 얼마나 되겠는가? 그런 분석 능력을 갖춘 선수는 통계 법칙에 근거해 판돈을 걸 수 있기 때문에 그만큼 이길 확률이 높다.

포커 게임은 단지 카드놀이가 아니다. 내기라는 행동이 들어가면서 포커는 대단히 복잡해진다. 내기는 텍사스 홀덤을 무대 연출과 게임 이론의 혼합체인 마술로 바꾸어놓았다. 한 선수가 판돈 액수를 올린다고 가정해보자. 그런 행동이 의미하는 바는 뻔하다. 자신이 가진 패에 자신감이 있다는 표시거나, 다른 선수들을 겁주어 포기하게 만든 후 판돈을 가로채려는 속임수일 수도 있다. 이렇게 서로 다른 의도를 어떻게 구별할 수 있을까? 바로 이 지점에서 기술이 필요하다. 프로 포커 선수는 사소한 속임수까지도 유심히 살피면서 상대방을 파악하기 위해 부단히 애쓴다. 이 선수의 이번 내기가 그간의 행동 패턴과 맞아떨어지는가? 이 선수는 빈틈이 없는 스타일인가, 아니면 공격적인 스타일인가? 저 선수는 왜 왼쪽 눈을 실룩거릴까? 불안하다는 증거일까? (이렇게 상대방의 의중을 쉽게 읽는 선수를 ABC 플레이어라고 부른다.) 물론 최고의 포커 선수는 최고의 거짓말쟁이이기도 하다. 이러한 선수들은 완벽한 속임수와 허를 찌르는 베팅으로 시종일관 상대방을 쩔쩔매게 만든다. 그들은 포커에서 가장 중요한 것은 자신이 실제로 쥐고 있는 카드가 아니라, 사람들로 하여금 자기가 어떤 카드를 갖고 있을지 생각하게 만드는 것이라는 점을 잘 알고 있다. 그럴 듯한 거짓말은 진실만큼이나 효과가 있다.

토너먼트 초반, 빙어는 뛰어난 수학 실력(그는 대학원에서 자신의 재주를 더욱 갈고닦았다)을 활용해 자신이 내야 할 패를 차곡차곡 계산해냈다. 그는 열 중 아홉은 곧바로 포기했고, 하이 페어(high pair)나 에이스 킹 콤보(ace-king combo)처럼 승산이 있는 패일 때만 판돈을 걸었다. "토너먼트 개막전은 늘 그 자리에 있어서는 안 될 선수들로 북적입니다. 이들은 자신의 실력을 실제보다 높이 평가하는 돈 많은 사람들이죠. 이 게임의 무대에서 가장 중요한 것은 큰 실수를 하지 않아야 한다는 겁니다. 쓸데없는 위험은 감수할 필요가 없어요. 그저 살아남기만 하면 되니까요. 저는 이때 제가 수학을 늘 사용하고 있는지 확인합니다."

포커 월드시리즈에서 빙어가 초반에 둔 승부수를 예로 들어보자. 그에게 에이스 두 장이 들어왔다. 에이스(ace)는 말 뜻 그대로 아주 좋은 패였다[참고로 에이스 두 장은 아메리칸 에어라인(AA)으로 불린다]. 당연히 빙어는 판돈을 올리기로 결정했다. 빙어는 그 누구도 지레 겁을 먹고 포기하기를 원치 않았다. 그래서 그리 크지 않은 액수를 올렸지만, 테이블에 있는 사람들은 모두 포기하는 쪽이었다. 겨드랑이가 땀으로 흠뻑 젖은 샛노란 폴로셔츠 차림의 말쑥한 중년 신사를 제외하고 말이다. 그는 낮게 쌓인 칩 더미를 테이블 중앙으로 밀며 '올인(all in)'을 선언했다. 빙어는 그 남자가 두 장의 킹처럼 높은 점수의 짝, 혹은 스페이드 킹과 퀸처럼 같은 종류의 점수 높은 카드 두 장을 갖고 있다고 생각했다. 빙어는 잠시 숨을 고르며 자신의 승률을 따져보았다. 상대방의 패를 정확하게 읽었다면 그가 이길 확률은 82~87% 사이였다. 빙어는 판돈을 똑같이 걸기로 결심했다. 남자는 초조한 표정으로 자신의 카드를 뒤집었다. 다이아몬드 에이스와 잭이었다. 공동카드 석 장이 깔렸지만 점수에 아무런 영향을 미치지 못했다. 네 번째와 다섯 번째 공동카드도 마찬가지였다. 빙어의 에이스 두 장이 승리를 거두었다. 노란 셔츠의 남자는 얼굴을 찡그린 채 한마디 말도 없이 자리를 떠버렸다.

며칠이 지나면 기량이 부족한 선수들은 토너먼트에서 가차 없이 도태된다. 마치 자연선택 현상을 빨리보기 버튼을 눌러 보는 듯하다. 토너먼트는 선수 절반 이상이 탈락할 때까지 계속 이어지기 때문에 그다음 날 새벽 두세 시까지 계속되는 경우도 많다(이에 대해 빙어는 "야행성이 되는 훈련도 필요하죠."라고 말했다). 나흘째가 되면 노련한 생존자들도 조금씩 전투에 지친 기색을 보이기 시작한다. 얼굴은 피로와 까칠하게 자란 수염으로 초췌하고, 아드레날린 부작용으로 눈의 초점이 흐려져 있으며, 퀴퀴한 담배 냄새를 한창 유행하는 데오도란트라도 되는 양 풍기고 다닌다.

빙어도 포커 테이블에서 점점 공격적으로 변한다. 마치 그의 내기 본능에 다이얼이 내장되어 있어서 서서히 볼륨을 높이는 듯하다. 그는 여전히 대부분의 경우 포기를 선언했지만, 일단 판돈을 걸기로 마음먹으면 속임수를 쓰지 않았다. 이러한 상황에서 그는 사전에 잘 짜인 각본에 따라 움직인다. 빙어는 자기 손에 쥔 카드를 잠시 힐끗 쳐다보면서 턱 근육을 움직인다. 그런 다음 선글라스를 눈에 바짝 갖다 대고 카드를 다시 한 번 쳐다본 후 상대방이 주눅들 만큼의 높은 칩 더미를 테이블 중앙으로 밀어 보낸다. 이때 그의 얼굴은 자신감으로 빛난다. 그는 이미 계산을 끝냈고, 승률을 알고 있다. 다른 선수들은 대부분 포기하기 마련이다.

혹독한 훈련으로 단련된 전략은 성과가 높았다. 토너먼트 다섯째 날이 끝날 무렵 빙어는 492만 달러 상당의 칩을 챙겨 4위에 올랐고, 열네 시간 후 그가 딴 돈은 527만 5,000달러에 달했다. 7일이 지나서는 거의 600만 달러에 달하는 칩을 모았고, 8일째 되는 날 그는 드디어 결승전 테이블에 앉았다. 경기가 시작되자 할리우드의 프로듀서 제이미 골드가 다른 선수들을 큰 차이로 따돌리며 선두로 나섰다. 골드는 머리를 잘 쓰는 포커 선수로 알려져 있지만, 운에 따라 게임을 하는 것도 즐긴다. 한 프로 포커 선수는 "골드는 멍청한 듯 게임에 임하지만 늘 제대로 된 카드를 꺼낸다."라며 혀를 내둘렀다.

몇 시간 후 골드는 남아 있는 선수 가운데 몇 명을 제거하기 시작했다. 높다랗게 쌓인 칩은 그가 내미는 패마다 함정이 숨어 있을 수도 있다는 뜻이었다. 물론 골드는 상대방을 올인시키기 위해 자신이 일부러 포기하는 전략을 쓸 수도 있었다. 빙어는 신중하게 경기에 임했다. 나중에 그는 "패가 좋지 않았다."라고 고백했다. 그는 기다리면서 사태를 지켜보았다. 큰손들이 그의 칩을 야금야금 빼앗아갔지만 그럴수록 상대에 대해 더 잘 알게 되었다. 그는 "얼마가 지나면 사람들에 대해 감이 생긴다."라며, "판돈을 걸 때 코를 긁는 모습을 보면 갑자기 '이 사람은 가진 게 아무것도 없으니 밀어붙여도 된다'라는 생각이 든다."라고 했다. 포커에선 확실한 게 아무것도 없다. 그저 미묘한 직감에 지나지 않는다 해도 불확실성을 좁힐 수 있는 것이라면 뭐든 매우 소중하고, 이런 식의 심리 분석은 정량화할 수 없다. 확률에 따라 사람을 규정하는 게 불가능하기 때문이다. 하지만 이러한 분석이 빙어에게는 결정을 내리는 데 중요한 정보가 되었다.

선수가 다섯 명으로 좁혀지자 빙어는 행동을 개시했다. "손에 킹 두 장이 들어온 순간 결정을 내렸죠. 다소 공격적으로 내기에 뛰어들었어요." 그보다 몇 시간 전 빙어는 강력한 우승 후보 중 한 명인 폴 와시카를 속여 넘겼다. 사실 빙어는 나쁜 패를 갖고 있었지만, 그의 공격적인 플레이에 다른 사람들은 지레 겁을 먹고 포기를 선언했다. 빙어는 와시카가 아직도 속을 끓이고 있다는 것을 알 수 있었다. 그는 당시를 이렇게 회상한다. "폴 와시카는 내가 다시 자기를 속이려 한다고 생각하는 것 같았어요. 그는 내가 그저 그런 패를 갖고 있다고 생각했지요. 하지만 난 킹을 두 장 들고 있었습니다."

빙어는 와시카를 완전히 자기 손안에서 갖고 놀고 싶었다. 이처럼 전략이 필요한 순간일수록 포커는 확률의 범위를 넘어선다. 그 순간 게임은 서로의 결정 능력을 경쟁하는 한 편의 진한 휴먼 드라마가 된다. 빙어는 실은 낮은 패를 들고 있는데도 또다시 공격적으로 내기를 걸어 판돈을 쓸어가려 한다는 확신을 와시카에게 심어줄 필요가 있었다. "몽땅 걸기로 했어요. 최소한 그에게 겉으로는 센 척하고 있지만 실은 허당인 것처럼 보여야 했거든요. 약한 모습도 슬쩍 보였어요. 물론 티 나게 하지는 않았죠. 대놓고 그럴 경우 그는 내가 실은 좋은 패를 들고 있으면서 약한 척한다고 생각할 테니까요." 빙어의 가장 친한 친구와 남동생은 CCTV로 토너먼트를 지켜보고 있었다. 친구는 빙어가 허세를 부리고 있으며, 토너먼트에서 곧 탈락할 것이라 확신했다. 빙어는 손가락으로 연신 테이블을 두드리며 아랫입술을 잘근잘근 깨무는 등 일반적으로 사람들이 불안감을 억누르고 있을 때의 징후들을 완벽하게 연기했다. "오직 제 동생만이 제대로 파악하고 있었죠. 동생은 제 표정을 읽을 수 있는 것 같았어요. 제가 매우 자신 없어 보일 때가 알고 보면 매우 자신감에 차 있는 때라고 하더군요."

와시카는 미끼를 덥석 물었다. 그는 빙어가 허세를 부리고 있다고 굳게 확신하고 그다지 좋지도 않은 패에 수백만 달러어치의 칩을 걸었다. 당연히 빙어는 판돈을 챙겼고, 그의 칩은 두 배로 늘어났다. "그 내기는 수학과 아무 상관이 없었어요. 전에도 좋은 패가 들어왔는데 그냥 가지고 있었죠. 하지만 이번에는 카드를 보자마자 어떻게 해야 할지 바로 알겠더라고요. 솔직히 왜 그 패에 올인했는지 저도 잘 모르겠어요. 만약 진지하게 생각했다면 아마 그렇게 하지 못했을 겁니다. 아주 위험한 내기였거든요. 하지만 그냥 제대로 되고 있다는 느낌이 들었어요. 세상의 모든 확률을 분석하더라도, 정작 중요한 부분은 설명할 수 없을 때가 많죠."

01

프로 포커 선수들 중에는 숙명론자들이 많다. 그들은 불가사의한 힘이 지배하는 결정론적인 세상에서 생활한다. 모든 게 가능하지만 그중 한 가지만 실제로 일어난다. 리버 카드(텍사스 홀덤에서 마지막 베팅 라운드 전 테이블 가운데 놓인 마지막 카드 -옮긴이 주)가 자신이 원했던 바로 그 카드일 수도 있고 아닐 수도 있다. 스트레이트(연속된 숫자로 된 다섯 장의 카드를 만드는 것 -옮긴이 주)를 할 가능성도 있지만 그 반대의 가능성도 있다. 포커는 절묘한 기술과 치밀한 확률의 게임이지만, 분명 승부가 불확실한 도박이기도 하다.

이러한 불확실성이야말로 포커를 정의하는 특징이다. 눈치, 그럴듯한 속임수, 설명할 수 없는 직감과 같은 심리적 측면은 포커에서 없어서는 안 될 요소들이다. 이에 비해 체스는 순전히 정보에 의존하는 게임으로, 비밀이나 요행이 없다. 체스판 위에서 전개되는 체스의 상황은 늘 명명백백하다. 그렇기 때문에 컴퓨터가 항상 체스 마스터를 이길 수 있는 것이다. 컴퓨터는 사실상 무한정한 정보처리 능력을 사용해 완벽하게 게임에 임할 수 있지만, 포커는 마이크로칩과 수학의 영향을 그다지 받지 않는다. 탁월한 포커 선수는 그저 도박을 할 줄 아는 통계학자가 아니다. 그는 통계 이상의 것, 예를 들어 두 장의 킹 카드에 모든 것을 걸어야 할 때가 언제인지 직감으로 알아내는 재주를 가지고 포커 테이블에서 플레이해야 한다. 빙어는 "포커는 과학인 동시에 예술"이라며 "포커를 잘하려면 그 두 가지 측면을 모두 익혀야 해요."라고 말했다.

빙어의 말은 포커 패를 바라보는 데는 늘 두 가지 방식이 있다는 사실을 암시한다. 첫 번째는 수학적인 접근법이다. 이 방식은 모든 패를 수학 문제 다루듯 하면서 확률을 정교한 방정식으로 바꾸기만 하면 게임에서 이길 수 있다고 가정한다. 이러한 전략에 따르면 포커 선수는 합리적으로 행동하면서 손해를 최소화하고 이익을 최대화할 수 있는 수를 찾아야 한다. 빙어가 시리즈 초반전에서 보여준 행동이 바로 그랬다. 그는 승률이 높은 패에만 판돈을 걸었다. 돈을 버는 건 확률을 얼마나 제대로 따지냐의 문제였다.

하지만 빙어는 포커가 그저 수학 문제를 푸는 게임이 아니라는 사실을 잘 알고 있다. 포커가 '게임 예술'이라는 그의 말 속에는 모든 것을 무조건 숫자로 전환할 수는 없다는 의미가 담겨 있다. 어떻게 하면 와시카를 함정에 빠뜨릴지, 그저 그런 패로 허세를 떨어야 할지 말지를 빙어에게 알려준 것은 통계 법칙이 아니었다. 아무리 신중하게 확률을 계산한다 해도 마구 뒤섞어놓은 카드 뭉치에서 불확실성을 제거할 수는 없다. 최고의 포커 선수는 함부로 자신감을 드러내지 않는다. 결국은 포커가 수수께끼임을 잘 알고 있기 때문이다.

수학 문제와 수수께끼의 차이는 중요하다. 수학 문제는 합리적인 사고만 있으면 풀 수 있다. 물론 포커의 일부 패는 수학에 기대는 것이 가능하다. 에이스 두 장을 쥐고 있거나 공동카드에 스트레이트를 만들 수 있는 패가 들어 있다면 공격적으로 베팅에 나서는 것이 당연하다. 확률이 당신 편일 때는 통계가 당신을 올바른 길로 이끌어줄 것이다. 하지만 대부분의 포커 패에는 이러한 합리적인 접근법이 통하지 않는다. 포커 패는 그야말로 수수께끼에 해당하기 때문이다. 이러한 상황에서는 아무리 통계 분석을 많이 한다 해도 결정을 내리는 데 도움이 되지 않는다. 오히려 생각을 너무 많이 하는 것이 문제다. 잡념은 방해만 될 뿐이다. 이와 관련해 빙어는 다음과 같이 말한다. "때때로 스스로에게 수학에 열중하지 말라고 경고를 해야 합니다. 수학은 자신이 실제보다 더 많이 안다고 착각하게 만들 위험이 있어서, 다른 선수의 행동을 생각하기보다 확률에 집착하게 되지요." 무엇보다 중요한 것은 수수께끼를 푸는 데 쉬운 해결책은 없다는 사실을 깨닫는 것이다. 다음에 어떤 카드가 나올지는 아무도 알지 못한다.

바로 여기서 느낌이 작용하기 시작한다. 명확한 답이 없을 경우 포커 선수는 감정 두뇌를 활용해 결정을 내려야 한다. 결국 자신의 패에 대한 모호한 직관과 상대방에 대한 설명할 수 없는 육감이 결정적인 요인이 된다. 이러한 결정은 물론 완벽할 수 없다. 그러기엔 불확실한 것이 너무 많기 때문이다. 하지만 그것이 최선의 대안이다. 수수께끼는 합리성 그 이상을 요구한다. 빙어의 말은 이를 잘 설명한다. "마음은 자신이 실제로 의식하는 것보다 더 많은 변수를 소화합니다. 특히 다른 선수들의 의중을 읽을 때면 내 의식이 어떤 신호를 포착했는지 알지 못하는데도 정확하게 읽어내는 경우가 많습니다. 경험이 쌓이면서 나의 포커 본능이 내가 의심할 수 없을 정도까지 좋아지고 있다는 걸 느낍니다. 느낌이 강하게 오면 그걸 따라가는 거지요."

다마지오의 카드 실험을 기억하는가? 그 도박 게임에서 실험 대상자들은 어떤 카드 더미가 최선의 선택인지 미처 알지 못하는 상태에서 약 80장의 카드를 뒤집어야 했다. 그들의 결정은 합리적이었지만 그렇게 되기까지는 꽤 시간이 걸렸다. 수학 문제를 풀려면 시간이 필요하다. 하지만 다마지오가 사람들의 감정 반응을 측정한 결과, 그들의 감정은 겨우 열 장의 카드를 뒤집어보고 나서야 이거다 싶은 카드 더미를 골라낼 수 있었다. 위험성이 높은 카드 더미에 손댈 때마다 사람들은 비록 이유를 설명할 수 없었지만 엄청난 초조함에 휩싸이는 경험을 했다. 가장 많은 돈을 딴 이들은 축축하게 땀이 밴 자신의 손바닥에 관심을 기울이며 감정 두뇌를 믿었던 사람들이었다.

포커 선수들이 사용하는 전략 역시 합리적인 분석과 비합리적인 감정을 동시에 구사하는 것이 유리하다는 사실을 보여준다. 때로는 확률이 자기편일 때만 판돈을 걸며, 냉정한 통계학의 관점에서 카드를 바라보는 것이 도움이 된다. 하지만 최고의 포커 선수는 수학에 의지해서는 안 될 때가 언제인지 안다. 사람은 감정 없이 원소로만 이루어진 존재가 아니기 때문에 게임을 하려면 숫자가 모든 걸 알려주지 않는다는 점을 직시하며 통계학의 한계를 받아들여야 한다. 빙어는 어떤 상황에서는 비록 자신의 감정이 무엇에 반응하고 있는지 모를지라도 감정에 귀 기울이는 것이 중요하다는 것을 잘 알고 있다.

"이기는 패를 내놓는 방법을 합리적으로 설명할 수 없음을 인정한다는 것은 물리학자로서 쉽지 않습니다. 하지만 그것이 바로 포커의 실체죠. 포커에서 완벽한 모델은 없습니다. 포커는 겉보기에는 무한한 양의 정보를 근거로 하는데, 그런 의미에서 현실과 매우 비슷합니다."

02

암스테르담 대학의 심리학자 아프 데익스테르후이스는 자동차를 구입하는 과정에서 과학적인 발견을 했다. 대부분의 소비자와 마찬가지로 데익스테르후이스도 수많은 제조사와 모델에 당황했다. 비교해야 할 대안이 너무 많았기 때문이다. 제대로 된 차를 고르려면 연료 효율부터 트렁크 공간까지 염두에 두어야 할 변수가 한두 개가 아니었다. 일단 마음을 정하고 나면 옵션을 고르는 일이 남아 있었다. 선루프? 디젤 엔진? 식스 스피커? 사이드 에어백? 가능성의 목록은 끝이 없는 듯했다.

바로 그 순간 데익스테르후이스는 자동차 구입이 의식적인 두뇌의 한계를 넘어서는 일임을 깨달았다. 그는 도요타 엔진과 오펠 엔진 중 어떤 것이 더 큰지, 매력적인 리스 조건을 제시한 곳이 닛산인지 르노

인지 더 이상 기억할 수가 없었다. 모든 변수가 한데 뒤섞이면서 데익스테르후이스의 전전두피질은 혼란에 빠졌다.

만약 각기 다른 자동차에 대해 전부 파악할 수 없다면 어떻게 결정을 내릴 수 있단 말인가? 잘못된 차를 고를 수밖에 없는 운명이라는 걸까? 어려운 선택 앞에서 최선의 방법은 무엇일까? 이런 질문에 답하기 위해 그는 실험을 하나 해보기로 결심했다(이 실험결과는 나중에 〈사이언스〉 지에 실렸다). 데익스테르후이스는 자동차를 사려는 네덜란드인 몇 명을 선정해 서로 다른 중고차 네 대의 특징을 설명했다. 각각의 자동차는 모두 16가지 정보를 토대로 한 네 가지 범주로 등급이 매겨졌다. 예를 들어 1번 자동차는 연비는 좋았지만 변속장치가 조잡하고 음향 시설이 형편없었다. 2번 자동차는 다루기 쉽지 않았지만, 다리를 뻗는 공간이 넓었다. 네 대 중 한 대는 '대부분 긍정적인 면'만을 갖춘, 객관적으로 봐도 이상적인 차였다. 데익스테르후이스는 실험 참가자들에게 자동차 등급을 보여준 뒤 결정을 내리기 앞서 생각할 시간을 몇 분 주었다. 이처럼 '쉬운' 상황에서는 실험에 응한 사람의 50% 이상이 가장 좋은 차를 선택했다.

그러고 나서 데익스테르후이스는 또 다른 사람들을 골라 똑같은 자동차 등급을 보여주었다. 하지만 이번에는 사람들이 결정에 대해 의식적으로 생각할 기회를 주지 않았다. 그는 자동차에 관한 몇 가지 사실을 제시한 후 잠시 간단한 낱말 게임으로 사람들의 주의를 빼앗은 후 갑자기 끼어들어 자동차를 고르라고 했다. 데익스테르후이스는 사람들이 무의식적인 두뇌, 즉 자신의 감정에 의지해 결정을 내릴 수밖에 없도록 이 실험을 설계했다(의식적인 관심은 낱말 게임을 푸는 데 집중되어 있었다). 그 결과 이번 실험 참가자들은 차에 대해 의식적으로 생각할 수 있었던 사람들보다 훨씬 더 나쁜 결정을 내렸다.

여기까지는 모든 게 명확했다. 조금만 이성적으로 분석하면 나쁜 차를 선택하는 걸 막을 수 있었다. 이러한 자료는 이성이 언제나 감정보다 낫다는 전통적인 지혜를 다시금 확인해준다. 그래서 우리는 결정하기 전에 생각을 해야 한다.

이제까지의 실험은 그저 준비운동 단계에 불과했다. 데익스테르후이스는 똑같은 실험을 거듭 실시했지만, 이번에는 차의 등급을 12가지 범주로 나누었다(이런 '어려운' 조건은 자동차를 사려는 소비자들이 수많은 정보와 숫자에 압도당하는 혼란스러운 현실과 매우 비슷하다). 변속장치의 품질과 엔진 연비에 대한 정보뿐만 아니라 컵 홀더의 숫자, 트렁크 크기 등에 관한 정보도 주어졌기 때문에 참가자들의 두뇌는 48개의 각기 다른 정보를 다루어야 했다.

의식적으로 심사숙고한 결과가 여전히 최선의 결정이 되었을까? 각각의 대안을 신중하게 고려하며 합리적으로 생각했던 사람들이 가장 좋은 차를 선택한 비중은 25%도 채 되지 않았다. 다시 말해 신중하게 판단하고 선택한 사람들이 대충 선택한 사람들보다 더 나쁜 결정을 내린 것이다. 반면 잠시 정신을 딴 데 파는 바람에 감정에 의지해 선택해야 했던 사람들의 60%는 가장 좋은 차를 선택했다. 그들은 자동차에 관한 쓸데없는 정보를 걸러내 가장 바람직한 대안을 찾아냈다. 가장 좋은 차는 가장 긍정적인 감정과 연관되어 있었다. 비합리적으로 선택한 사람들이 결국 최선의 결정을 내린 것이다.

하지만 이러한 실험은 인위적인 조건에서 차를 골라야 한다는 점에서 한계가 있을 수 있다. 그래서 데익스테르후이스는 실제 세상으로 나가 실험을 해보기로 했다. 그는 다양한 상점에 들러 쇼핑 중인 사람들에게 물건을 사려고 할 때 어떤 정보를 고려하는지 물었다. 사람들의 반응을 토대로 그는 소비재에 '복잡성 점수(complexity score)'를 책정했다. 소비자들은 값싼 주방도구(깡통따개, 야채필러, 오븐장갑 등)와 가정용품(전구, 화장지, 우산 등) 같은 일부 제품은 상대적으로 쉽게, 즉 그다지 많은 변수를 고려하지 않은 채 선택하는 것으로 나타났다. 대부분의 가게에서 야채필러와 화장지는 몇 개 브랜드밖에 취급하지 않기 때문에 구매자들은 가격 같은 가장 중요한 변수에 빨리 집중할 수 있었다. 단지 네 가지 특징만 알고 자동차를 선택한 실험처럼 이때 소비자들의 선택 과정은 간단했다.

데익스테르후이스는 별로 비싸지 않은 조리도구를 구매하는 사람들은 결정을 고민하는 시간이 길수록 나중에 만족도가 더 높다는 사실도 발견했다. 대체로 사람들은 모든 옵션을 꼼꼼히 비교하면서 최선의 선택에 이르도록 이성적으로 생각했을 때 가장 좋은 결과를 얻은 반면, 충동구매를 한 사람들은 결국 원치 않는 주방도구를 사게 되었기 때문에 후회하는 경향을 보였다. 그러므로 간단한 소비재를 살 때는 잠시 시간을 갖고, 구매에 대해 다시 한 번 생각해본 후 결정하는 것이 좋다.

이제 데익스테르후이스는 좀 더 복잡한 쇼핑 경험을 연구하기 시작했다. 설문조사 결과 가구 선택이 가장 어려운 구매 결정 중 하나로 꼽혔다. 가구 선택에는 변수가 많기 때문이다. 가죽 소파를 구입한다고 생각해보자. 우선 모양과 느낌이 마음에 드는지 판단해야 하고(티모시 윌슨이 딸기잼 실험에서 보여줬듯이 자신의 기호를 파악하는 것이야말로 매우 어려운 임무일 수 있다), 그다음에는 소파가 집에 어울리는지 생각해야 한다. 커피 테이블과 안 어울리면 어떡하지? 커튼과는 잘 맞을까? 고양이가 가죽에 흠집을 내지는 않을까? 소파에 대해 최선의 결정을 내리기 전에 우리는 이처럼 기다란 질문 리스트에 답해야 한다. 문제는 전전두피질이 이처럼 많은 정보를 혼자서는 감당할 수 없다는 데 있다. 그 결과 전전두피질은 가죽의 색깔 같은 특정 한 가지 변수에만 집중하는 경향이 있는데, 그 변수가 중요한지 아닌지는 상관이 없다. 이성 두뇌는 상황을 지나치게 단순화하려 든다. 예를 들어 허리 통증의 원인을 진단하기 위해 MRI에 의존하는 의사들의 경우를 살펴보자. MRI가 제공하는 너무 많은 해부학 자료 때문에 의사들은 척추 디스크의 비정상 상태가 요통의 원인이 아니었음에도 그것에만 초점을 맞추었고, 그 결과 불필요한 외과 수술이 수없이 이루어졌다.

창고형 가구 매장인 이케아에서 쇼핑객들을 관찰한 후 데익스테르후이스는 여러 대안을 놓고 분석하는 시간이 길어질수록 자기 결정에 대한 만족도가 떨어진다는 사실을 발견했다. 사람들의 이성은 가구점의 규모에 압도당해 결국 잘못된 가죽 소파를 선택했다(이케아에서 판매하는 소파는 30종이 넘는다). 다시 말해 깊이 생각하지 않고 그저 자신의 감정 두뇌에 귀를 기울인 사람들이 가장 좋은 소파를 골랐다.

미술작품 포스터와 우스꽝스러운 고양이 그림 포스터를 이용한 실험을 기억하는가? 티모시 윌슨이 주도한 그 실험에서는 무엇을 선택할지에 대해 의식적으로 생각한 사람일수록 자기 결정에 대한 만족도가 낮았다. 나름대로 자신의 기호를 분석한다고 했지만, 그 분석이 오히려 기호를 잘못 해석하게 만들었기 때문이다. 때문에 윌슨은 포스터나 딸기잼 같은 물건을 선택할 경우 최초의 본능에 귀 기울이는 사람이 바람직한 결정을 내린다고 결론지었다. 데익스테르후이스가 가장 최근에 진행한 실험은 윌슨의 실험과 비슷하지만 약간의 변형을 가했다. 그는 무의식적인 상황 속에서 사람들이 내리는 결정을 알아보고 싶었기 때문에 사람들이 포스터를 보고 나서 7분간 철자 바꾸기 게임에 정신을 빼앗기고 난 후에도 여전히 제대로 된 결정을 할 수 있는지에 관한 실험을 했다.

결론은 '그렇다'였다. 포스터를 다시 한 번 의식적으로 심사숙고한 사람들은 최악의 결정을 내렸다. 3주 후 인터뷰를 했을 때 그들은 자신의 선택에 조금도 만족하지 않았다. 하지만 별 생각 없이 몇 분 동안 포스터를 보고 나서 어떤 포스터가 가장 긍정적인 감정과 연관되었는지를 토대로 선택한 사람들은 만족도가 매우 높았다. 데익스테르후이스는 그 이유를 선택 행위에 자신의 주관적인 욕망을 해석하는 사고 과정이 개입되었기 때문이라고 추측한다. 본인이 마크 로스코보다 반 고흐를 더 좋아하는지, 추상표현주의 작품보다 인상주의 풍경화를 더 좋아하는지 파악하기란 쉽지 않다. "당신이 파리에서 미술작품 경매에 참석하고 있다고 가정해보자. 모네의 작품은 1억 달러, 반 고흐의 작품은 1억 2,500만 달러다. 어떻게 선택해야 할까? 가장 최선의 전략은 일단 두 그림 모두 찬찬히 살펴본 다음, 경매장을 나와 잠시 다른 데 정신을 돌린 후(파리에서 주의를 환기시킬 곳을 찾는 건 무척 쉽다) 결정을 내리는 것이다." 데익스테르후이스의 조언이다.

이 간단한 실험은 일상생활에서 흔히 부딪치는 문제에도 도움이 된다. 살다 보면 종종 엄청나게 복잡한 문제를 놓고 결정해야 할 때가 있는데, 이런 상황에서는 모든 대안을 꼼꼼하게 분석하는 것이 오히려 해가 될 수 있다. 전전두피질이 너무 많은 자료를 감당할 수 없기 때문이다. "이 연구가 주는 교훈은 명백하다. 의사결정에 필요한 정보를 얻으려면 의식적인 생각을 활용해야 한다. 하지만 정보를 의식적으로 분석하려 해서는 안 된다. 대신 무의식적인 생각이 정보를 소화하는 동안 가만히 휴식을 취하도록 하라. 그러고 나면 당신의 직관이 무엇을 말하든 간에 거의 틀림없이 최선의 선택이 될 것이다." 데익스테르후이스는 이러한 심리학 원리는 널리 영향을 미칠 뿐만 아니라 쇼핑과 관계없는 결정에도 적용될 수 있다고 주장한다. 기업 중역부터 포커 선수까지 계속해서 어려운 결정을 해야 하는 사람이라면 누구나 감정적인 사고 과정을 늘림으로써 이익을 얻을 수 있다. 그러한 영역에서 충분히 경험을 쌓는다면, 즉 도파민 신경세포를 길들일 시간을 갖는다면 대안을 요모조모 따지느라 너무 많은 시간을 허비할 필요가 없다. 어려운 결정일수록 느낌이 중요하다.

언뜻 생각하면 이러한 생각을 받아들이기 힘들지도 모르겠다. 우리는 당연히 어려운 선택일수록 이성 두뇌의 분석 능력이 필요하다 여기고, 복잡한 상황을 해결하기 위해서는 대안을 의식적으로 심사숙고해야 한다고 믿기 때문이다. 서로 다른 자동차 모델을 꼼꼼히 따져보거나 이케아에 전시되어 있는 소파들을 가능한 모두 비교해봐야 한다고 생각하는 식이다. 반면 쉬운 상황에서는 일반적으로 감정에 의지한다. 디너 코스의 메인 메뉴를 고를 때는 본능에 따르지만, 차를 고르는 일에 있어서 이렇게 한다는 것은 꿈도 꿀 수 없다. 미국인이 자동차 구매 결정에 앞서 평균 35시간을 자동차 모델 비교에 쓰는 이유가 여기에 있다.

하지만 결정에 대한 전통적인 생각은 정확히 반대가 되어야 한다. 의식적인 두뇌에 가장 적합한 것은 쉬운 문제, 일상생활에서 흔히 마주치는 수학 문제다. 전전두피질은 이런 간단한 결정에는 당황하지 않는다. 사실 이런 결정은 너무 간단해서 감정을 썼다가는 실수하기 쉽다. 감정은 가격을 비교하거나 포커 패의 승률을 계산하는 법을 알지 못한다(그런 상황에서 감정에 의존했다가는 손실회피나 산술오류로 인한 실수를 피할 수 없을 것이다).*

반면 복잡한 문제는 마음의 슈퍼컴퓨터에 해당하는 감정 두뇌의 정보처리 능력을 필요로 한다. 그렇다고 눈 한 번 깜빡하면 뭘 할지 알게 된다는 뜻은 아니다. 무의식도 정보를 처리하려면 시간이 좀 걸린다. 하지만 무의식은 어려운 결정을 내리는 데 더 좋은 방법이 있다는 것을 알려준다. 소파를 고르거나 승률을 확신할 수 없는 카드를 쥐고 있을 때는 항상 감정에 귀 기울여야 한다. 감정은 우리보다 더 많은 것을 알고 있다.

---

* 우리의 무의식적인 두뇌는 숫자를 다루는 데 매우 서툴다. 빙어가 늘 자신의 포커 확률을 곰곰이 따지는 이유가 이 때문이다. 다음의 질문을 생각해보자. "야구 방망이와 공의 총 가격은 1달러 10센트다. 방망이는 공보다 1달러 더 비싸다. 공의 가격은 얼마인가?" 우리의 첫 번째 본능은 아마 10센트라고 대답하겠지만 이는 틀린 답이다. 그럴 경우 총액이 1달러 20센트가 되기 때문이다. 정답은 5센트지만, 이런 답에 이르려면 어느 정도 의식적인 사고가 필요하다.

03

마이클 빙어는 포커가 수학의 문제를 넘어선다는 사실을 알게 된 후부터 토너먼트에서 이기기 시작했다. 그는 확률을 분석해 일정한 유형을 찾아내도록 훈련받은 물리학자였지만, 결국 숫자 분석만으로는 포커에서 이길 수 없음을 깨달았다. 그는 숫자만으로 충분하지 않을 때가 언제인지도 알아야 했다. 빙어는 "최근까지도 포커 패의 승률을 계산하며 그 덕을 보았지만, 월드시리즈에서는 효과가 없었죠."라고 고백하며 "이기기 위해서는 정량화할 수 없는 그 무언가가 필요했습니다."라고 말했다.

이러한 깨달음 덕분에 빙어는 카드 게임을 자신이 원하는 대로가 아니라 있는 그대로 볼 수 있었다. 그는 더 이상 포커라는 문제에 보편적인 해결책이 있는 척 하지 않았다. 포커 게임은 너무 복잡하고 예측 불가능해서 통계로 요약할 수 없기 때문에 빙어는 상황에 따라 각기 다른 형태의 사고가 필요하다는 점을 이해하게 되었다. 그는 때로는 확률을 계산하고, 때로는 본능을 믿어야 했다.

이러한 통찰력은 비단 포커에만 적용되는 것이 아니다. 금융 시장을 예로 들어보자. 월스트리트는 종종 도박판에 비교된다. 라스베이거스와 마찬가지로 이곳에서는 운이 논리만큼이나 중요하다. 결정에 관해 이야기할 때 이 두 곳은 공통점이 매우 많다. 포커와 투자 둘 다 본질적으로 예측이 불가능한 분야라서 사람들은 불완전한 정보를 가지고 행동해야 한다. 시장이 최근의 경제지표에 어떻게 반응할지, 마지막 공동카드 '리버'에 무엇이 나올지 아무도 모른다. 연방준비은행이 다음 분기에 이자율을 내릴지, 칩을 쌓아놓고 카드를 치는 선수가 허세를 부리고 있는 건 아닌지 아는 사람은 아무도 없다. 그런 상황에서 성공하려면 양쪽의 두뇌 체계를 적절하게 활용하는 수밖에 없다. 생각하는 동시에 느껴야 하는 것이다.

몇 년 전 MIT 경영학과 앤드루 로(Andrew Lo) 교수는 한 증권 회사의 시세 분석가와 주식 중개인 열 명에게 심박수와 혈압, 체온, 피부 전도성을 감지해 알려주는 센서를 부착했다. 이러한 신체 징후는 감정과 밀접하게 연관되어 있다. 예를 들어 강렬한 감정을 느끼면 맥박이 빨리 뛴다. 실험 당일 주식 중개인들은 4,000만 달러가 넘는 돈이 걸려 있는 1,000건 이상의 결정을 내려야 했다. 이 전문 투자자들이 경제 이론의 가정대로 철저히 이성적인 존재였다면 그들의 몸은 완벽히 차분한 상태를 유지해야 했다. 하지만 로가 자료를 살펴본 결과 결정을 내릴 때마다 주식 중개인들은 손바닥에서 땀이 났고 혈압도 급격히 상승했다. 금융거래가 이루어질 때마다 격렬한 감정이 수반되었던 것이다.

이러한 결과가 반드시 나쁜 것만은 아니었다. 감정에 의거한 결정은 대부분 이익을 남긴 것으로 나타났다. 주식 중개인들 손바닥에서 땀이 난다고 해서, 즉 편도체가 겁을 먹었다고 해서 '비합리적으로' 행동한다는 뜻은 아니었다. 그보다 로는 감정이 침묵을 지키거나 당혹스러워할 때 중개인들이 최악의 결정을 내렸다는 사실을 확인했다. 올바른 투자 결정을 내리기 위해 두뇌는 감정의 개입을 필요로 하지만, 그 감정은 합리적인 분석과의 대화 속에 존재해야 한다. 분석에 너무 많이 치중하거나 오직 논리에만 의지하려 했던 투자자들은 끔찍한 실수를 저지르는 경향을 보였다. "이 실험은 금전적 이익이나 손해에 대한 강한 감정 반응이 오히려 역효과를 낼 수 있다는 점을 보여줍니다. 반대로 감정 반응이 너무 없어도 위험하지요. 전문 주식 투자자들은 이상적인 범위 안에서 감정 반응을 보입니다." 로의 분석에 따르면 최고의 포커 선수와 마찬가지로 최고의 투자자 역시 정신적 균형을 유지하는 데 능하다. 그들은 한쪽 두뇌 체계를 끊임없이 활용해 다른 쪽 두뇌 체계의 능력을 향상시킨다.

빙어의 경우를 보자. 한편으로 그는 전전두피질을 사용해 자신의 감정 상태를 늘 확인하면서 무의식적인 두뇌에 끊임없이 질문을 던진다. 자신의 감정을 무시해서가 아니라, 말도 안 되는 감정의 실수를 피하기 위해 거듭 확인하는 것이다. 그는 분석에 치중하느라 진짜 맛

있는 딸기잼을 놓치는 실수 따위는 하지 않는다. "내 감정에 대해 잠시 생각한다고 해가 되지는 않습니다. 대부분 저는 본능을 따르겠지만, 가끔 멍청한 짓을 할 수도 있어요."

토너먼트 첫날 빙어의 태도를 생각해보자. 그는 안전하게 게임하려고 노력했지만 막판에 누군가 그를 이기는 바람에 결국 엄청난 칩을 잃고 말았다. 다행히 빙어는 자각 능력이 뛰어나 그러한 손해가 손실회피와 같은 위험한 감정을 불러일으킬 수 있다는 점에 유의했다. 빙어는 "칩을 되찾고 싶어 위험을 무릅쓰려고 할 때를 조심해야 해요."라고 경고했다. 이런 순간이면 빙어의 전전두피질은 결정의 주도권을 다시 잡아 충동적인 실수를 저지르지 않도록 막아준다. 그는 "신중하게 게임에 임하라고, 확률에 집중하라고 스스로를 다독이죠."라고 말했다. 하나라도 잃었다면 몽땅 걸어서는 안 된다.

이와 같은 상황은 전전두피질의 중요성을 잘 보여준다. 이성을 관장하는 뇌 부위는 '플라톤의 말'이 사납게 날뛰지 않도록 인식의 고삐를 사용해 감정을 모니터할 수 있다. 감정이 가장 설득력 있어 보이는 순간, 예를 들어 두뇌가 카드 패를 몽땅 걸어야 할 때라고 확신하는 바로 그때, 우리는 잠시 숨을 고르고 감정의 결정을 다시 생각해보며 예상 가능한 대안과 시나리오를 고려해야 한다. 욤 키푸르 전쟁이 끝난 후 이스라엘 정보기관이 또 다른 정보분석기관을 만든 이유도 이 때문이다. "게임이 간단하거나 명확해 보인다면 당신이 실수를 했다는 뜻입니다. 포커 게임은 결코 간단하지 않기 때문에 자기가 과연 무엇을 놓치고 있는지 늘 자문해봐야 합니다." 빙어의 지적이다.

감정과 이성을 번갈아가며 사용하는 빙어의 능력은 중요한 효과로 나타난다. 이러한 능력은 빙어가 지금 어떻게 생각하고 있는지 늘 확인하게 만든다. 그는 선택 가능한 여러 인지 전략을 갖고 있기 때문에 어떤 상황에서 어떤 전략을 쓸지 끊임없이 고민한다. 이러한 정신의 유연성이야말로 올바른 의사결정의 필수 요소라 할 수 있다. 7장에서 다뤘던, 필립 테틀록이 정치 전문가들을 대상으로 한 연구를 살펴보자. 실험에 참여한 대다수의 전문가들이 마구잡이로 대답한 사람들보다 예측을 잘못하면서 이 실험은 전문가의 오류를 보여주는 대표적인 사례로 알려졌다. 하지만 테틀록은 그중 일부 전문가는 평균을 훨씬 상회하는 성적을 올렸다는 사실도 발견했다.

테틀록은 성공하는 전문가와 실패하는 전문가의 차이를 역사학자 이사야 벌린(Isaiah Berlin)의 책 《고슴도치와 여우(The Hedgehog and the Fox)》 때문에 유명해진 고대의 비유에 빗대 설명했다(벌린의 책 제목은 "여우는 많은 것을 알지만, 고슴도치는 중요한 것 하나만 안다."라는 고대 그리스의 격언에서 따왔다). 이 책에서 벌린은 생각하는 사람의 유형을 고슴도치와 여우의 두 가지로 구분했는데, 테틀록도 전문가들의 결정 방법을 같은 방식으로 구분했다(테틀록은 정치적 이데올로기와 사고 방법 사이에서 이렇다 할 상관 관계를 찾아내지 못했다). 고슴도치는 몸이 온통 가시로 뒤덮인 조그만 포유동물로, 외부로부터 공격을 받으면 몸을 공처럼 둥글게 말아 가시가 바깥으로 삐죽삐죽 향하게 한다. 이것이 고슴도치의 유일한 방어 전략이다. 반면 여우는 위협을 받았을 때 한 가지 전략에만 의존하지 않고 상황에 맞게 전략을 바꾼다. 여우는 또한 교활한 사냥꾼인데다, 몇 안 되는 고슴도치의 천적 가운데 하나이기도 하다.

테틀록에 따르면 고슴도치처럼 생각하는 전문가는 '확신'이라는 고질병에 걸리기 쉽다. 어리석은 생각일수록 그럴듯해 보이고, 이러한 확신 때문에 증거를 잘못 해석하게 된다. 자신의 세계관과 어긋나는 증거를 마주하게 되면, 고슴도치형 전문가의 편도체는 자신이 내린 결론과 모순되는 상황에 대해 고민하다가 결국 기능을 상실해버린다. 두뇌의 다른 영역은 그 문제에 아무런 영향도 미치지 못한다. 유용한 정보가 고의로 무시되고, 내부의 논쟁은 잘못된 방향으로 흐른다.

반면 유능한 전문가는 여우처럼 생각한다. 고슴도치는 확신에 안주하지만, 여우는 의심에 의지한다. 이러한 전문가는 거대한 전략과 통일된 이론에 회의를 품는다. 여우 같은 전문가는 설명을 해야 할 때 불확실성을 염두에 두고 임시방편의 접근법을 취한다. 그들은 광범위하고 다양한 출처로부터 자료를 모으고 두뇌의 다양한 영역에 귀를 기울인 뒤 결과적으로 더 나은 예측과 결정을 내놓는다.

하지만 열린 마음만으로는 충분하지 않다. 테틀록은 여우처럼 생각하는 사람일수록 자신의 결정 과정을 탐구하는 경향이 있다며, 이것이 바로 여우형 사고와 고슴도치형 사고의 가장 중요한 차이라고 지적했다. 다시 말해 이들은 빙어처럼 자신이 어떻게 생각하고 있는지를 되짚는다.* 테틀록은 그러한 자기성찰이 훌륭한 판단을 가능케 한다고 주장한다. 여우는 내부의 논쟁에 주의를 기울이기 때문에 확신

---

* 인지행동 치료(CBT, Cognitive-Behavioral Therapy)는 사람의 뇌 속에 깊이 자리한 편견과 왜곡을 들춰내는 일종의 대화 치료법이다. 이 치료를 받은 환자들은 똑같은 편견에 덜 영향을 받는 것으로 드러났다. 과학자들은 이 환자들이 특정 상황에서 자신도 모르게 떠오르는 잘못된 생각과 감정에 대해 의식하는 법을 배웠기 때문이라고 추측한다. 자신의 사고과정을 되짚어보기 때문에 더 낫게 생각하는 법을 배운다는 것이다.

의 유혹에 덜 넘어가고, 단지 자신의 고정관념과 상반된다는 이유로 뇌섬이나 배측선조체, 측좌핵을 무시하지 않는다. 테틀록은 "두뇌에서 일어나는 논쟁을 알기 위해서는 자기 엿듣기(self-overhearing)의 기술이 필요하다."라고 강조했다.

이는 마이클 빙어의 성공이 주는 교훈이기도 하다. 2006년 포커 월드시리즈에서 빙어는 제이미 골드에게 우승을 내주고 3위에 머물렀지만 412만 3,310달러나 되는 상금을 받았다. 이듬해인 2007년 시리즈에서는 토너먼트마다 가장 많은 현금을 챙기는 사상 최고의 기록을 세웠고, 2008년에는 LA 포커 클래식의 무제한 텍사스 홀덤 경기에서 우승해 수십만 달러의 상금을 챙겼다. 현재 그는 프로 포커 세계에서 최고의 선수 중 한 명으로 꼽힌다. "제가 포커를 좋아하는 이유는 이길 때마다 늘 같은 이유로 이기기 때문입니다. 운이 나쁘면 질 수도 있지만 운 때문에 이기는 경우는 결코 없습니다. 포커에서 이기는 유일한 방법은 테이블에 둘러앉은 다른 사람들보다 더 나은 결정을 내리는 것이죠."

04

이제 우리는 뇌에 대한 지식을 현실 세계에 적용하는 데 있어 결정의 분류 체계를 설명할 수 있게 되었다. 지금까지 우리는 플라톤이 마부와 말로 묘사한 두뇌의 각기 다른 시스템을 여러 상황에서 어떻게 사용해야 할지도 살펴보았다. 이성과 감정은 둘 다 꼭 필요한 도구지만, 각각은 특정 임무에 최적화되어 있다. 딸기잼이나 야채필러를 구매할 때 분석을 하고 있다면 당신은 이성이라는 도구를 잘못 사용하고 있는 것이고, 당신이 옳다고 확신하고 있다면 당신이 틀릴 수도 있다고 말하는 두뇌 영역에 귀를 기울이고 있지 않다는 뜻이다.

결정에 대해 다루는 과학은 아직 걸음마 단계에 있다. 연구자들은 뇌가 어떻게 결정을 내리는지 이제 막 이해하기 시작했다. 대뇌피질은 여전히 신비스러운 곳, 성능은 뛰어나지만 아직은 불완전한 컴퓨터로 남아 있다. 앞으로 진행될 실험들은 인간의 하드웨어와 소프트웨어의 새로운 측면을 밝혀낼 것이고, 그렇게 되면 프로그램상의 오류와 인지 능력에 대한 사실들이 추가로 드러날 것이다. 물론 현재의 이론 또한 복잡해질 테지만, 이 새로운 과학의 여명기에도 우리 모두가 더 나은 결정을 할 수 있도록 도와주는 몇 가지 일반적인 가이드라인은 있다.

첫째, 간단한 문제는 이성을 필요로 한다. 쉬운 문제와 어려운 문제, 또는 수학 문제와 수수께끼를 구분하는 명확한 선은 없다. 데익스테르후이스 같은 일부 학자들은 서로 다른 변수가 네 개 이상인 문제는 이성 두뇌를 혼란에 빠뜨린다고 했다. 인간이 한꺼번에 소화할 수 있는 정보의 양은 다섯 개에서 아홉 개 정도라고 믿는 학자들도 있다. 이러한 범위는 훈련과 경험을 통해 약간 확장될 수도 있지만, 일반적으로 전전두피질은 기능이 매우 제한되어 있다. 감정 두뇌가 동시에 작동하는 마이크로프로세서를 탑재한 최신형 노트북 컴퓨터라면 이성 두뇌는 구식 계산기에 해당한다.

물론 계산기는 아직도 매우 유용한 도구다. 감정이 지닌 문제 중 하나는 현대 생활에는 더 이상 적합하지 않은 쓸데없는 본능을 포함하고 있다는 점이다. 우리가 손실 회피, 슬롯머신, 신용카드에 너무도 쉽게 휘둘리는 이유는 이 때문이다. 그러한 타고난 결함을 극복하려면 이성을 연마하고, 감정을 주의 깊게 살피는 수밖에 없다. '딜 오어 노 딜'의 불운한 출연자 프랭크를 기억하는가? 만일 그가 제안을 합리적으로 판단할 수 있는 시간을 갖고 그 제안을 계산해봤더라면 1만

유로를 손에 넣었을 것이다. 하지만 그는 겨우 10유로만을 가지고 퇴장했다.

물론 어떤 결정이 간단한지 늘 확실한 것은 아니다. 딸기잼이나 아침식사용 시리얼을 선택하는 것은 쉬워 보이지만 실제로는 엄청나게 복잡한 일이다. 특히 일반적인 슈퍼마켓 진열대에 놓인 200종 이상의 딸기잼이나 시리얼 중에서 선택하라면 말이다. 그렇다면 전전두피질의 기능에 가장 적합한 간단한 문제라는 것을 어떻게 확신할 수 있을까? 자신이 내린 결정이 숫자로 정확히 요약될 수 있는지 자문해보는 것이 가장 좋은 방법이다. 예를 들어 야채필러 제품들은 사실상 거의 똑같기 때문에 가격으로 분류하면 손해 보는 일이 거의 없다. 이 경우에는 가장 싼 제품을 사는 것이 가장 좋은 선택이다. 즉, 이성 두뇌가 주도권을 잡게 해야 한다(특히 감정 두뇌는 세련된 포장이나 그 밖의 아무 상관없는 변수에 오도되기 쉽기 때문이다). 딸기잼에 별로 관심이 없다면, 예를 들어 그저 땅콩버터 샌드위치에 함께 발라먹을 잼으로 족하다면 이렇게 고심한 후 내리는 결정 전략을 잼에도 적용할 수 있다. 이는 와인이나 콜라에도 마찬가지다. 어떤 종류의 제품인가는 그다지 중요하지 않다. 이러한 상황에서 우리는 5장에서 살펴본, 값비싼 와인에 대한 실험을 염두에 두면서 만족도에 비해 가격이 비싼 제품에 너무 많은 돈을 지출해서는 안 된다(블라인드 테스트를 해보면 값싼 와인이 비싼 와인보다 맛이 더 좋을 때가 많다). 그다지 중요하지 않은 결정이라면 전전두피질이 여유를 가지고 대안을 신중하게 평가 및 분석하게 해야 한다.

반면 가죽 소파나 자동차, 아파트처럼 복잡한 제품에 대해 중요한 결정을 내릴 경우 오로지 가격만으로 비교한다면 꼭 필요한 정보를 빠뜨리고 말 것이다. 아마 가장 값싼 소파는 질이 형편없이 떨어지거나 디자인이 마음에 들지 않을 확률이 높다. 실제로 한 달 월세나 속력 같은 한 가지 변수만을 놓고 아파트나 자동차를 선택하는 사람이 과연 있을까? 데익스테르후이스가 입증해 보였듯이 이러한 종류의 결정을 전전두피질에 부탁한다면 계속 실수를 저지른 끝에 결국 문제 있는 아파트에 보기 흉한 소파를 들여놓고 말 것이다. 말도 안 되는 소리처럼 들릴지 모르지만 이는 과학적으로 일리 있는 이야기다. 신경이 많이 쓰이는 제품을 고를 때는 생각을 적게 할수록 좋다. 감정이 선택을 주도할까봐 두려워하지 마라.

마찬가지로 좀 더 의식적인 사고를 통해 이득을 볼 수 있는 일상의 사소한 결정도 많다. 우리는 쉬운 결정은 충동에 맡기는 일이 흔하다. 사람들은 야채필러나 세탁세제, 사각팬티처럼 패가 확실한 경우에는 충동적으로 고르면서 자신의 본능을 무조건 신뢰한다. 하지만 감정에 치우치는 이러한 결정에서도 합리적인 분석을 통해 얼마든지 이익을 얻을 수 있다.

둘째, 새로운 문제도 이성을 필요로 한다. 감정두뇌에 미스터리한 문제를 맡기기 전에, 혹은 본능에 따라 포커에서 판돈을 크게 걸거나 의심스러운 레이더 신호를 향한 미사일발사를 결정하기 전에 자신에게 이런 질문을 던져보자. 과거의 경험이 이 문제를 푸는 데 어떤 도움을 줄 수 있는가? 전에도 이와 같은 포커 패를 만져본 적이 있는가? 그동안 이런 레이더 신호를 본 적이 있는가? 이 감정은 경험에 뿌리를 내리고 있는 것인가, 아니면 그저 우연한 충동일 뿐인가?

유압이 모두 빠져나간 보잉 737기의 경우처럼 전례가 없는 문제라면 감정은 아무 도움이 되지 못하기 때문에 멈춰서 생각하며 작업기억이 난관을 헤쳐나가게 해야 한다. 혼란스러운 상황에서 벗어나려면 창의적인 해결책이 필요하다. 예를 들어 앨 헤인즈는 보통의 방법으로는 비행기를 조종할 수 없지만 추진 레버를 사용하면 가능하겠다는 데 생각이 미친 순간 그렇게 행동했다. 그러한 통찰력은 전전두피질의 유연한 신경세포를 필요로 한다.

그렇다고 해서 우리의 감정 상태가 아무 상관이 없다는 뜻은 아니다. 통찰력의 신경과학을 연구하는 마크 융비먼은 기분이 좋은 상태의 사람들이 기분이 나쁜 상태의 사람들보다 통찰력을 필요로 하는 어려운 문제들을 훨씬 더 잘 푼다는 사실을 입증했다(행복한 사람들은 불행한 사람들보다 낱말 퍼즐을 20%가량 더 많이 맞춘다). 융비먼은 그 이유가 전전두피질과 전대상피질처럼 집행 통제와 관계있는 두뇌 부위가 감정 생활을 다스리는 데 집착하지 않기 때문이라고 추측한다. 다시 말해 우리의 이성 두뇌는 우리가 행복하지 않은 이유에 대해 걱정하지 않는다는 이야기다. 이는 이성 두뇌가 현재 당면한 문제를 푸는 데는 무관심하다는 뜻이기도 하다. 그 결과 이성 두뇌는 집중해야 할 곳에만 집중력을 발휘해 생전 처음 부딪치는 상황에 대한 해결책을 내놓게 된다.

셋째, 불확실함을 받아들여라. 어려운 문제에 쉬운 답이란 없다. 포커에서 이기는 단 하나의 방법 같은 것은 없고, 주식 시장에서 돈을 버는 보장된 방법도 마찬가지다. 의심 가는 점이 전혀 없는 척하면 확신이라는 위험한 덫에 걸리고 만다. 자신이 옳다고 자만하다 보면 스스로 내린 결론에 반하는 증거는 모두 무시해버린다. 앞에서 살펴봤듯이 국경의 이집트 탱크가 단지 군사훈련을 하는 중은 아니라는 사실을 알아채지 못하는 사태가 벌어지는 것이다. 물론 기나긴 인식의 논쟁에 적극 참여할 시간이 항상 있는 것은 아니다. 전쟁 중 이라크군의 미사일이 날아오거나 미식축구에서 라인배커의 집중 공격을 당하기 직전이라면 바로 행동에 들어가야 한다. 하지만 가능할 때마다 결정 과정을 늘려 우리 머릿속에서 전개되는 논쟁을 적절히 고려해야 한다. 정신의 논쟁을 갑자기 끝내거나, 신경세포끼리의 싸움을 억지로 중재하면 잘못된 결정을 내리게 된다.

확신이 판단을 방해하지 못하게 막는 간단한 방법이 두 가지 있다. 첫째, 마음속에 항상 서로 경쟁하는 생각을 품는 것이다. 전과 다르고, 어쩌면 불편한 방식으로 사실을 바라보면 내가 가진 믿음이 다소 불안한 토대 위에 놓여 있다는 것을 깨닫게 된다. 예를 들어 마이클 빙어는 상대방이 허세를 부리고 있다는 확신이 들 때, 그가 허세를 부리는 게 아닐 경우 어떤 행동을 할지도 생각해본다. 빙어는 자기 자신의 '악마의 변호인(devil's advocate)'이 되었다.

둘째, 자신이 알지 못하는 사실을 스스로에게 끊임없이 일깨워줘야 한다. 최고의 모델과 이론도 완전히 예측불허의 사건 앞에서는 무용지물이 될 수 있다. 포커 선수들은 이런 경우를 '헛수(bad beats)'라고 부르는데, 예상치 못했던 카드 한 장 때문에 진 게임에 대해 선수마다 의견이 분분하다. 빙어는 "블랙잭에서 승률을 계산하면서 배운 점이 있다면 좋은 패를 쥐고 있고, 또 승률이 틀림없이 유리할지라도 이길 가능성은 여전히 매우 낮다는 것"이라며 너무 자만해서는 안 된다고 조언했다. 자신에게 맹점이 있다는 사실과 자신이 다른 선수들이 보여줄 카드와 행동을 모르고 있다는 사실을 잊어버릴 경우 난처한 일이 벌어질 수도 있다. 콜린 파월은 이라크전 준비 과정에서 많은 실수를 저질렀지만 그가 정보 장교들에게 한 충고는 심리학적으로 틀림이 없었다. "그대들이 아는 것을 내게 말하라. 그런 다음 그대들이 모르는 것을 내게 말하라. 오직 그 후에만 그대들의 생각을 내게 말하라. 이 세 가지를 늘 분리하라."

넷째, 당신은 당신이 알고 있는 것 이상을 알고 있다. 인간의 두뇌가 안고 있는 영원한 역설 가운데 하나는 인간은 자기 자신을 잘 모른다는 것이다. 의식적인 두뇌는 자신의 기반, 즉 전전두피질 바깥에서 이루어지는 신경세포의 활동에 무지하다. 사람들이 감정을 가지고 있는 이유는 이 때문이다. 감정은 우리가 처리하는 모든 정보를 무의식적이고 본능적으로 묘사할 뿐, 인지하지는 못한다.

대부분 인간의 역사에서 감정은 분석하기가 너무 어렵다는 이유로, 혹은 합리화하거나 정당화하거나 설명하기 힘들다는 이유로 무시당했다(니체가 경고했듯이 우리는 종종 우리와 가장 가까운 것을 가장 많이 무시한다). 하지만 이제 현대 신경과학의 도구 덕분에 우리는 감정에도 나름대로 논리가 있다는 사실을 알게 되었다. 도파민의 과민 반응은 우리가 의식적으로 간파하지 못하는 미묘한 유형에 대해 경고하면서 현실을 계속 따라가게 해준다. 서로 다른 감정의 영역들은 세상의 서로 다른 측면을 평가하고, 그 결과 뇌섬은 자연스레 제품의 가격을 고려하고(신용카드로 결제하지 않는다면), 측좌핵은 특정한 브랜드의 딸기잼에 대해 어떻게 느끼는지 자동적으로 파악하며, 전대상피질은 놀라움을 감지하고, 편도체는 이상해 보이는 레이더 신호를 지적한다.

감정 두뇌는 어려운 결정을 내릴 때 특히 유용하다. 한꺼번에 수백만 개의 정보 조각을 처리하는 감정의 엄청난 계산 능력은 대안을 평가할 때 적절한 정보를 분석할 수 있게 해준다. 덕분에 미스터리는 다루기 쉬운 덩어리로 쪼개지고, 이는 다시 실질적인 감정으로 바뀐다.

감정이 그토록 똑똑한 이유는 어떻게 해서든 실수를 교훈으로 바꾸려 하기 때문이다. 비록 의식적으로 알아채지 못하지만 우리는 경험을 통해 끊임없이 이로움을 얻는다. 우리의 전문 지식 분야가 백개먼 게임인지 중동 정치인지, 아니면 골프인지 컴퓨터 프로그래밍인지는 중요하지 않다. 우리의 뇌는 늘 똑같은 방식, 즉 실수를 통해 지혜를 축적하며 배워나간다.

이 수고스러운 과정을 단축할 수 있는 지름길은 없다. 전문가가 되기 위해서는 그저 시간과 연습이 필요할 뿐이다. 하지만 특정한 분야에서 시행착오를 겪으며 전문 지식을 쌓고 나면, 그 분야에서 결정을 내릴 때는 자신의 감정을 신뢰하는 것이 중요하다. 결국 경험의 지혜를 잡아내는 것은 전전두피질이 아니라 감정이기 때문이다. 레이더 신호를 쏘아 떨어뜨리라고, 포켓 킹을 쥐고 있을 때 올인하라고, 트로이 브라운에게 공을 패스하라고 말하는 묘한 감정은 상황을 읽는 법을 배운 두뇌의 산물이다. 감정 두뇌는 우리가 무엇을 해야 할지 알 수 있게끔 실질적인 용어로 세상을 분석할 수 있다. 이 전문가의 결정을 과도하게 분석하면, 노래를 부를 수 없게 된 오페라 가수 르네 플레밍처럼 될 수 있다.

그렇다 해서 감정 두뇌를 늘 신뢰해야 한다는 뜻은 아니다. 감정 두뇌는 때로 충동적이고 근시안적이다. 때로는 쓸데없는 유형에 민감하게 반응하기도 한다. 사람들이 슬롯머신을 하면서 그렇게 많은 돈을 잃는 이유는 이 때문이다. 하지만 우리는 항상 자신의 감정을 고려하면서 왜 그리고 무엇을 느끼는지에 대해 생각해야 한다. 다시 말해, 포커스 그룹의 반응을 주의 깊게 분석하는 TV 방송국 중역처럼 행동해야 하는 것이다. 감정을 무시하기로 결정할 때조차 감정은 여전히 중요한 판단의 근거가 된다.

다섯째, 생각하고 있는 것에 대해 생각하라. 내게 이 책에서 오직 한 가지 중요한 아이디어만 뽑아내라고 한다면 '결정을 내릴 때마다 자신이 내리는 결정의 종류와 그에 필요한 사고 과정의 종류를 명심할 것'을 고르겠다. 선택의 대상이 미식축구의 와이드리시버인지 대통령 후보자인지는 중요하지 않다. 포커를 하고 있거나 TV 포커스 그룹의 결과를 분석하고 있더라도 마찬가지다. 자신의 두뇌를 적절하게 사용하고 있는지를 확인하는 가장 좋은 방법은 두뇌의 활동을 살피면서 머릿속에서 이루어지는 논쟁에 귀 기울이는 것이다.

생각하고 있는 것에 대해 생각하는 것이 그토록 중요한 이유는 무엇일까? 우선 어리석은 실수를 피할 수 있게 해주기 때문이다. 우리의 뇌가 손해를 이익과 다르게 대한다는 사실을 모른다면 손실 회피를 피할 수 없다. 집을 구입할 때 너무 골똘히 생각할 경우엔 오히려 잘못된 선택을 할 수도 있다는 사실을 모르면 아마 고민만 잔뜩 하고 있을 것이다. 인간의 두뇌는 결점으로 가득하지만, 결점을 넘어설 수도 있다. 신용카드를 잘라버리고, 은퇴 자금을 저비용 인덱스 펀드에 넣어두자. MRI 영상에 지나치게 관심을 기울이지 말고, 가격을 알기 전에 와인의 맛을 먼저 판단하자. 그저 조심하면서 피할 수 있는 실수를 하지 않도록 최선을 다하는 것, 훌륭한 결정을 내리기 위한 비결은 그것밖에 없다.

물론 아무리 신중하고 자각 능력이 뛰어난 사람도 실수를 하기 마련이다. 톰 브래디는 2008년 시즌에서 완벽한 경기를 선보이고 나서 슈퍼볼에서 부진한 성적을 거두었다. 마이클 빙어는 포커에서 오랫동안 성공적인 경기를 치르면서도 자신이 둔 수에 대해 늘 후회한다. 테틀록의 실험에서 가장 정확하다고 평가받는 정치 전문가들도 정확하지 못한 예측을 수없이 내놓았다. 하지만 결정 능력이 뛰어난 사람들은 낙담하지 않는다. 대신 그들은 실수를 교훈 삼아 잘못된 것에서 배우기로 다짐한다. 그들은 다음번에 자신의 신경세포가 무엇을 해야 할지 알 수 있도록 자기가 달리 행동할 수도 있었던 것에 대해 생각한다. 인간의 두뇌에서 가장 놀라운 특징은 바로 언제나 스스로 발전할 수 있다는 점이다. 내일 우리는 더 나은 결정을 할 수 있다.

맺음말

절대 변하지 않을 것 같은 통계 수치가 있다. 고등학교 중퇴율, 이혼율, 탈세율이 그렇다. 조종사의 실수 때문에 일어나는 비행기 추락 사고도 이에 포함되곤 했다. 조종사의 의무휴가에서부터 교실 훈련 시간의 추가까지 다양한 개혁이 있었음에도 1940년부터 1990년까지 조종사의 실수로 인한 비행기 추락률은 65% 수준을 꾸준히 유지하면서 꿈쩍도 하지 않았다. 비행기 기종이나 행선지는 아무 상관이 없었다. 대부분의 비행 사고는 조종실에서 잘못된 결정을 내렸기 때문이라는 잔인한 사실은 변하지 않았다.

하지만 1990년대 초반에 들어와 조종사의 실수로 발생하는 사고의 확률이 급격히 줄어들기 시작했다. 가장 최근의 통계자료에 따르면 조종사의 실수로 비행기 사고가 일어나는 확률은 30%가 채 되지 않는다. 잘못된 결정 때문에 일어나는 사고 숫자가 71% 감소한 셈이다. 그 결과 현재 비행기를 통한 이동은 그 어느 때보다 안전하다. 미 연방교통안전위원회에 따르면 개인의 상업 비행기 탑승 중 사망률은 약 1억 6천만 km당 이동당 0.04%밖에 되지 않는다(반면 자동차 사망률은 약 1억 6천만 km당 0.86%이다). 이는 현재까지의 교통수단 중 가장 덜 위험한 것이 비행기라는 뜻이다. 매일 3만 대가 넘는 비행기가 이륙하는데도 미국에서 2001년 이후 조종사의 실수로 여객기가 추락한 사고는 단 한 건밖에 없었다. 비행기로 여행할 때 가장 위험한 구간은 차를 몰고 공항으로 가는 길이다.

조종사의 실수가 이렇게 극적으로 줄어든 이유는 무엇일까? 첫째 요인은 1980년대 중반에 도입한 실전 비행 시뮬레이터였다. 이 시기부터 조종사들은 결정을 연습할 수 있었다. 그들은 뇌우가 치는 상황에서 갑작스러운 하강 기류에 직면했을 때 엔진 하나만으로 비행기를 착륙시키는 훈련을 받았다. 윙플랩(wing flaps) 없이 비행해야 할 때는 어떻게 해야 하고, 얼음으로 뒤덮인 활주로에 착륙할 때는 어떻게 할지도 배웠다. 이 모든 게 지상에서 이루어졌다.

시뮬레이터는 비행 훈련에 혁명을 가져왔다. 비행 시뮬레이터 제조업체로 가장 큰 규모를 자랑하는 CAE에서 민간인 훈련을 총괄하는 제프 로버츠는 "기존의 비행 훈련은 '칠판 강의' 방식이었어요."라고 말했다. 과거의 조종사들은 조종실에 들어가기 전, 교실에서 기본 비행기술이나 여러 최악의 시나리오('착륙 기어가 말을 듣지 않으면 어떻게 할 것인가?' '비행기가 번개에 맞으면 어떻게 할 것인가?')에 대처하는 강의를 한참 받아야 했다. 로버츠는 "이러한 접근법의 문제는 모든 것이 추상적이라는 것"이라며 "조종사는 지식은 많았지만 실전에 적용해 볼 기회가 없었죠."라고 말했다.

비행 시뮬레이터의 장점은 조종사가 새로운 지식을 내면화할 수 있게 도와준다는 것이다. 조종사는 수업 내용을 암기하는 대신 공중에서 실제 결정을 내려야 하는 대뇌피질 부위를 위해 감정 두뇌를 훈련할 수 있다. 그 결과 조종사들은 도쿄 상공에서 엔진에 화재가 발생하는 경우처럼 실제 비행 도중에 재앙과 마주하게 되면 뭘 해야 할지 이미 알고 있다. 그들은 수업 시간에 배운 내용을 기억하느라 귀중한 시간을 허비할 필요가 없다. 로버츠는 "비행기는 시속 644km의 속도로 이동합니다."라며, "비상 상황에서는 비행 교관이 했던 말을 생각할 시간이 없기 때문에 즉석에서 제대로 된 결정을 내려야 해요."라고 강조했다.

시뮬레이터는 또한 경험을 통해 배우는 두뇌의 학습 방식을 활용한다. 시뮬레이터를 통한 '비행'을 끝내고 나면 조종사들은 교관의 세세한 지적들을 견뎌야 한다. 교관은 조종사가 내린 모든 결정을 면밀히 검토한다. 그러면 조종사들은 엔진 화재가 발생하고 나서 왜 고도를 높이기로 결정했는지, 우박을 동반한 폭풍우 속에서 왜 착륙을 결정했는지에 대해 생각한다. 로버츠는 "우리는 조종사들이 시뮬레이터 안에서 실수하기를 바랍니다."라고 말했다. 그는 "우리의 목표는 조종사들이 실수를 통해 배움으로써 정말로 중요한 순간에 올바른 결정을 내릴 수 있게 하는 것"이라고 설명했다. 이러한 접근 방식은 실수를 분석해 스스로를 발전시키는 도파민 체계를 목표로 한다. 그 결과 조종사들은 정확한 비행 본능을 기른다. 그들의 뇌는 실제 상황을 위해 미리 준비되어 있는 셈이다.

조종사의 실수를 확연히 감소시킨 두 번째 중요한 요인은 조종실 자원관리(CRM, Cockpit Resource Management)로 알려진 결정 전략의 개발이었다. CRM은 1970년대 나사(NASA)가 조종사의 실수에 대해 진행한 대규모 연구에서 자극을 받아 개발되었다. 연구진은 조종실에서의 실수는 어느 정도 조종간을 쥐고 있는 조종사의 '신과 같은 확신'에서 비롯된다는 결론을 내렸다. 다른 조종사들과 상의했거나 다른 대안을 고려했더라면 잘못된 결정 가운데 일부는 피할 수도 있었다. 이에 따라 CRM은 다양한 관점이 자유롭게 형성될 수 있는 환경을 조성하는 데 목적을 두었다.

안타깝게도 항공사들은 1978년 겨울 비극적인 추락 사고를 겪고 나서야 이 새로운 체계를 도입하기로 결정했다. DC-8 기종의 유나이티드 항공 173편은 승객을 잔뜩 태우고 오리건주 포틀랜드로 향했다. 활주로에서 10마일쯤 떨어진 지점에서 조종사는 착륙 기어를 낮추었다. 그런데 착륙 기어 지시등 두 개가 여전히 꺼진 채로 있었다. 이는 앞바퀴가 제대로 펴지지 않았다는 뜻이었다. 비행기가 공항 상공을 선회하는 동안 승무원들은 문제의 원인을 조사했다. 계기반 전구를 새로 갈아 끼웠고, 자동조종장치도 다시 맞추었으며, 퓨즈 상자도 여러 번 점검했다. 하지만 착륙 기어 지시등은 여전히 켜지질 않았다.

선회가 너무 오래 이어지자 비행기 연료가 바닥나기 시작했다. 그러나 불행히도 조종사는 착륙 기어에 몰두한 나머지 그 사실을 알아차리지 못했을 뿐 아니라, 연료 수치가 떨어지고 있다는 항공 엔지니어의 경고마저 무시했다(한 조사관은 이 조종사를 '건방진 개자식'이라고 표현했다). 조종사가 연료 눈금을 보았을 때는 엔진이 이미 제 기능을 잃은 후여서 비행기를 구하기에는 너무 늦은 상황이었다. DC-8은 인구 밀도가 낮은 포틀랜드 교외 지역에 추락했고, 이 사고로 189명의 탑승객 가운데 열 명이 사망하고 24명이 중상을 입었다. 나중에 조사팀은 착륙 기어에는 아무 문제가 없었다고 결론을 내렸다. 바퀴는 모두 제대로 내려져 있었다. 문제는 잘못된 두뇌 회로였다.

추락 사고 이후 유나이티드 항공은 전 직원에게 CRM 훈련을 실시했다. 기장은 더 이상 비행기의 독재자가 아니었다. 대신 비행기 승무원들은 서로 협력하면서 끊임없이 대화를 주고받아야 했다. 실수를 잡아낼 책임은 모두에게 있었다. 연료 수치가 떨어지고 있었다면 항공 엔지니어는 조종사에게 상황의 심각성을 확실하게 알려야 했고, 부조종사는 기장의 결정이 잘못되었다고 확신했다면 반대 의견을 개진했어야 했다. 비행기 조종은 극도로 복잡한 일이기 때문에 가능한 모든 자원을 빠짐없이 활용해야 한다. 다양한 견해가 모여 상황에 영향을 미칠 때 최선의 결정이 나온다. 군중의 지혜는 조종실에서도 역시 적용된다.

유압을 모두 잃은 유나이티드 항공 232기를 기억하는가? 착륙 사고 이후 조종사들은 무사히 활주로에 진입할 수 있었던 공을 모두 CRM에 돌렸다. "조종사로 일한 대부분의 기간 동안 저는 '비행기에서는 기장이 곧 법'이라는 개념에 따라 일했습니다. 그 때문에 몇 대의 비행기를 잃었지요. 때때로 기장은 자신이 생각하는 것만큼 똑똑하지 않을 때도 있습니다." 232기의 기장 앨 헤인즈는 그날 혼자 힘만으로는 비행기를 구하지 못했을 것이라고 담담히 이야기했다. "우리는 232기 조종실에서 비행기를 착륙시키기 위해 지난 103년의 항공 역사를 총동원했습니다. CRM을 활용하지 않았더라면, 그리고 모두의 의견을 듣지 않았더라면 우리는 해내지 못했을 겁니다."

최근 들어 CRM은 조종실 너머까지 활동 영역을 넓혔다. 많은 종합병원들이 조종사들의 실수를 막아낸 그 결정 기술이 수술 도중 일어나는 실수도 막아낼 수 있을 것이라고 생각한다. 2005년부터 수술팀에게 CRM 훈련을 시킨 네브래스카 의료센터의 사례를 살펴보자(현재까지 이 훈련을 받은 병원 직원들은 1,000명 이상에 달한다). CRM 프로그램은 "보고, 말하고, 집중하라."를 주문처럼 강조한다. 수술에 참여한 모든 사람들이 최고참 수술의에게 자신의 의견을 자유롭게 표현할 수 있게 하는 것이 이 훈련의 목적이다. 더불어 수술 후에 관련된 모든 사람들이 한자리에 모여 어떤 실수가 있었는지, 또 다음번에 그런 실수를 피하려면 어떻게 해야 하는지 등 수술에 대한 각자의 의견을 교환해야 한다.

네브래스카 의료센터가 거둔 성과는 고무적이다. 2007년 분석 결과 CRM 훈련을 실시하고 나서 6개월이 채 지나지 않아 '권위가 더 높은 사람의 결정에 자유롭게 의문을 제기할 수 있다고 느끼는' 직원의 비율이 29%에서 86%로 껑충 뛰었다. 더욱 중요한 사실은 실수 가능성을 거리낌 없이 지적하는 분위기가 조성되면서 의료 과실이 현저하게 줄어들었다는 점이다. CRM 훈련 이전에는 심장 수술과 심도관 시술 가운데 21% 정도만 잘못된 게 없다는 의미의 '특이사항 없음'으로 분류되었다. 하지만 CRM 훈련 이후 '특이사항 없음'의 숫자는 62%로 급증했다.

CRM이 이토록 효과가 높은 이유는 팀원들이 함께 생각하도록 격려하기 때문이다. 이런 의미에서 CRM은 훌륭한 결정을 내리는 데 이상적인 환경을 제공한다고 할 수 있다. 그런 환경에서는 다양한 의견이 자유롭게 형성되고, 증거가 다양한 각도로 분석되며, 새로운 대안이 고려된다. 이러한 과정은 실수를 막아줄 뿐 아니라 뜻밖의 새로운 통찰력을 가져다주기도 한다.

현대의 비행기 조종실은 컴퓨터에 둘러싸인 형태다. 앞 유리창 바로 위에 자리한 자동조종장치 단말기는 조종사가 없어도 비행기가 항로를 유지할 수 있게 해준다. 추진 레버 바로 앞에는 연료 수치에서부터 유압에 이르기까지 비행기 상태에 대한 정보를 보여주는 스크린이, 그 옆에는 비행경로를 살피면서 비행기의 위치와 속도를 기록하는 컴퓨터가 있고, 그 외에도 GPS 패널, 기상 정보를 수시로 알려주는 스크린과 레이더 모니터 등이 있다. 기장석에 앉으면 왜 그곳을 '유리 조종실'이라 부르는지 알 수 있다. 곳곳에 유리 스크린이 있고, 그 밑의 컴퓨터에선 계속 디지털 신호가 나온다.

비행기의 감정 두뇌에 해당하는 이 컴퓨터들은 서로 중복되는 기능을 통해 엄청난 양의 정보를 처리하면서 그것을 조종사가 빨리 이해할 수 있는 형태로 바꾸어놓는다. 모든 비행기는 실제 서로 다른 프로그램 언어를 사용하며 각기 다른 컴퓨터로 작동되는 복합 자동조종장치 체계를 갖추고 있다. 이러한 다양성은 실수를 막아주는 역할을 한다. 각각의 체계가 끊임없이 서로 견제하면서 스스로를 점검하기 때문이다.

이들 컴퓨터는 신뢰도가 아주 높아서 조종사가 개입하지 않아도 많은 일을 해낸다. 예를 들어 강한 역풍을 감지한 자동조종장치는 즉시 추진력을 높여 속도를 유지하고, 객실의 압력도 비행기의 고도에 따라 자동적으로 조절된다. 조종사가 다른 비행기에 너무 바짝 붙어 비행하면 기내 컴퓨터가 시끄러운 경고 사이렌을 울려 승무원들이 위험을 바로 감지하게 만든다. 비행기 안에도 두뇌의 편도체와 같은 역할을 맡는 부분이 있는 셈이다.

조종사는 비행기의 전전두피질에 해당한다. 기내 컴퓨터를 모니터하고, 조종실 스크린의 자료에 관심을 집중하는 것이 조종사의 임무다. 뭔가 잘못되거나 컴퓨터들 사이에서 의견 불일치가 발생하면 조종사는 문제를 해결하고, 필요하다면 즉시 개입해 비행기를 통제해야 한다. 진로를 정하고, 비행기의 경로를 감시하고, 항공 교통 관제국이 제기하는 골치 아픈 문제를 처리하는 것도 조종사의 몫이다. "사람들은 자동조종장치가 켜지면 조종사는 낮잠을 자도 되는 줄 알지요. 하지만 비행기는 저절로 날지 않습니다. 조종실에서는 절대 긴장을 늦출 수 없습니다. 늘 정신을 바짝 차리고 모든 게 계획대로 진행되고 있는지 확인해야 합니다." 비행 시뮬레이터 체험을 돕는 비행 교관이 한 말이다.

2000년 5월 마이애미에서 승객을 잔뜩 태우고 런던으로 향하던 보잉 747기가 남긴 교훈을 생각해보자. 히드로 공항 활주로가 짙은 안개로 뒤덮여 있었기 때문에 조종사들은 정밀진입 활주로라 불리는 자동 착륙 방법을 쓰기로 결정했다. 처음의 하강 과정에서 자동조종장치 세 개가 켜졌다. 하지만 비행기가 고도 300m 상공에 이르자 주 자동조종장치가 뚜렷한 이유도 없이 꺼지고 말았다. 그래도 조종사들은 계속 밀어붙이기로 결정했다. 747기는 자동조종장치 두 개만으로도 착륙이 가능하도록 설계되었기 때문이었다. 비행기는 점차 고도를 낮추어 활주로 상공 15m 지점까지 내려갔고, 착륙까지 남은 시간은 4초 정도에 불과했다. 바로 그 순간 비행기 앞부분이 갑자기 기울어지면서 하강 속도가 평상시보다 네 배나 빨라졌다(나중에 조사팀은 문제의 원인이 프로그램상의 오류였다고 결론지었다). 그 즉시 조종사가 개입해 비행기의 기수가 먼저 활주로에 닿지 않도록 조종간을 잡아당겼다. 착륙도 거칠었고 동체도 여기저기 잔부상을 입었지만 조종사의 신속한 대응은 대형 참사를 막아냈다.

이런 일은 매우 흔하다. 심지어 이중, 삼중의 자동조종장치도 실수를 저지른다. 자동조종장치가 실수를 하면 비행기는 위험해질 수밖에 없다. 그럴 때 실수를 바로잡아주는 조종사가 없다면, 즉 컴퓨터를 끄고 기수를 끌어 올리는 조종사가 없다면 비행기는 그대로 땅에 곤두박질칠 것이다.

물론 조종사도 완벽하지 못하기는 마찬가지다. 때로 다른 비행기에 너무 바짝 붙어 비행하면서도 그 사실을 알아채지 못하거나, 조종실의 수많은 계기판을 점검하느라 진땀을 흘린다. 조종사가 오직 자신의 본능에만 의지해야 한다면 아마 구름도 통과하지 못할 것이다[우리 몸에서 평형감각을 담당하는 내이(內耳)는 앞이 안 보이는 커브를 인지하지 못하기 때문에 적절한 도구나 시각 신호 없이 똑바로 비행하기란 매우 어렵다]. 그런가 하면 비행의 세세한 부분을 다 장악하려는 조종사도 있다. 그들은 자동조종장치의 결정을 사사건건 뒤집거나 비행기의 경로에 자꾸 손을 대려 한다. 그들은 전전두피질에만 지나치게 의존하는 사람처럼 행동하면서 인간이 저지를 수 있는 실수의 확률을 최대한 끌어올린다.

기내 컴퓨터와 조종사의 협력은 의사결정의 이상적인 모델이다. 이성 두뇌(조종사)와 감정 두뇌(조종실 컴퓨터)는 완벽한 평형 상태를 이루는 가운데 각자 자신 있는 영역에 집중한다. 조종사와 자동조종장치 둘 다 오류에 빠지기 쉬운데도 비행기가 그토록 안전한 이유는 두 체계가 끊임없이 서로를 보완하기 때문이다. 덕분에 실수가 걷잡을 수 없는 수준으로 커지기 전에 바로잡을 수 있다.

그러한 보완 효과는 엄청나다. 로버츠는 경영학 전문용어를 사용해 가며 100만 회당 불량률 3.4 미만의 생산 과정에 대해 설명했다. "항공산업은 6시그마가 정의하는 최고 수준의 능률을 일관되게 유지하는 유일한 분야입니다. 재앙으로 이어지는 기내 실수는 믿기 어려울 만큼 드뭅니다. 그렇지 않다면 아무도 비행기를 타지 않겠지요. 사실 항공산업은 완벽해야 합니다. 그래서 우리는 인력으로 가능한, 완벽에 가까운 방법을 찾은 것입니다."

비행기의 안전성은 비행기술 향상의 가능성을 입증하는 증거다. 조종사의 실수율 감소는 실수는 분명 피할 수 있고, 비행기는 추락해서는 안 된다는 점을 강하게 일깨워준다. 오늘날 조종실이 보여주듯이 몇 가지 간단한 혁신과 약간의 자각만 있으면 사람들의 사고방식은 대폭 개선될 수 있고, 그 결과 양쪽의 두뇌 체계는 이상적인 환경에서 사용될 수 있다. 결정 행위를 진지하게 받아들여 조종사의 실수를 과학으로 승화시킨 항공산업의 결과는 놀라웠다.

더 나은 결정을 하는 첫 번째 단계는 우리 자신을 있는 그대로 바라보는 것이다. 즉, 인간의 뇌라는 블랙박스 안을 들여다보며 자신의 결함과 재능, 강점과 약점을 가감 없이 평가해야 한다. 그러한 꿈은 이제 현실화되었다. 우리는 마침내 생각의 수수께끼를 풀어줄 도구, 우리의 행동을 규정하는 복잡한 기계의 비밀을 파헤쳐줄 도구를 손에 넣었다. 자, 이제는 이 지식을 활용할 차례다.

감사의 말

내가 '결정'에 대한 책을 쓰기로 마음먹은 이유는 치리오스의 시리얼을 쉽게 결정할 수 없는 나 자신 때문이었다. 나는 슈퍼마켓의 시리얼 코너에서 애플시나몬과 허니넛 중 어떤 것을 고를까 고민하며 서성이곤 했다. 쓸데없는 일로 오후를 허비했지만, 시리얼을 고를 때면 늘 그랬다. 결국 더 이상 이렇게는 안 되겠다고 생각한 나는 아침식사로 먹을 시리얼을 생각할 때 내 머릿속에서 무슨 일이 일어나는지 알아보기로 했다. 그런 점에서 그렇게 많은 종류의 치리오스를 만든 제너럴밀스 사에 감사드린다.

물론 갑작스러운 깨달음("결정에 대한 책을 써야 해!")이 실제로 책이 되기까지 해야 할 일은 아주 많았다. 휴턴미플린의 내 편집자 어맨다 쿡은 이번에도 하느님이 주신 선물이었다. 그녀는 뒤죽박죽의 내 원고를 받아 일목요연하게 다듬어주었다. 이야기를 제안하고, 문장을 손질하고, 내가 혼란스러워할 때마다 방향을 제시해준 그녀는 모든 작가가 꿈꾸는 사려 깊고, 재치 넘치고, 너그러운 편집자다. 그녀를 내 편으로 두어서 얼마나 행운인지 모른다.

친구들의 조언과 제안도 많은 도움이 되었다. 로버트 크럴위치는 늘 그렇듯 이야기를 전달하는 법을 가르쳐주었고 재드 에이범러드, 룰루 밀러, 소렌 휠러를 비롯한 라디오랩 팀은 어떤 내용이 이야기할 만한 가치가 있는지 파악할 수 있게 도와주었다. 개러스 쿡은 〈보스턴 글로브(Boston Globe)〉의 아이디어 지면에 맞게 이 책을 발췌하고 편집해주었다. 로라 맥닐과 애덤 블라이는 그동안 잡지 〈시드(Seed)〉 실린 신경과학 기사를 살펴볼 수 있도록 허락해주었고, 데이비드 폭은 도덕철학에 대해 가르쳐주었으며, 테드 트리머는 항공과 관련된 사실들의 감수를 맡아주었다.

호기심 많은 작가에게 바쁜 시간을 내준 과학자들에게도 감사의 인사를 전한다. 말도 안 되는 질문을 해대고, 뇌 이름을 잘못 말하는데도 그들은 한결같이 인내심을 발휘해 내 말을 끝까지 듣고 도움을 주었다. 이 책에 실수가 있다면 모두 내 탓이다. 앤 클린스티버, 앨 헤인즈, 허브 스타인, 랄프 히메네스, 펠리스 벨먼, 마이크 프라이드, 마이클 빙어는 이 책에 자신의 사적인 이야기를 실을 수 있도록 허락해주었다. 영광스러운 일이다.

나의 훌륭한 에이전트 에마 패리가 몇 년 전 〈시드〉에 게재한 내 기사를 보고 그 기사가 《프루스트는 신경과학자였다(Proust Was a Neuroscientist)》라는 기발한 제목의 책이 될 수 있다는 확신을 심어주지 않았다면 나는 아마 작가가 되지 못했을 것이다. 그녀는 유능한 문제 해결사이자 쉬지 않고 훌륭한 아이디어를 쏟아내는 원천이다. 그녀를 비롯해 플레처&패리의 모든 분들, 특히 크리스티 플레처와 멜리사 친칠로에게 감사를 전한다. 캐논게이트 출판사의 내 담당 편집자 닉 데이비스와 함께 일하며 나는 정말 즐거웠다. 그는 내게 크리켓 규칙을 가르쳐주기도 했는데, 그것만으로도 아주 특별한 상을 받을 자격이 충분하다. 이 세상에서 가장 섬세한 교열자 트레이시 로는 당혹스러울 정도로 많은 실수와 재미없는 문장으로부터 또 한 번 나를 구해주었다.

그리고 나의 가족들! 뛰어난 현대 무용가이기도 한 여동생 레이첼은 원고에 대해 매우 귀중한 조언을 해주었고, 남동생 엘리는 내가 책 속의 과학 이론들이 실제 세상에 어떤 영향을 미치는지 생각하게 만들었다(게다가 본인이 선곡한 음악도 지속적으로 공급해주었다). 할머니 루이스의 빨간 펜도 큰 도움이 되었다. 아버지는 참을성 있게 내 이야기에 귀 기울이면서 매일 관련 사실과 기사를 찾아 이메일로 보내주셨다. 어머니는 꼭 필요한 독자였다. 어머니가 어떻게 내 초고를 읽을 시간을 내셨는지 모르겠지만, 그녀의 피드백 없이 글을 쓴다는 것은 상상할 수 없다.

여자친구 새러 리보위츠는 이 책을 수십 번도 넘게 읽었다(과장이 아니다). 그녀의 통찰력 있는 비판과 힘이 되는 격려, 사랑이 없었다면 이 책은 존재하지 않았을 것이 분명하다. 독자들이 이 책을 읽을 때쯤이면 새러는 내 와이프가 되어 있을 것이다. 그녀와의 결혼은 내가 그동안 내린 결정들 중 당연히 가장 훌륭한 결정이다.

옮긴이의 말

이 책의 저자 조나 레러는 다방면에 관심이 많고, 본인의 지식을 다양한 분야에 적용해 인과관계를 이끌어낼 줄 아는 영리한 젊은 과학자다. 그래서 그의 책은 독자들에게는 종합선물상자 같은 기쁨을 안기지만 번역가에게는 그의 관심사를 헐레벌떡 뒤쫓아가야 하는 힘든 작업을 남긴다.

이 책을 번역할 기회가 내게 주어진 것은 나의 호기심 역시 조나 레러 못지않게 강하기 때문이었다. 이 책은 뉴스를 보며 '저 사람은 왜 저랬을까?'로 종일 고민하던 나의 의문을 해소해주었다. '세월호 선장은 왜 혼자 탈출했을까?' '메르스 첫 환자가 나왔을 때 담당자는 왜 바로 상부에 보고하지 않았을까?' 그들의 감정 두뇌가 본능적으로 위기를 감지하고 이성 두뇌가 대책을 명령했더라면 그 결과는 어떻게 달라졌을까? 조나 레러에 따르면 그들의 뇌 속에서는 너무 많은 생각들이 다투고 있었다.

항상 여러 대안을 생각하고 이것저것 따져보는 사람을 우리는 이성적이고 신중하다고 평가한다. 그가 내린 결정이 시기적절하고 올바르다면 충분히 이러한 칭찬을 들을 만하다. 그러나 이 책에 나오는 신경과 전문의 안토니오 다마지오의 환자처럼 어쩌면 그는 감정을 상실한 채 하염없이 대안을 꼼꼼히 분석하기만 하는 안와전두피질 손상 환자일 수도 있다.

사이코패스는 감정의 부재가 극단에 달한 사람이다. 신경과학자들은 사이코패스의 뇌에서 공포와 불안처럼 혐오스러운 감정을 전달하는 뇌 부위인 '편도체'의 손상을 발견했다. 그 결과 사이코패스는 다른 사람들을 불쾌하게 만드는 행위를 저질러도 자신은 조금도 불쾌한 느낌을 받지 못한다. 침몰하는 배에서 혼자 탈출한 선장이나 대형 사고가 터질 것을 알고도 무심히 넘어갔던 공무원에 대해 네티즌들이 '사이코패스'라 댓글을 달았던 것은 결코 과한 비난이 아니었다. 영국의 소설가 길버트 케이스 체스터턴의 말대로 미친 사람은 이성을 상실한 사람이 아니라, 이성을 빼고 모든 것을 잃어버린 사람이다.

다양한 사례와 전문적인 신경과학 용어가 등장하지만, 결국 이 책이 주장하는 바는 '척 보면 딱 아는' 전문가가 되라는 것이다. 긴급하고 중요한 결정을 내릴 때에는 이성 두뇌에만 의존하지 말고 감정 두뇌의 목소리에 귀를 기울여야 하는데, 그 '감'은 결코 '운'이 아니라 '경험'에서 나온다는 것이 저자의 주장이다. 물론 경험이 많다고 올바른 결정을 하는 것은 아니다. 과거의 교훈을 미래의 결정에 연결시키지 못한다면, 즉 실수를 되풀이한다면 전대상피질에 문제가 있는지 의심해봐야 한다. 전대상피질은 실수로부터 배운 것들을 내재화해 신경세포가 같은 실수를 되풀이하지 않도록 업데이트하는 기능을 담당하고 있다. 뇌에서 전대상피질을 제거한 원숭이는 일관되지 못하고 비효율적으로 행동했다.

이 책에는 눈앞에 불길이 달려드는 상황에서 살아남은 소방관과 비행기의 엔진이 고장난 상황에서 극적으로 추락을 막은 조종사의 이야기가 나온다. 이들은 절망적인 상황에서 창의력을 발휘해 위기를 극복했다. 이때는 흔히 '전전두피질'로 알려진 이성 두뇌가 작동하는데, 이 순간에도 과거의 학습이 중요한 역할을 한다. 우리의 뇌는 새로운 정보가 흘러들어오면 이미 입력된 정보와 결합해 창조적인 연관 관계를 만들어내기 때문이다.

여기서 중요한 것은 경험에서 얻은 정보와 새로운 정보의 '결합'이다. 과거의 실수로부터 배워둔 정보가 없어 새로운 정보에 당황해도 문제지만, 새로운 정보가 들어와도 과거의 정보에 매달려 무시하는 것은 더 큰 문제다. 이스라엘 정보부는 자기확신에 빠져 이집트의 움직임을 무시하다가 속수무책으로 당했다. 아직도 이스라엘 군사 역사에 오점으로 남아 있는 욤 키푸르 전쟁 이야기다.

책을 번역하기 위해서는 전두엽에 많은 에너지를 공급해야 했다. 혈당이 떨어져 전전두피질이 제 기능을 못할까 걱정하는 마음에 단 것을 너무 많이 먹었다. 장고 끝에 악수를 둔 단어 선택이 있을 수도 있지만, 집요한 인터넷 검색으로 실수를 최소화하고자 했다. 아는 단어를 있는 그대로 번역하고 싶은 유혹도 있었지만, 확신에 안주하지 않고 의심에 의지하는 여우가 되고자 했다.

부모님이 건강하게 낳아준 뇌를 유용하게 쓸 수 있는 기회를 주신 21세기북스에 감사드린다.

KI신서 5731

뇌는 어떻게 결정하는가

1판 1쇄 인쇄 2016년 7월 25일
1판 1쇄 발행 2016년 7월 30일

지은이 조나 레러 **옮긴이** 박내선
펴낸이 김영곤
해외사업본부장 간자와 다카히로
정보개발팀 이남경 김은찬
디자인 박선향
출판사업본부장 안형태 **출판마케팅팀** 김홍선 최성환 백세희 조윤정
출판영업팀 이경희 정병철 이은혜 권오권
제작팀장 이영민 **홍보팀장** 이혜연

펴낸곳 (주)북이십일 21세기북스
출판등록 2000년 5월 6일 제10-1965호
주소 (10881) 경기도 파주시 회동길 201(문발동)
대표전화 031-955-2100 **팩스** 031-955-2151 **이메일** book21@book21.co.kr

(주)북이십일 경계를 허무는 콘텐츠 리더

21세기북스 채널에서 도서 정보와 다양한 영상자료, 이벤트를 만나세요!
가수 요조, 김관 기자가 진행하는 팟캐스트 '[북팟21] 이게 뭐라고'
페이스북 facebook.com/21cbooks 블로그 b.book21.com
인스타그램 instagram.com/21cbooks 홈페이지 www.book21.com

이 책은 2009년에 출간된 《탁월한 결정의 비밀》의 개정판입니다.

ISBN 978-89-509-6673-7 03400
책값은 뒤표지에 있습니다.